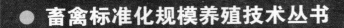

畜禽标准化规模养殖技术丛书

奶牛 标准化 规模养殖技术

● 闫益波　张喜忠　王栋才　主编

中国农业科学技术出版社

图书在版编目（CIP）数据

奶牛标准化规模养殖技术／闫益波，张喜忠，王栋才主编 . —北京：中国农业科学技术出版社，2013.10
（畜禽标准化规模养殖技术丛书）
ISBN 978 - 7 - 5116 - 1329 - 5

Ⅰ . ①奶… Ⅱ . ①闫…②张…③王… Ⅲ . ①乳牛 - 饲养管理
Ⅳ . ①S823.9

中国版本图书馆 CIP 数据核字（2013）第 153938 号

责任编辑 张国锋
责任校对 贾晓红

出 版 者 中国农业科学技术出版社
　　　　　北京市中关村南大街 12 号　邮编：100081
电　　话 （010）82106636（编辑室）　　（010）82109702（发行部）
　　　　　（010）82109709（读者服务部）
传　　真 （010）82106631
网　　址 http://www.castp.cn
经 销 者 各地新华书店
印 刷 者 北京昌联印刷有限公司
开　　本 850mm×1 168mm　1/32
印　　张 10
字　　数 284 千字
版　　次 2013 年 10 月第 1 版　2013 年 10 月第 1 次印刷
定　　价 28.00 元

《奶牛标准化规模养殖技术》
编写人员名单

主　　编　闫益波　张喜忠　王栋才

参编人员

王栋才　吕善潮　闫凤霞

闫益波　关　超　李　童

李长强　李连任　张玉换

张喜忠　陈　泽　徐　芳

郭春燕　梁茂文　路佩瑶

前　言

近年来,随着我国奶业的快速发展和人民生活水平的不断提高,奶制品的质量安全日益受到重视。人们不仅要喝到奶,还要喝到好奶、放心奶。奶业是我国农业现代化发展和提高国民身体素质的重要产业。生产优质安全的奶产品,既有利于保障广大消费者的健康,也有利于奶业本身的健康发展。

自2008年"三鹿奶粉事件"以来,我国奶牛规模化进程大大加快,但是,奶业在高速发展和规模扩张的同时,存在养殖不规范、铺摊子、无序发展和竞争、追求数量和广告效应、重医治轻饲养等问题,导致奶牛多病、淘汰率高、乳品安全问题突出、养殖效益低下等一系列问题,致使我国奶源达不到消费者满意放心的质量标准,只能用高价购买进口奶粉。究其原因,目前制约我国奶业发展的核心问题是养殖户没有一套系统化、标准化的饲养管理模式。鉴于此,我们在总结前人研究成果的基础上,查阅资料和结合生产实践编写了此书。

本书较全面系统地介绍了奶牛标准化养殖中的主要环节和关键技术,卫生安全、优质、高效生产的具体措施以及生产实践中的成功经验,突出反映了当前奶牛养殖最新研究成果和发展趋势。具体内容包括奶牛标准化养殖概述、奶牛优良品种,标准化奶牛场规划和设计、繁殖、营养需要和日粮配合、饲料与加工调制、全混合日粮(TMR)应用技术、标准化饲养管理、疾病防治、标准化奶牛场的环境控制技术等。本书资料翔实,技术可靠,操作规范,实用性强,可供广大奶牛养殖户、奶牛场和奶站生产技术人员阅读使用,对从事奶牛业的教学、科研及管理人员也有重要的参考价值。

因时间仓促,本书的缺点和不足在所难免,敬请读者批评指正。

编者
2013 年 5 月

目　　录

第一章 奶牛业发展趋势

第一节 世界奶牛业发展概况

一、世界奶牛业发展现状

（一）全球原料奶产量

据联合国粮食及农业组织，2011 年，全球牛奶总产量为 7.28 亿吨，较 2010 年的 7.14 亿吨增产 2%。新兴发展中国家奶牛业快速发展，其中，印度、阿根廷和中国表现突出。2011 年印度原料奶产量增长 4%，将达到 1.22 亿吨，美国牛奶总产量达 8 902 万吨，约占全世界 12.3%，按原料奶计算仅次于印度，居世界第二，阿根廷原料奶产量增长 13%将达到 1 200 万吨。中国的原料奶产量也将有 5%的增长，2012 年全国奶牛存栏约为 1 440 万头，与 2011 年持平，牛奶产量 3 744 万吨，同比增长 2.3%。

（二）国际奶业贸易快速增长

2011 年，折算为原料奶的全球乳品贸易量为 4 950 万吨，较 2010 年的 4 700 万吨增长了 5.3%。① 全球黄油贸易：最主要的出口国（地区）为新西兰和欧盟，出口量分别为 45 万吨和 12.5 万吨；最大的进口国为俄罗斯，进口量为 13 万吨；② 全球奶酪贸易：最主要的出口国（地区）为欧盟、新西兰、澳大利亚、美国，其中，欧盟出口量为 62 万吨，新西兰出口量为 25.5 万吨；最大的进口国为俄罗斯和日本，分别进口了 31.5 万吨和 20.5 万吨；③ 全球脱脂奶粉贸易：最主要的出口国（地区）为欧盟、美国、新西兰和澳大利亚，出口量分别为45万吨、43.5万吨、41万吨和17.5万吨；最大的进口国为印度尼西亚、俄罗斯、墨西哥、中国和菲律宾，分别进口了22万吨、18.5万吨、18万吨、11.8万吨和11.5万吨；④ 全球全脂奶粉贸易：最主要的出口国（地区）为新西兰、欧盟、阿根廷和澳大利亚，出口量分别为105万吨、41.5万吨、22.2万吨和14.1万吨，最大进口国为中国和阿尔及利亚，进口量分别为35万吨和19万吨。

（三）世界上主要的奶牛饲养模式

按照奶牛的饲养方式，可分为四类，一是以美国和加拿大为代表的舍饲奶牛国家，二是以放牧为主的新西兰和澳大利亚等国家，三是以农业合作社和家庭牧场为主的欧洲国家，四是其他饲养方式。

1. 舍饲为主的奶业发达国家的奶牛饲养状况

美国、加拿大都拥有面积大、质量优的土地资源，可以大面积地种植饲草。通过种植专用青贮玉米，可高效率地解决能量问题，通过种植苜蓿草，可低成本地解决蛋白质问题。不必补饲精料，就能满足奶牛营养需要。还用机械化替代价高的人力等措施，因而其饲养成本低廉。充裕的土地为奶牛粪污消纳提供了良好的条件，实现了生态良性循环的和谐统一。

2011年，美国泌乳牛存栏数920万头，占全世界的3.3%，有51 481个奶牛场，平均规模179头，泌乳牛平均单产9 337千克。全美100头以上牛场的产奶量占总产量的86.4%。美国多数州的单产水平都已经超过10吨，人均占有奶类约280千克。

美国是一个以生产干乳制品为主的国家，奶酪的生产和消费均为世界第一。2011年美国奶酪产量513万吨，约占世界总产量的24%，奶酪的消费量为467万吨，出口22.6万吨，进口14.3万吨。而作为奶酪的副产品——乳清粉的产量美国也是世界第一，2011年为45.8万吨。美国黄油产量约71万吨，奶粉产量86万吨，奶粉主要是脱脂奶粉（产量为82.4万吨），占奶粉总产量的96%。美国液态奶产量约2 500万吨，基本以巴氏奶为主。

加拿大的奶牛场与美国有所不同，奶牛场多为家庭式饲养，牛群小，一般在300头以内，多数奶牛场后备牛完全由本场供应，多采用舍饲与放牧结合方式，干奶期奶牛，一般采用放牧饲养，产犊前转入舍内饲养。

2. 放牧为主的奶业发达国家饲养特点

新西兰和澳大利亚的奶牛场多以放牧为主；奶牛全年在牧场饲养，牛群规模一般控制在500头（泌乳牛）。牛场主要饲喂草料，但在春季或秋季会补充一些青草。青贮主要由夏季草场过剩的草制成，也从附近购买。

放牧为主的饲养方式一般不同于舍饲。舍饲为主的饲养方式为了提高牛舍的利用率，一般采用全年均衡产犊方式，而放牧的则一般采用集中产犊。冬季奶牛进入干奶期，主要饲喂芸苔（一种饲草），而且，新西兰特别关注犊牛的饲养。他们认为只有养好犊牛才能保障整个牛群的健康。

这些国家一般采用厅式挤奶方式，多数每天挤奶两次。

3. 以农业合作社和家庭牧场为主的欧洲国家

欧洲奶牛饲养有舍饲和放牧两种形式，舍饲奶牛多与美国模式相似。欧洲的奶牛场多为家庭式饲养方式，加之国家对每个牛场存栏量有严格控制，牛群规模较小。

荷兰是荷斯坦奶牛原产地，奶业十分发达，奶业生产技术和信息化水平位居世界前列。荷兰奶牛总养殖量142万头，平均单产8.5吨，乳脂率4.4%，乳蛋白率3.5%，奶牛饲养主体是家庭牧场，饲养规模为50~300头。荷兰是世界上最早实施奶牛群体改良计划的国家，全国85%以上的产奶牛参加 DHI 测定。目前全世界奶牛的育种计划和公牛测试主要在荷兰完成。

挪威奶业发达，奶牛饲养的合作化程度较高。2008年产量排名前50名的牧场平均单产10.3吨，最高产奶量达17.24吨。挪威共有27万头奶牛，97%为挪威红牛。2009年，挪威人均牛奶消费量达150千克，生产的乳制品一半用于出口。挪威红牛是挪威奶牛的主导品种，乳脂肪和乳蛋白含量均非常高。

4. 其他国家奶牛场饲养特点

南美洲奶牛养殖比较落后。奶牛一般采用完全放牧或放牧与舍饲结合的饲养方式。牛群规模较小，机械化程度较低，较少采用TMR日粮，挤奶也多采用提桶式挤奶设备。

奶牛业是中东地区农业的重要部分。该地区规模化奶牛场多为商品场，牛群较大，奶牛存栏达1 000头左右。奶牛的饲养管理水平与我国规模化奶牛场相当，产犊间隔一般大于400天，但泌乳期长于我国，多在340天左右。因气候潮湿炎热，牛舍多采用凉棚式，凉棚外建造运动场。规模较大的奶牛场采用TMR日粮和人工授精。

二、世界奶牛业存在问题

（一）国际饲草、料价格不断上涨，导致奶牛养殖效益降低

近年来，全球主要饲料价格呈现波动上涨态势，奶牛饲养成本压力不断加大。据美国农业部统计，因干旱、暴雪等自然灾害的侵袭，截至2012年12月，美国干草库存量降至7 650万吨，是1957年以来的最低水平，对全球奶牛业影响极大。导致像日本、韩国等饲料自给率低、主要依赖国际市场的国家，奶牛养殖成本进一步增大、效益降低。所以，如何协调粮食作物和饲料用地，保证奶牛业安全，补贴饲草种植，是包括中国在内的各国应该重视和考虑的问题。

（二）"毒牛奶"事件频发、给全球消费者带来恐慌

2012年，巴尔干地区普遍干旱，玉米作物被黄曲霉菌感染并产生黄曲霉毒素，塞尔维亚是巴尔干地区以玉米为原材料的主要饲料出口国，因饲料引发的"毒牛奶"事件波及了整个巴尔干地区。实际上世界各国对于黄曲霉毒素在牛奶中含量的标准差异较大，欧盟的标准是每千克牛奶中黄曲霉毒素不超过0.05微克，而美国等一些世界大国的标准是每千克牛奶中黄曲霉毒素不超过0.5微克。

新西兰威士兰乳品公司的部分牛奶和奶粉中发现了农业化学品

的残留，给全球消费者带来恐慌。这些产品中含有的双氰胺（DCD）是一些奶农用于防止氮渗透到水道的化肥，还可以减少氮氧化物气体的排放量。该物质若剂量大会对人体有害。

（三）奶牛业污染环境问题

奶牛生产所排放出的氨气、硫化氢、粉尘，对人畜均有危害。恶臭物质和亚硝酸盐等有害物质，以及铜、铁、锌、磷等和病毒微生物，家畜粪便和污水，均会污染环境。

（四）疫病防治问题

一些欧洲国家及亚洲的日本等曾发生疯牛病、牛瘟和口蹄疫传染病，疫情严重，给全球奶牛业造成了较大损失。

三、世界奶牛业发展趋势

（一）良种仍然是奶牛业发展的基础和前提

美国奶牛90%以上是荷斯坦牛，还有部分娟姗牛和少量乳肉兼用型品种。美国有高水准的奶牛育种中心和种牛公司，进行高产奶牛的商业性培育和奶牛繁殖。在美国，无论是奶牛育种中心还是奶牛饲养场，都十分重视奶牛的后裔测定工作，对每头牛的血统和产奶量都作准确、全面的记录，为培育高产奶牛提供了良好的基础。

近年来，发达国家育种更关注奶牛健康。法国在新的奶牛育种指数中，奶牛单产份额为35%，过去高达50%；其次是繁殖力，占22%，其中，母牛繁殖力占50%，犊牛繁殖力占25%，首次输精和产犊间隔占25%，过去仅为12.5%；第三是乳房健康占18%，其中，体细胞数占60%，临床乳房炎占40%，过去仅考虑体细胞数，占12.5%；第四是体形15%，过去仅为12.5%；第五是新增了泌乳速度占5%；第六是长寿占5%，过去仅为1.25%。

（二）饲养方式以农业合作社和家庭牧场为主

一些欧洲国家如意大利、荷兰、挪威等，在奶牛生产发展上，基本实行以农业合作社和家庭牧场为主的饲养方式。土地资源与奶牛养殖配比率高、饲养品种和数量灵活、有利于环境保护和生态平衡。挪威等国家还特别重视奶牛福利，法律规定奶牛每年必须享受两个月的放牧生活。强调让奶牛生活环境的愉悦、舒适，才能产出优质的奶。

（三）减少数量、提高单产

美国奶业发展走的是减少数量、提高单产、增加效益的发展型道路。其发展主要分为 3 个阶段：第一阶段 1929～1955 年，数量发展阶段。主要特征是发展奶牛头数、稳定奶牛单产、增加牛奶总产。第二阶段 1955～1975 年，过渡改造阶段。主要特征是减少奶牛头数、提高单产、稳定牛奶总产。第三阶段 1980 年至今，质量提高阶段。主要特征是稳定奶牛头数，1995 年之后头数减少、提高单产、发展牛奶总产量。20 世纪 20 年代至今，美国奶牛从最高的 2 500 多万头，减少到目前的 920 万头，牛奶产量却从 4 000 多万吨增加到将近 9 000 万吨。奶农户数在不断减少，平均规模逐步扩大，单产水平不断提高。美国多数州的单产水平均已超过 10 吨，如密歇根、爱达荷州、新墨西哥，其中，新墨西哥州已经超过 11 吨。

（四）机械化水平提高

美国等发达国家从饲草种植到收割，从牛舍建造到奶牛养殖、粪污处理，从挤奶到牛奶的冷却、运输，从原料奶的加工到销售，都实现了机械化、一体化，无论多么小的设备，只要有需求，就有厂家生产，奶业已经发展到了一个较成熟的阶段。

（五）重视生物能源的开发利用和环境保护

挪威在奶业发展中十分注重生物能源开发利用，并制定相应优惠鼓励政策。在奶牛场粪污处理、环境保护上，中小型牛场一般采用化粪池堆积、塑料薄膜掩盖发酵处理，然后用粪罐车运往草地喷洒施肥，这样既解决了环境污染问题又肥沃了土地。在较大规模牛场，一般采取沼气发电的方式处理粪污。

第二节 我国奶牛业发展概况

一、我国奶牛业发展现状

（一）奶牛存栏稳定、牛奶产量续增

2012 年全国奶牛存栏为 1 440 万头，牛奶产量 3 744 万吨，同比增长 2.3%。全国乳制品总产量达 2 545 万吨（同比增长 8.1%），全国 649 家乳制品加工企业，全年实现销售收入 2 465 亿元（同比增长了 14.3%），实现利润总额 160 亿元，比 2011 年增加了 28 亿（同比增长 21.7%）。

（二）标准化规模养殖水平提升

奶牛养殖户数（即散户）持续减少，部分散养户陆续退出奶牛养殖业，规模牧场数量和存栏量均有所增加。全国 100 头以上奶牛规模养殖场比重达到 35%，比 2008 年提高了 15.5 个百分点。

（三）奶牛养殖效益总体向好

规模牧场和散户养殖效益差异明显，并呈扩大趋势。从农业部畜牧生产监测的统计数据上看，散户饲养年收益每头 1 500 元左右（单产在 5 吨），而规模牧场一头泌乳牛平均利润约 5 000 元。

（四）生鲜乳收购价格稳中有升

2012 年，全国生鲜乳价格走势平稳，稳中有升，年底价格同比增长 4.3%。全年价格波动较小，年底的最高价和年初的最低价之间

的差值仅为每千克0.12元。目前，全国主产区生鲜乳收购平均价格为每千克3.42元。

（五）主要饲料价格呈现波动上涨态势，饲养成本压力加大

2012年，玉米年终价格为每千克2.42元，同比上涨了3%，而豆粕同比上涨了23%。饲料价格的增长幅度均大于生鲜乳收购价格，加剧了奶牛养殖压力。

（六）乳业贸易继续保持双向增长

2012年我国乳制品进口114.6万吨，出口4.5万吨，同比增长分别为26.4%和3.7%。进口奶牛74 155头，进口苜蓿46万吨。

总之，中国奶业素质不断提升，奶牛标准化规模养殖加快推进，奶牛单产水平稳步提高，生鲜乳质量和安全得到进一步保障，现代奶业格局已初步形成。

二、我国奶牛业存在问题

目前，我国奶牛年单产水平为5吨，仅为美国的一半；饲料转化效率低，每千克干物质产0.8千克标准奶，而发达国家在1.5千克以上，主要原因是我国多数奶牛饲养水平差、优质饲草供应不足。我国每年需要2亿吨豆科饲草，目前，我国商品苜蓿草的供应量不足100万吨，其中，进口就占了一半。加快发展我国的苜蓿种植业和因地制宜种植其他优质牧草是当务之急。

整体而言，制约我国奶牛业发展的问题有：一是产业化程度低，整体技术水平落后；二是良种化程度低，单产水平低；三是奶业生产安全检测体系不健全，原料奶质量不稳定；四是饲料、饲草生产与加工业落后，质量检测体系与标准尚不健全；五是服务体系不健全，难以满足产业化需求。

三、我国奶牛业发展对策

经过10多年的快速发展，我国奶牛业现在到了由传统向现代模式转变、升级的关键时期。奶业发展的关键在于全面提升生产水平和努力保障乳品质量安全，扎实推进现代奶业建设。我国奶牛业的发展，应以增加奶农收入、提高综合生产能力为目标，既借鉴和学习奶业发达国家的先进经验，又要从实际出发，稳步推进生产方式转变。

我国土地资源有限，保证奶牛业健康发展，需"立草为业"。国家为保证牛奶的质量安全，实施了"优质苜蓿生产项目"，通过推进苜蓿产业化，逐步建立健全我国新型的苜蓿饲草产业体系，为现代奶业建设和奶业又好又快发展提供保障。

我国奶牛养殖应因地制宜，全面考虑环境、防疫、饲草饲料供给等多方面因素，走出适合自身发展的道路；应积极推进科技进步，加快专业化、规模化、标准化、产业化建设，从单纯追求数量向数量与质量、效益和生态并重的方向转变，走优质、高产、安全、生态、可持续发展的道路。

第三节　奶牛业生产的标准化

一、实施标准化生产的必要性

标准化是组织现代化生产的手段，标准化水平，是衡量一个国家生产技术和科学管理的重要尺度，是表明国家现代化程度的重要标志。发展现代标准化养殖业，对于提高畜产品质量和生产率，科学合理利用资源，发展商品经济，促进国际贸易都具有重要作用。一些大城市已经开始实行以绿色食品安全为目标的市场准入制度，要想成功地参与国内外市场竞争，可生产符合国内外市场标准的畜产品，就必须掌握国际国内标准，严格按照国际国内市场安全、卫生、健康、环保等方面的要求，进行标准化生产。

当前，国际市场对乳品质量标准的要求正由生产型标准向贸易型标准转变，市场准入的条件越来越严格，安全、环保标准不断升级，对生产技术和检测技术的要求也越来越高，奶牛的标准化生产日益得到重视。只有掌握奶牛标准化生产的基本知识和技能，把握当今奶业的发展趋势，努力采用国际通用先进标准来指导和规范奶牛生产的各个环节，大力生产符合标准的绿色牛奶和奶制品，才能打破国际市场的"绿色贸易壁垒"，大幅度提升奶产品的市场竞争力，充分发挥其节粮、高产、优质、高效的产业优势，维护我国奶业在新时期的持续、快速、健康发展。

二、奶牛标准化生产的基本特征

一是先进性。国际标准化组织认为标准应以科学、技术和经验的综合成果为基础，以促进最佳社会效益为目的，是各项先进技术标准的综合应用。

二是连续性，或称继承性。时代的进步和技术的创新，要求奶牛的标准化生产与时俱进，突出时代性。也就是说，标准化体系具有动态的属性，并非一成不变，标准化体系将伴随社会的进步，生产力水平的提高，得到不断改进和完善。

三是约束性，即需要政策和法规的约束。奶牛标准化生产，不是部分生产场户的责任和义务，而是体现在全行业内，得到全行业以及相关行业的共同认可，共同执行。如农业部颁布的《无公害食品奶牛饲养饲料使用准则》、《无公害食品奶牛饲养管理准则》、《无公害食品奶牛饲养兽药使用准则》等，约束整个奶牛生产，要求全行业共同执行。

四是良种化。我国良种奶牛数量不足是不争的事实，实现奶牛标准化生产，不能只停留在低层次的标准化，必须在良种化的基础上和进程中实现标准化。品种或个体的一致性，是标准化生产的基础和条件。奶牛品种的良种化，首先要求选育技术的标准化以及档案记录的规范化。

五是安全生产、无公害化。奶牛标准化生产的主要目标就是要实现原料奶的安全性，同时在生产过程中要以无公害作为条件，不能以牺牲环境利益来实现标准化。

奶牛标准化生产可以作为转变奶业增长方式、加快奶业产业化进程的重要手段，积极推进从业人员专业化、奶牛品种优良化、饲草料应用无公害化、生产环境生态化、技术服务现代化、生产环节规程化和产品质量优质化。

三、奶牛业生产的标准化

奶牛业是一个多环节、多行业参与的综合性生产过程。保证最终产品的安全性和标准性，必须对生产过程的各环节进行全方位监控，生产中各个细节的运作必须有严格的质量控制标准。奶牛生产的标准化，重点应抓好以下几点。

① 品种优良。即奶牛品种优良、遗传性能稳定，机体健康。

② 饲养模式先进。即饲养模式规范、科学，机械化程度高。

③ 饲草料品质优良。即保证饲料原粮、饲料、预混料以及饲养用水质量，严禁超量、不合理添加兽药，实行产品上市前停药制度。

④ 奶牛疫病监测、预警。即严格控制奶牛养殖场的人畜共患病。

⑤ 违禁高残药物控制。即严格禁用盐酸克伦特罗等违禁药物，用药治疗期生产的牛奶不得出场、销售。

⑥ 奶牛养殖环境控制。即场址选择科学，圈舍布局合理，环境清洁卫生。

⑦ 运输环节安全卫生。即鲜奶实行冷链配送，确保运输过程中的卫生安全。

⑧ 产品质量卫生监测检验。即严格厉行产品质量检验验收制度。重点对违禁药物、致病菌、重金属等有害物质进行检测。

⑨ 健全标准化保障体系。即建立完善的标准化生产的配套和保障体系，诸如饲料兽药质量检测体系、奶牛疫病防治体系、鲜奶品质检测体系以及有关法律、法规保障体系等，以保障标准化生产的实施。

第二章 奶牛标准化养殖的品种选择及生产性能测定

第一节 奶牛品种良种化

一、适于标准化养殖的奶牛品种

（一）乳用荷斯坦牛

1. 产地与分布

原产于荷兰北部的西弗里斯和德国的荷尔斯坦省，目前分布世界各地。因经被输入国多年的培育，使该牛出现了一定的差异，故许多国家的荷斯坦牛冠上本国名称，如美国荷斯坦牛、加拿大荷斯坦牛、澳大利亚荷斯坦牛等。

2. 外貌特征

荷斯坦牛属大型乳用品种（图2-1、图2-2）。体格高大，结构匀称，后躯发达，侧视、俯视、前视均呈"三角形"或楔形。毛色大部分为黑白花，也有少量红白花。一般额部多有白星，白花片多分布于躯体下部，花片分明。鬐甲、十字部多有白带，腹部、尾帚、四肢下部均为白色。骨骼细致而结实，肌肉欠丰满。皮薄而有弹性，皮下脂肪少。被毛短而柔软。头狭长、清秀，额部微凹；眼大突出，角细短而致密，向上方弯曲。十字部略高于鬐甲部，尻部长宽而稍倾斜，腹部发育良好。四肢长而强壮。乳房庞大、乳腺发育良好，乳静脉粗而多弯曲，乳井深大。尾细长。成年公牛体重900～1 200千克，母牛650～750千克，犊牛初生重40～50千克。

3. 生产性能

荷斯坦牛是世界上产奶量最高的品种，其泌乳性能居各乳用牛

图 2-1　荷斯坦牛（红白花片）

图 2-2　荷斯坦牛（黑白花片）

品种之首。它以极高的产奶量、理想的体形、饲料利用率高、适应环境能力强等著称于世。一般母牛年平均产奶量6 500 ~ 7 500千克，乳脂率3.6% ~3.7%。

（二）兼用荷斯坦牛

1. 产地与分布

兼用荷斯坦牛以荷兰本土荷斯坦牛为代表，主要分布于欧洲各国，如德国、法国、瑞典、丹麦、挪威等。

2. 外貌特征

体格略小于乳用荷斯坦牛，体躯发育匀称，呈矩形（图2-3）。毛色与乳用荷斯坦牛一致，但花片更加整齐美观。骨骼细而坚实，肌肉丰满。皮稍厚，但柔软，被毛细短。头短、宽，颈粗、长度适中。鬐甲宽厚，胸宽且深，背腰宽平，尻部方正，臀部肌肉丰满。乳房附着良好，前伸后展，发育匀称，成方圆形，乳头大小适中，乳静脉发达。犊牛初生重35 ~45 千克。

图2-3 欧洲型兼用荷斯坦牛

3. 生产性能

兼用荷斯坦牛平均产奶量略低于乳用荷斯坦牛，群体平均泌乳期产奶量 6 000 ~ 7 000 千克，乳脂率 4%。最高个体泌乳期产奶量达12 600千克。兼用荷斯坦牛肉用性能良好，肥育后可生产优质牛肉，屠宰率 55% ~ 60%。14 ~ 18 月龄活重可达 500 千克，断奶到出栏平均日增重 900 ~ 1 200 克。

（三）中国荷斯坦牛

1. 产地与分布

中国荷斯坦牛是采用引进的荷斯坦牛与我国黄牛杂交，经长期选育而成。是我国唯一的乳用品种牛。主要分布于北京、上海、天津、黑龙江、河北、山西、内蒙古自治区（以下简称内蒙古）、新疆维吾尔自治区（以下简称新疆）等省区市。

2. 外貌特征

毛色黑白花，花片分明，额部多有白斑，角尖黑色，腹底、四肢下部及尾梢为白色（图 2 - 4、图 2 - 5）。体格高大，结构匀称，头清秀狭长，眼大突出，颈瘦长而多皱褶，垂皮不发达。前躯较浅窄，肋骨开张弯曲，间隙宽大。背腰平直，腰角宽大，尻长、平、宽，尾细长，被毛细致，皮薄有弹性。乳房大、附着良好，乳头大小适中，分布匀称。乳静脉粗大弯曲，乳井大而深。肢势端正，体质坚实。成年公牛体重平均 1 020 千克，体高 150 厘米，成年母牛体重 500 ~ 650 千克，犊牛初生重 35 ~ 45 千克。

3. 生产性能

在正常饲养管理条件下，母牛在各个生长发育阶段的体尺与体重列于表 2 - 1。

据对 21 570 头头胎牛统计，305 天平均产奶量 5 197 千克。优秀牛群产奶量可达 7 000 ~ 8 000 千克，优秀个体产奶量可达 10 000 ~ 16 000 千克。平均乳脂率 3.2% ~ 3.4%。年受胎率 88.75%，情期受胎率 48.99%，繁殖率 89.1%。母牛屠宰率 49.7%，公牛 58.1%。母牛净肉率 40.8%，公牛 58.1%。一般 12 月龄性成熟，适配年龄

图 2 - 4　中国荷斯坦牛（公牛）

图 2 - 5　中国荷斯坦牛（母牛）

14 ~ 16 月龄。

表 2 - 1　中国荷斯坦牛（母牛）各阶段的体尺与体重

生长阶段	体高/厘米	体斜长/厘米	胸围/厘米	体重/千克
初生	73.1	70.1	780.3	38.9
6 月龄	99.6	109.3	127.2	166.9
12 月龄	113.9	130.4	155.9	289.8

（续表）

生长阶段	体高/厘米	体斜长/厘米	胸围/厘米	体重/千克
18月龄	124.1	142.7	173.0	400.7
1胎	130.0	156.4	188.3	517.8
2胎	132.9	161.4	197.2	575.0
3胎	133.2	162.2	200.0	590.8

（四）西门塔尔牛

1. 产地与分布

西门塔尔牛原产于瑞士阿尔卑斯山区以及德国、法国、奥地利等国河谷地带。因其优异的生产性能，世界各国纷纷引进，并按照各自的需要进行选育，形成各自不同的品种类群，故当今许多国家都有自己的西门塔尔牛，并冠以该国国名而命名。

2. 外貌特征

西门塔尔牛体形高大，骨骼粗壮，头大额宽，公牛角左右平伸，母牛角多向前上方弯曲。颈短、胸部宽深，背腰长且平直，肋骨开张，尻宽平，四肢结实，乳房发育良好，被毛黄白花或红白花，头、胸、腹下、四肢下部及尾尖多为白色（图2-6）。

3. 生产性能

西门塔尔牛产乳、产肉性能均良好。成母牛平均泌乳期285天，平均产奶量4 500千克，乳脂率4.0%~4.2%。我国新疆呼图壁种牛场饲养的西门塔尔牛平均产奶量达到6 000千克以上，36头高产牛泌乳期产奶量超过8 000千克，最高个体（第2胎）产奶量达到11 740千克，乳脂率4.0%。

西门塔尔牛肌肉发达，肉用性能良好，12月龄体重可达454千克，平均日增重1 596克。胴体瘦肉多，脂肪少且分布均匀，呈大理石条纹状，眼肌面积大，肉质细嫩。公牛育肥后，屠宰率可达65%，半舍饲状态下，公牛日增重1 000克以上。

图2-6　西门塔尔牛

（五）中国西门塔尔牛

中国西门塔尔牛是20世纪50年代引进欧洲西门塔尔牛，在我国饲养管理条件下，采用开放核心群育种（ONBS）技术路线，吸收了欧美多个地域的西门塔尔牛种质资源，在太行山两麓半农半牧区、皖北、豫东、苏北农区，松辽平原，科尔沁草原等地建立了平原、山区和草原3个类群。形成乳肉兼用的中国西门塔尔牛。

1. 外貌特征

毛色为红（黄）白花，花片分布整齐，头部呈白色或带眼圈，尾帚、四肢、肚腹为白色。角、蹄呈蜡黄色，毕竟呈肉色。体躯宽深高大，结构匀称，体质结实、肌肉发达、被毛光亮。乳房发育良好，结构均匀紧凑（图2-7）。

成年公牛平均体重850～1 000千克，体高145厘米；母牛平均体重600千克，体高130厘米。

图2-7　中国西门塔尔牛

2. 生产性能

平均泌乳天数为285天，泌乳期产奶量平均为4 300千克，乳脂率4.0%~4.2%，乳蛋白率3.5%~3.9%。中国西门塔尔牛性能特征明显，遗传稳定，具有较好的适应性，耐寒、耐粗饲，分布范围广，在我国多种生态条件下，都能表现出良好的生产性能。

（六）福莱维赫牛

福莱维赫牛即德系西门塔尔牛，由德国宝牛育种中心（BVN），在西门塔尔牛的基础上，经过100多年的定向培育而形成的乳肉兼用牛品种。主要分布于德国巴伐利亚州等地区。最近引入我国，用于改良我国黄牛和西杂牛群。

1. 体形外貌

具备标准的兼用牛体形，被毛黄白花，花片分明。头部、下肢、腹部多为白色。体格健壮，肢蹄结实，背腰平直，全身肌肉丰满，呈矩形。成年母牛十字部高140~150厘米，胸围210~240厘米，体重一般不低于750千克。尻宽且微倾斜，乳房附着紧凑，前伸后展，大小适度，乳静脉曲张明显，乳房距地面较高。即使在多个泌乳期后，乳房深度也能保持在飞节以上。在泌乳高峰期，强健的背肌和后腿肌肉能够保证其稳定性和健康度。无论是站立还是行走，身体都能保持协调，健康的肢蹄成为其突出的特点（图2-8）。

图2-8 福莱维赫牛

2. 生产性能

（1）乳用性能 种群平均泌乳期产奶量7 000千克，乳脂率4.2%，乳蛋白率3.7%，根据管理和自然条件以及饲喂强度的不同，高产牛群产奶量可超过10 000千克。产奶量随胎次的增加而增长，第五胎达到产奶高峰。福莱维赫牛的最大特点是在保持乳房健康的同时，泌乳峰值高，且各个泌乳期平均体细胞数不高于180 000个/毫升。

（2）肉用性能 公犊牛增重迅速，强度育肥下，16~18月龄出栏体重达到700~800千克，平均日增重超过1 300克。85%~90%的胴体在欧洲的市场等级为E级和U级。屠宰母牛的胴体重平均为350~450千克，肉质等级为欧洲市场的U级或R级，即具有中等肌间脂肪含量和大理石花纹。

（七）蒙贝利亚牛

蒙贝利亚牛即法系西门塔尔牛，由法国蒙贝利亚牛育种中心，在西门塔尔牛的基础上，经过长期的定向选育而形成具有优秀生产性能的乳肉兼用牛品种。原产于法国东部的道布斯县，是西门塔尔牛中产奶量最高的品系。1888 年正式命名为"蒙贝利亚"，是法国的主要乳用牛品种之一。

蒙贝利亚牛具有极强的适应性和抗病能力，耐粗饲，适宜于山区、草原放牧饲养，具有良好的泌乳性能，较高的乳脂率和乳蛋白率以及突出的肉用性能。目前已遍布世界 40 多个国家，我国主要饲养于内蒙古、新疆、四川等地。

1. 外貌特征

被毛多为黄白花或淡红白花，头、腹、四肢及尾帚为白色，皮肤、鼻镜、眼睑为粉红色。标准的兼用型体形，乳房发达，乳静脉明显。成年公牛体重 1 100～1 200 千克，母牛 700～800 千克，第一胎泌乳牛（41 319 头）平均体高 142 厘米，胸宽 44 厘米，胸深 72 厘米，尻宽 51 厘米（图 2 - 9）。

图 2 - 9 蒙贝利亚牛

2. 生产性能

蒙贝利亚牛在原产地法国，2006 年全国平均产奶量 7 752 千克，乳脂率 3.93%，乳蛋白率 3.45%。蒙贝利亚牛产肉性能良好，公牛育肥到 18 ~ 20 月龄，体重 600 ~ 700 千克，胴体重达 370 ~ 395 千克，屠宰率 55% ~ 60%，肉质等级达到《EUROP》R ~ R + [欧共体的胴体评定标准，胴体共分 7 个等级，即 E（最好）、U +、U、R、O、O -、P（最差）]，日增重平均为 1 350 克。淘汰奶牛胴体重 350 ~ 380 千克，肉质等级《EUROP》O + ~ R -。

蒙贝利亚牛耐粗饲，抗病力强，利用年限长，可利用 10 胎以上。产奶量高，乳质优良，饲料报酬高，生长发育速度快，肉用性能良好，公犊牛育肥，当年可达到 450 千克以上。

（八）娟姗牛

娟姗牛是英国培育的奶牛品种。该品种以乳脂率高、乳房外形好而闻名。

与荷斯坦牛相比，娟姗牛体形较小，较适宜于热带气候饲养。乳中干物质含量高，单位体重产奶量超过荷斯坦牛，产犊年龄早，产犊间隔短。最为突出的是肢蹄结实，对热带疾病的抵抗力强，抗逆性强。

1. 外貌特征

娟姗牛体格较小，全身肌肉清秀，皮薄、骨骼细，具有典型的乳用体形。头小、较轻而短，额宽略凹陷，两眼间距宽，眼凸出尤甚。鼻镜和舌一般为青黑色，口的周围有浅色毛环。耳大而薄。角中等长，向前向下弯曲，脚尖为黑色。鬐甲狭窄，颈薄而有皱褶，肩直立。胸部发达，深而宽，肋骨长而弯曲，背腰平直。后躯发育良好，腹围大，乳房容积大而均匀，乳头略小。尻长、平、宽。全身被毛细短而有光泽。毛色以灰褐色较多。四肢较短，与体躯下部近似黑色，尾帚细长呈黑色（图 2 - 10）。

娟姗牛成年公牛平均体重 650 ~ 750 千克，母牛 360 ~ 450 千克。犊牛初生重 23 ~ 27 千克；成年母牛平均体高 120 ~ 122 厘米，胸深

图 2 – 10　娟姗牛良好的乳房发育

64~65 厘米，管围 15.5~17 厘米。

2. 生产性能

娟姗牛被公认为效率最高的奶牛品种，其每千克体重产奶量超过其他奶牛品种。平均产奶量为 3 000~4 000 千克，乳脂率 5.0%~7.0% 乳蛋白率为 3.7%~4.4%，是世界上乳脂产量最高的奶牛品种。娟姗牛的最大特点是乳质浓厚，乳脂肪球大，易于分离，乳脂黄色，风味好，适于制作黄油，其鲜奶及奶制品备受欢迎。

（九）瑞士褐牛

瑞士褐牛属乳肉兼用品种，原产于瑞士阿尔卑斯山区，主要在瓦莱斯地区。由当地的短角牛在良好的饲养管理条件下，经过长期选育而成。

1. 外貌特征

被毛褐色，由浅褐、灰褐至深褐色，在鼻镜四周有一浅色或白色带，鼻、舌、角尖、尾帚及蹄为黑色。头宽短，额稍凹陷，颈短粗，垂皮不发达，胸深，背线平直，尻宽而平，四肢粗壮结实，乳房匀称（图2-11）。成年公牛体重1 000千克，母牛500~550千克。

图2-11　瑞士褐牛

2. 生产性能

瑞士褐牛年产奶量3 500~4 500千克，乳脂率3.2%~3.9%；18月龄活重可达485千克，屠宰率50%~60%。美国于1906年将瑞士褐牛育成为乳用品种，1999年美国乳用瑞士褐牛305天平均产奶量达9 521千克。

瑞士褐牛成熟较晚，一般2岁配种。耐粗饲，适应性强，美国、加拿大、前苏联、德国，波兰、奥地利等国均有饲养，全世界约有600万头。瑞士褐牛对新疆褐牛的育成起过重要作用。

（十）三河牛

三河牛是我国培育的优良乳肉兼用品种，主要分布于内蒙古呼伦贝尔盟大兴安岭西麓的额尔古纳右旗三河（根河、得勒布尔河、哈布尔河）地区。

1. 外貌特征

三河牛体格高大结实，肢势端正，四肢强健，蹄质坚实。有角，稍向上、向前方弯曲，少数牛角向上。乳房大小中等，质地良好，乳静脉弯曲明显，乳头大小适中，分布均匀。毛色为红（黄）白花，花片分明，头白色，额部有白斑，四肢膝关节下部、腹部下方及尾尖为白色（图2-12）。成年公、母牛的体重分别为1 050千克和547.9千克，体高分别为156.8厘米和131.8厘米。公犊初生重为35.8千克，母犊31.2千克。公牛6月龄体重为178.9千克，母牛169.2千克。断奶至18月龄，正常饲养管理条件下，平均日增重500克。6岁以后体重停止增长，三河牛属于晚熟品种。

图2-12　三河牛（母牛）

2. 生产性能

三河牛产奶性能较好，平均单产 4 000 千克，乳脂率大于 4%。在良好的饲养管理条件下，其产奶量会显著提高。三河牛的产肉性能好，2~3 岁公牛的屠宰率为 50%~55%，净肉率 44%~48%。

三河牛耐粗饲，耐寒，抗病力强，适合放牧。三河牛对各地黄牛的改良都起了较好的效果。三河牛与蒙古杂种牛的体高比当地蒙古牛提高了 11.2%，体长增长了 7.6%，胸围增长了 5.4%，管围增长了 6.7%。在西藏林芝海拔 2 000 米处，三河牛不仅能适应，而且被改良的杂种牛的体重比当地黄牛增加了 29%~97%，产奶量也提高了一倍。

二、奶牛标准化养殖的品种选择要点

（一）优良的奶牛品种是奶牛饲养者成功的关键

我国饲养的奶牛品种较多，但以荷斯坦奶牛适应能力较强，生产性能最高，适应全国各地饲养，是首选品种。应具有明显的黑白花片。毛色全黑、全白或沙毛牛，一般不宜购买。红白花、黄白花、灰白花牛等均有可能不是荷斯坦牛，购买时要注意。

（二）奶牛要来自正规的奶牛场

目前，奶牛供种地方较多，但一定要到正规的奶牛场购买。正规的供种单位一般具有国家有关部门颁发的畜禽良种生产经营许可证，有详细的生产记录，有较好的生产基地以及优良的售后服务。正规场家提供的奶牛，品种纯、质量好、产奶量高。

（三）货比三家，优中选优

购买奶牛时要多考察、了解供牛单位，争取做到货比三家。增加挑选的余地，可以选购到较理想的奶牛。在我国目前市场经济体制尚不健全的条件下，有些人乘"奶牛热"，临时搭车，半路出家，进行炒种。他们收购一些牛，大肆宣传、半路拉客，遇购牛者，立即出售,这些牛往往质量差、品种杂、产量低,甚至是病牛或失去利用价值的牛。这些炒牛者多证照不全、无固定饲养场地,棚舍多临时搭建,配套设施不全,从业时间较短。

(四) 年龄及其鉴定

奶牛的年龄和生产性能与购买时的价格密切相关。青年牛,利用时间长,价值大,是购买的主要对象。奶牛一般在第四胎、第五胎达到产奶高峰,以后随年龄的增加产奶量逐渐下降。因而,购牛时应选头胎牛,有利于牛群稳定。购牛时要对牛的年龄进行鉴别,虽然供牛单位会提供牛的出生时间记录。但为确保奶牛质量,还应进行现场鉴定。年龄可根据牙齿鉴定和角轮鉴定相结合的方式进行综合判定。

1. 牙齿鉴定

通过牙齿判定牛的年龄,通常是以门齿的发生、更换、磨损情况为依据,牛共有32枚牙齿,其中,门齿(又称切齿)4对(上腭无门齿),共8枚。门齿的第一对,叫钳齿,第二对叫内中间齿,第三对叫外中间齿,第四对叫隅齿;臼齿分为前臼齿和后臼齿,每侧上下各有3对,共24枚。故奶牛的牙齿总计为32枚,见图2-13。

一般初生犊牛已长有乳门牙(乳齿)1~3对,3周龄时全部长出,3~4月龄时全部长齐,4~5月龄时开始磨损,1周岁时4对乳牙显著磨损。1.5~2.0岁时换生第一对门齿,出现第一对永久齿。2.5~3.0岁时换生第二对门齿,出现第二对永久齿,3.0~4.0岁时换生第三对门齿,出现第三对永久齿。4.0~5.0岁时换生第四对门齿,出现第四对永久齿。5.5~6.0岁时永久齿长齐,通常称为齐口。

乳齿和永久齿的区别,一般乳门齿小而洁白,齿间有间隙,表面平坦,齿薄而细致,有明显的齿颈;永久齿大而厚,色棕黄,粗糙。

乳齿共10对,20枚,无后臼齿。

6岁以后的年龄主要是根据牛门齿的磨损情况进行判定。门齿磨损面最初为长方形或横椭圆形,以后逐渐变宽,成为椭圆形,最后

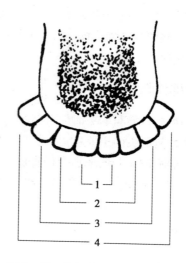

图 2 – 13 牛切齿的排列顺序图

1—钳齿；2—内中间齿；3—外中间齿；4—隅齿

出现圆形齿星。吃面出现齿星的顺序依次是 7 岁钳齿、8 岁内中间齿、9 岁外中间齿，10 岁隅齿，11 岁时牙齿从内向外依次呈三角形或椭圆形。

2. 角轮鉴定

角轮是在饲草料贫乏季节或怀孕期间因营养不足而形成。母牛每分娩一次，角上即生一个凹轮，所以角轮数加初产年龄数即为该牛的实际年龄。角轮的深浅、粗细与营养条件关系密切。饲养条件好，角轮浅，界限不清，不易判定。如母牛空怀，则角轮间距不规则，若饲养条件差，冬季营养不良，则会形成年轮。判断时要对孕轮、年轮进行综合分析判定。

（五）档案资料分析

我国已经实行良种登记制度，因而，购买奶牛时要查阅和索要奶牛档案。正规的奶牛场对每头牛都有详细的档案材料。查阅档案包括两个方面：一是档案的有无和真伪，二是档案记录的内容是否完整。一个完整的档案材料应包括牛的系谱、出生日期、健康状况以及疾病史、配种产犊情况、生产情况等。通过牛的档案材料，既可基本了解牛的品质优劣，又可看出供牛单位的管理水平。

（六）检疫和防疫

购牛时一定要通过检疫部门对所购奶牛进行检疫，检疫的疾病一般包括：结核病、布氏杆菌病、口蹄疫、乳房炎等。要了解牛以往的防疫情况，购牛时不应进行防疫注射，因防疫注射后两周内不宜进行长途运输。新购回的奶牛要使其适应 1～2 周后再行防疫注射。

（七）运输

长途运牛时，为了防病，可在饲料中添加一些抗菌药物，如土霉素、氟哌酸等。

运输奶牛时，要采用专车，要有坚固的护栏。长途运输时要选择经验丰富的人员，对奶牛进行饲养管理。若处于产奶期，要按时挤奶，否则会发生乳房炎。途中奶牛的饲料以优质青干草和蛋白质饲料为主，每天饲喂 2～3 次。管理上要搞好清洁卫生，通风透气。孕牛要防止流产，一般怀孕后期的奶牛，不宜长途运输。必要时可注射适量的孕酮和维生素 E。另外，夏季要防止奶牛中暑，冬季防止贼风侵袭，一般，炎热的夏季不宜运输奶牛。为减少运输中的应激反应，饲料中可添加一些镇静剂、维生素等。奶牛运达目的地后，仍采用途中的饲养方法，经过一周逐渐过渡为正常的饲养方法和本场的饲草料。

第二节 奶牛生产性能测定（DHI）

一、奶牛生产性能测定的概念

DHI（Dariy Herd Improvement）国外称牛群改良，国内称奶牛

性能测定。DHI 体系指通过测试奶牛的奶量、乳成分、体细胞数并收集相关资料，对其进行分析后，获取反映奶牛群配种、繁殖、饲养、疾病、生产性能等方面的信息，继而利用这些信息进行有效生产管理的综合体系。

DHI 体系是国际上最先进的牧场管理工具，是衡量牛场管理水平的依据。利用 DHI 报表所反映的信息，可以进行饲料配方的制作、牛群结构的调整、疾病防治及乳房炎的跟踪治疗等工作。

二、奶牛生产性能测定方法

（一）品种资料记录与统计

因奶牛的产奶量、乳脂率、乳蛋白率、繁殖率以及体重、体高等都属于数量性状，必须通过完整的记录与统计分析，才能得出奶牛品质的优劣和生产性能的高低。通常记录的项目或指标主要包括以下几个方面。

1. 产奶性能

为便于统计，每头牛的产奶量可每 10 天或每月记录 1 次，但记录必须准确清楚。全群牛的年总产和年单产都源于每头牛的日产量和饲养头日记录，利用这些数据，进行统计分析，掌握每头牛各胎次产奶量、全群牛日产奶量、全年总产奶量和年单产。以此预测下一年的生产水平，为制定育种计划提供依据。同时根据产量的浮动，分析饲养管理上的问题，及时纠正，保障生产正常进行。

一般奶牛产奶性能统计如下几项。

（1）成母牛全群年平均产奶量

成母牛全群年平均饲养头数 = 全年饲养成母牛头日数/365

成母牛全群年平均产奶量 = 成母牛全群年产奶总量/成母牛全群年平均饲养头数

泌乳期 305 天产奶量：

在一个泌乳期内，产奶天数超过 305 天，只统计到 305 天，不足 305 天，按实际产奶日数计算并乘以系数（表 2 - 2）。

表 2 - 2　产奶天数校正系数

泌乳天数	系数	泌乳天数	系数	泌乳天数	系数
240	1.198	270	1.098	300	1.013
245	1.181	275	1.083	305	1.000
250	1.163	280	1.068	340	0.918
255	1.146	285	1.054	345	0.907
260	1.130	290	1.040	350	0.897
265	1.114	295	1.026	355	0.887

（2）平均乳脂率与标准乳量　乳脂率即牛奶中所含脂肪的百分率。一般要求每月测一次或在分娩后的 2、5、8 个月分别测一次。按下式进行加权平均。

平均乳脂率 = $\sum (F \times M) / \sum M \times 100\%$

式中：F 为每次测定的乳脂率；M 为该次采样期内的产奶量；$\sum$ 为总和。

一般以产奶量进行比较、评价奶牛生产性能，需要把实际产奶量统一换算为 4% 乳脂率的标准乳产量进行比较更为科学可靠，按下式换算。

4% 标准乳产量 = $(0.4 + 15F) M$

式中：F 为测定的乳脂率；M 为实际产奶量。

2. 常用表格

常用记录表格包括配种繁殖记录、生长发育记录、兽医诊断记录、治疗记录、个体卡片、饲养记录、奶牛场的工作日志等。可根据需要设置表格，进行详细记录。

（二）奶牛外貌鉴定与体尺测量

1. 奶牛外貌鉴定的方法

奶牛外貌与生产性能有着十分密切的关系，外貌优良的奶牛其生产性能往往较高。外貌的改进，特别是乳房结构的改进，不仅能提高奶牛的泌乳性能，也有利于集约化生产和机械化操作。

奶牛外貌评分标准执行中国荷斯坦奶牛评分标准（表2-3）。

表2-3　荷斯坦奶牛外貌鉴定评分

项目	细目与评满分标准要求	标准分
一般外貌与乳用特征	1. 头、颈、鬐甲、后大腿等部位棱角和轮廓明显	15
	2. 皮薄而有弹性，毛细而有光泽	5
	3. 体格高大而结实，各部位结构匀称，结合良好	5
	4. 黑白花毛色，界线明显，花片分明	5
	小计	30
体躯	5. 中躯：长、宽、深	5
	6. 胸部：肋骨间距宽，长而开张	5
	7. 背、腰平直	5
	8. 腹大而不下垂	5
	9. 后躯：尻长、平、宽	5
	小计	25
泌乳系统	10. 乳房形状好，向前后延伸，附着紧凑	12
	11. 乳腺发达、乳房质地柔软而有弹性	6
	12. 四乳区匀称，前乳区中等长，后乳区高、宽而圆，乳镜宽	6
	13. 乳头大小适中，垂直呈柱形，间距匀称	3
	14. 乳静脉弯曲而明亮，乳井大，乳房静脉明显	3
	小计	30
肢蹄	15. 前肢结实，肢势良好，关节明显，蹄质坚实，蹄底呈圆形	5
	16. 后肢结实，肢势良好，左右两肢间宽，系部有力，蹄形正，蹄质坚实，蹄底呈圆形	10
	小计	15
总计		100

奶牛的外貌评定，一般要求在产后第三个月到第五个月期间进行。外貌评分结果，按其得分情况划分为4个等级。即特等、一等、二等和三等。80分以上为特等，75~79分为一等，70~74分为二

等，65～69分为三等。

2. 体尺测量与体重估算

奶牛体尺测量（图2－14）与体重估算是了解牛体各部位生长与发育情况、饲养管理水平以及牛的品种类型的重要方法。在正常生长发育情况下，奶牛的体尺与体重都有一定的指标范围，若差异过大，则可能是饲养管理不当或遗传方面出现变异，要及时查出原因，加以纠正或淘汰。

图2－14　牛体尺测量部位

体高：1－2；体斜长：3－4；胸围：5－6；管围：7－8；十字部高：9－10

奶牛体尺测量工具通常是测杖和卷尺，测杖又称为硬尺，卷尺称作软尺。一般测量和应用较多的体尺指标主要有体高、体斜长、胸围、管围等。

（1）体高　即牛的鬐甲高，从鬐甲最高点到地面的垂直距离，要求用测杖测量；

（2）体斜长　从肩端前缘到坐骨结节后缘的曲线长度，要求用卷尺测量；

（3）胸围　在肩胛骨后角（肘突后沿）绕胸一周的长度，用卷尺测量；

（4）管围　在左前肢管部的最细处（管部上1/3处）的周径，

用卷尺测量。

（5）十字部高　从十字部最高点到达地面的垂直距离，用测杖测量。

奶牛的体重最好以实际称重为准。一般用地磅或台秤称重。奶牛的体重较大，称重难度大，饲养场户多没有合适的称量工具，因而除试验研究或特定情况需要实际称重外，一般情况下，根据牛的体尺体重之间的相关性，通过体尺测量数据进行估算。不同年龄奶牛的体重估算方法如下。

6～12 月龄：体重（千克）＝ $[$ 胸围（米）$]^2$ × 体斜长（米）× 98.7

16～18 月龄：体重（千克）＝ $[$ 胸围（米）$]^2$ × 体斜长（米）× 87.5

成年奶牛：体重（千克）＝ $[$ 胸围（米）$]^2$ × 体斜长（米）× 90.0

第三章 标准化奶牛场规划、设计与设施

第一节 标准化奶牛场场址选择与科学布局

一、奶牛场的场址选择

奶牛场场址选择应因地制宜，根据生产需要和经营规模，对方位、地形、土质、水源以及周围环境等进行多方面选择。

（一）方位、地形

要选在地势高燥，背风向阳，有适当坡度，排水良好，地下水位低的位置。目的是为了保持环境干燥、阳光充足，有利于犊牛的生长发育、成年乳牛的生产和人畜的防疫卫生。低洼潮湿的场地一般阴冷、通风不良，影响奶牛的体热调节和肢蹄发育，还易于滋生蚊蝇及病原微生物，会给奶牛健康带来危害，不宜作奶牛场场址。山区建设奶牛场，应选在较平缓的向阳坡地上，且要避开风口，以保证阳光充足，排水良好。地面坡度不宜超过25°，一般以1°~3°为宜。奶牛场地形应开阔整齐，不应过于狭长或边角太多。狭长的场地会因建筑布局的拉长而显得松散，不利于生产作业；边角太多，会影响牛场地面的合理利用。场界拉长，会增加防护设施的投资，也不利于卫生防疫。

奶牛场场区面积要按照生产规模和发展规划确定，不仅要精打细算，节约建场，还要有长远规划，留有余地。建场用地要安排好牛舍等主要建筑用地，还要考虑牛场附属建筑及饲料生产、职工生

活建筑用地。一般可按每头奶牛（中型牛场）160～186 米² 确定生产区面积。牛场建筑物按场地总面积的 10%～20% 来考虑。

（二）水源

养牛生产用水量大，稳定、充裕、清洁卫生的水源是奶牛场立足的根本。选水源要考虑以下因素。

1. 水量充足

既要满足场内人畜饮用和其他生产、生活用水，还要考虑防火需要。在舍饲条件下，耗水定额为每日成年乳牛 100～120 升，犊牛 30～40 升。

2. 水质优良

水源要洁净卫生，不经处理即能符合无公害食品畜禽饮用水水质标准（NY 5027—2001）。

3. 便于防护

防止周围环境对水源的污染，尤其要远离工业废水污染源。

4. 取用方便

取用方便以节约设备投资。有两类水源可供选择，一类是地面水，如江、河、湖、塘及水库等水源。这类水源水量足，来源广，又有一定的自净能力，可供使用，但要选择流动、水量大和无工业废水污染的地面水；另一类是地下水，水质洁净，水量稳定，是最好的水源。降水，因易受污染，水量难以保证，所以，不宜作牛场水源。

（三）土质

土质的优劣关系到牛群健康和建筑物的牢固性。作为奶牛场场址的土壤，应该透气透水性强，毛细管作用弱、吸湿性和导热性小，质地均匀，抗压性强。沙壤土的透气透水性好，持水性小；导热性小，热容量大，地温稳定，有利于奶牛的健康。因其抗压性好，膨胀性小，适于建筑牛舍，是最理想的建场土壤。沙土类土壤透气透水性强，吸湿性小，毛细管作用弱，易于保持干燥，但导热性大，热容量小，易增温，也易降温，昼夜温差大，不利于奶牛健康，一般可用于奶牛群运动场。黏土类土壤透气透水性差，吸湿性强，容水量大，毛细管作用明显，易于变潮湿、泥泞。而牛舍内潮湿不利于奶牛健康，因而不适合在其上建场。

（四）周围环境

选择场址要考虑交通便利，电力供应充足、可靠；在以供应鲜奶为主时，应距市区和工矿区较近（一般10～20千米）。同时还要考虑当地饲料饲草的生产供应情况，以便就近解决。选择场址要考虑环境卫生，既不要造成对周围社会环境的污染，又要防止牛场受周围环境，例如化工厂、屠宰厂、制革厂等企业的污染。规模奶牛场应位于居民区的下风向，并至少距离200～300米以上。

二、奶牛场的规划与布局

对于规模化生产的奶牛场，根据奶牛的饲养管理和生产工艺，科学地划分牛场各功能区，合理地配置厂区各类建筑设施，可以达到节约土地、节省资金、提高劳动效率以及有利于兽医卫生防疫的目的，奶牛场布局效果见图3－1。

（一）奶牛场的分区规划

划分奶牛场各功能区，应按照有利于生产作业、卫生防疫和安全生产的原则，考虑地形、地势以及当地主风向，按需要综合安排，一般可作如下划分。

1. 行政管理和职工生活区

对职工生活区要优先照顾，安排在全场上风向和地势最佳地段，可设在场区内，也可设在场外。其次是行政管理区，也要安排在上风向，要靠近大门口，以便对外联系和防疫隔离。

2. 生产作业区

生产作业区是奶牛场的核心区和生产基地，因此，要把它和管理区、生活区隔离开，保持200～300米的防疫间距，以保障兽医防

图 3-1　奶牛场建筑物布局效果

疫和生产安全。生产区内所饲养的不同牛群间，由于其各自的生理差异，饲养管理要求不同，所以对牛舍也要分类安置，以利管理。规模化奶牛场可将生产区划分如下。

（1）成年乳牛产奶区　产奶区是乳业生产的中心，要靠近鲜奶处理室，以便鲜奶的初步加工和运输。如果使用挤奶厅集中作业，还要安排奶牛舍到挤奶厅的牛行通道。

（2）犊牛饲养区　犊牛舍要优先安排在生产区上风向，环境条件最好的地段，以利犊牛健康发育。

（3）产房　产房宜靠近犊牛舍，以便生产作业。但它是易于传播疾病的场所，要安排在下风向，并隔离。

（4）育成牛、青年牛饲养区　育成牛和青年牛舍要优先安排在成年牛舍上风向，以便卫生隔离。

（5）饲料饲草加工间及贮存库　要设在下风向，也可设在生产区外，自成体系。应注意防火安全。

3. 兽医诊疗和病牛隔离区

为防止疾病传播与蔓延，这个区要设在生产区的下风向和地势低处，并应与牛舍保持 300 米的卫生间距。病牛舍要严格隔离，并在四周设人工或天然屏障，要单设出入口。处理病死牛的尸坑或焚尸炉更应严格隔离，距离牛舍300~500米以上。

（二）奶牛场的布局

根据场区规划，搞好牛场布局，可改善场区环境，科学组织生产，提高劳动生产率。要按照牛群组成和饲养工艺来确定各作业区的最佳生产联系，科学合理地安排各类建筑物的位置配备。根据兽医卫生防疫要求和防火安全规定，保持场区建筑物之间的距离。一般规定奶牛场建筑物的防火间距和卫生间距均为30米。此外，还要将有关兽医防疫和防火不安全的建筑物安排在场区下风向，并远离职工生活区和生产区。

为节省劳力、提高生产效率打好基础。凡属功能相同或相近的建筑物，要尽量紧凑安排，以便流水作业。场内道路和各种运输管线要尽可能缩短，以减少投资，节省人力。牛舍要平行整齐排列，泌乳牛舍要与挤奶间、饲料调制间保持最近距离。

合理利用当地自然条件和周围社会条件，尽可能地节约投资。基建要少占或不占良田，可利用荒滩荒坡。奶牛舍最好采用南北向修建，以利用自然光照。为了不影响通风和采光，两建筑物的间距应大于其高度的1.5~2倍。

场内各类建筑和作业区之间要规划好道路，净道与污道不交叉。路旁和奶牛舍四周搞好绿化，种植灌木、乔木，夏季可防暑遮阳，还可调节小气候。

第二节　标准化奶牛舍建设

一、标准化牛舍类型

根据投资规模、地区差异、饲养方式不同，所建造的牛舍类型不同。

（一）按开放程度分类

根据开放程度不同，将奶牛舍分为全开放式牛舍、单侧封闭的半开放式牛舍以及墙壁健全的全封闭式牛舍。

1. 全开放式牛舍

全开放式牛舍即外维护结构全开放的牛舍，也就是说只有屋顶，四周无墙，全部敞开的牛舍，又称棚舍。这种牛舍只能克服或缓和不良环境因素的影响，如避雨雪、遮阳等。不能形成稳定的牛舍小气候。但因结构简单、施工方便、造价低廉，得到广泛应用。从使用效果上看，在我国中北部气候干燥的地区应用效果较好，但在炎热、潮湿的南方应用效果较差。因为全开放式牛舍是一个开放系统，几乎无法防止热辐射，且控制性和操作性差，不具备强制吹风和喷水降温效果，蚊蝇防止效果较差。

2. 半开放式牛舍

半开放式牛舍即具备部分外围护的牛舍，常见的是东、西、北三面有墙，南面敞开或有半截墙。封闭侧墙上安装窗户，夏季敞开，通风降温良好，冬季关闭窗户，可以保持舍内温度。这种牛舍全国各地都比较多见。北方地区，冬季寒冷，近年来对半开放式牛舍进行改造，在半开放式牛舍的基础上，创建了暖棚式牛舍，即冬季在开放侧扣盖塑料薄膜，起到保温效果，夏季打开盖膜，起到通风降温作用，实现了冬暖夏凉，经济适用。

3. 全封闭式牛舍

全封闭式牛舍即外围护健全的牛舍，上有顶棚，四周有墙，通风依靠门窗的启闭和机械通风，应用极为广泛。夏季利用门窗自然通风或风扇物力送风，降温效果良好，冬季关闭门窗，可使舍内温度保持在10℃左右，保温性能良好。缺点是建筑成本、造价较高。

（二）按屋顶结构分类

按屋顶结构不同，奶牛舍可分为钟楼式、半钟楼式、双坡式、单坡式和拱顶式，见图3-2至图3-4。

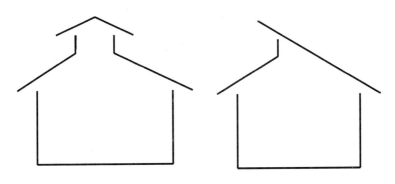

图 3 - 2　钟楼式、半钟楼式牛舍

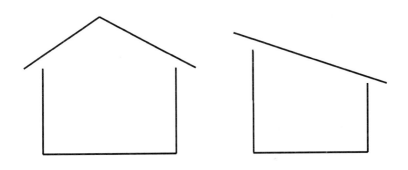

图 3 - 3　双坡式、单坡式牛舍

1. 钟楼式牛舍

钟楼式牛舍通风换气良好，但建筑结构复杂，耗料多，造价高。有全钟楼式和部分钟楼式之分，全钟楼式牛舍即整个牛舍顶部都是钟楼式，部分钟楼式牛舍是指牛舍顶棚有一部分是钟楼式。

2. 半钟楼式牛舍

半钟楼式牛舍的构造比钟楼式简单，即从阳面看是钟楼式，从阴面看则为双坡式。向阳侧开天窗，有利于冬季采光保暖。夏季通风降温。也有全半钟楼和部分半钟楼之分。全半钟楼式即整个牛舍顶棚都是半钟楼式，部分半钟楼式则是牛舍顶棚有一部分是半

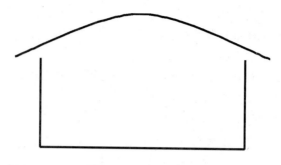

图 3 - 4　拱顶式牛舍

钟楼式。

3. 双坡式牛舍

跨度较大的牛舍多采用双坡式建造，双坡式牛舍造价较低，可利用建筑面积大。

（三）按奶牛在舍内排列方式分类

按照奶牛在舍内的排列方式，可将奶牛舍分为单列式、双列式、三列式或四列式。

1. 单列式牛舍

一般小跨度牛舍，舍内只设计一列牛的饲养位置或空间的牛舍称为单列式牛舍。适用于饲养奶牛几头到几十头的小型饲养户，牛舍跨度小，通风散热面积大，设计简单、易于管理。但每头奶牛所需的舍内面积以及分摊的牛舍造价略高于双列式牛舍。

2. 双列式牛舍

跨度大于单列式牛舍，在牛舍内设计同时饲喂两列牛的牛舍称为双列式牛舍。根据饲养管理制度不同，双列式牛舍内部的奶牛排列方式分为扭头向槽近墙的对尾式和牛槽居中、牛头相向的对头式。

对尾双列式牛舍普遍适用于拴系式饲养、管道式挤奶，即奶牛采食与挤奶在同一舍内进行，这种排列式，牛头朝向窗户侧采食，有利于光照通风、减少疾病传播，同时舍内挤奶，不需建造专门的挤奶厅，特别是对奶牛挤奶、生殖道观测、发情观察以及牛体和舍内清洁卫生工作都比较便利。缺点是饲草料分发、饲喂不便。

对头双列式牛舍，分发草料方便，特别是适用于机械化饲养作业、省工省时有利于奶牛自由采食、维护奶牛健康的散放式饲养管理。近年来，大型挤奶设备的普遍应用，多数奶牛场都建立了专用挤奶间（挤奶厅），不再在牛舍中挤奶，牛舍内的主要工作是分发草料，供奶牛采食，因而对头式双列舍的建造越来越多，几乎代表了所有的双列式牛舍。对头双列式牛舍的唯一缺点是奶牛屁股朝外，不利于后躯的观察，清粪不方便、侧墙易被粪尿污染。

3. 多列式牛舍

大跨度牛舍，舍内同时饲养三列及以上牛舍称为多列式牛舍，多见于大规模奶牛场，特别适合于散栏式的现代饲养管理模式。

（四）按饲养牛群分

根据牛的生长发育阶段、生产阶段把牛舍分为成年牛舍、青年牛舍、犊牛舍等。

二、奶牛舍的建设要求和基本参数

牛舍是奶牛生活的重要环境和从事生产的场所。所以，设计牛舍时必须根据牛的生物学特性和饲养管理及生产上的要求，创建适合奶牛的生理要求和进行高效生产的环境。

舍内的牛在不停地活动，工作人员在进行各种生产劳动，必将不断地产生热量、水气、灰尘、有害气体和噪声。因内部结构和设施，致舍内外空气不能充分交换，故造成舍内空气温度、湿度、灰尘和有害气体常高于舍外，构成了特定的小气候。故为保证人、畜的健康和高效生产，在设计牛舍时，结构、设施各方面都应符合卫生上的要求。

我国各地区的气候差异悬殊，牛舍的建筑类型和结构应因地制宜，根据各地区的特点设计建筑牛舍，既不要追求一定形式，造成建筑及内部结构的不合理，不适于利用，也要防止牛舍过于简陋，造成卫生条件太差。

须根据牛的生长发育阶段和生产目的，设计建设不同种类的牛舍。

根据奶牛的生理特点，建筑牛舍时首先要考虑防暑降温和减少潮湿，为此，建筑牛舍要求：提高牛舍屋盖，增加墙体厚度，屋檐距地面高度应为320～360厘米；墙体厚度应在37厘米以上，或在墙体中心增设一绝热层（如玻璃纤维层等），可有效地防止和削弱高温和太阳辐射对牛舍气温的影响，起到隔热和保暖作用；除在墙体上开窗外，还要在屋顶设天窗，以加强通风，起到降温作用；注意通风设施的设计和安装；牛舍内应设污水排放设施。现代牛舍建筑设计应着重考虑以下几点。

（一）牛舍方位

奶牛全年连续性生产，牛舍方位的设置尽量做到冬暖夏凉。我国地处北纬20°～50°，太阳高度角冬季小，夏季大，即牛舍朝向以南向（即牛舍长轴与纬度平行）为好，冬季有利于太阳光照到舍内，提高牛舍温度；夏季阳光则照不到舍内，可避免舍内温度升高。由于地区的差异，综合考虑当地地形、主风向以及其他条件，牛舍朝向可因地制宜向东或向西作15°左右的偏转。南方夏季炎热，以适当向东偏转为好，北方冬季寒冷，则适当向西偏转一定角度。不论南北各地，夏季牛舍需要有良好的通风，牛舍纵轴与夏季的主导风向角度应大于45°，冬季要尽量防止冷空气侵袭，牛舍纵轴与主导风向的角度应该小于45°。

（二）隔热性能

墙壁和顶棚的隔热性能，主要是为了减少夏季外界的热量进入舍内以及冬季舍内的防寒保暖。

1. 建材的选用

牛舍的隔热效果主要取决于屋顶与外墙的隔热能力，常用的黏土瓦、石棉水泥板隔热能力较差，需要在其下面设置隔热层。隔热层一般采用炉灰、锯末、岩棉等填充材料，国内近年有许多新建牧场采用彩钢保温夹芯板作为屋顶和墙体材料，这种板材一般有上下两层彩色钢板（一般上层为0.6毫米、下层0.4毫米），中间填充阻燃型聚苯乙烯泡沫塑料、岩棉、玻璃棉、聚氨酯等作为材芯（厚50~100毫米），用高强度黏合剂黏合而成的新型复合建材，该类板材具有保温隔热、防火防水以及外形美观、色泽艳丽、安装拆卸方便等特点。

此外，封闭的空气夹层可起到保温作用，畜舍加装吊顶也可提高屋顶的保温隔热能力。

2. 隔热措施

建筑外屋顶和墙壁粉刷成白色或浅色调，可反射大部分太阳辐射热，从而减少牛舍建筑的热量吸收。通过牛舍周围种植高大阔叶树木遮阳，畜舍周围减少水泥地面，加大绿化面积，畜舍之间保证足够的间距等措施，也可有效地降低辐射热的产生。

（三）冬季保温

寒冷地区牛舍建造过程中须考虑冬季保温问题。在做好屋顶和墙体的隔热措施的基础上，注意地面保温。保温地面结构自上而下通常由混凝土层、碎石填料层、隔潮层、保温层等构成。地面要耐磨、防滑，排水要良好。铺设橡胶床垫以及使用锯末等垫料，也能够起到增大地面热阻、减少机体失热的效果。

（四）防潮

我国目前奶牛生产中，常说的奶牛场四大疾病中，乳房炎和蹄病都和牛舍潮湿有关。防止舍内潮湿主要可以采取以下几种措施。

1. 建筑物结构防水

防止屋顶渗漏降水地下水通过毛细管作用上移，导致墙体和地面潮湿。常用的防水材料有油毡、沥青、黏土平瓦、水泥平瓦等。选用好的防潮材料，在建造过程中加置防潮层，在屋面、地面以及各连接处使用防潮材料。

2. 减少舍内潮湿源

牛舍中主要的水气来自于奶牛机体，每天奶牛机体产生的水气量占畜舍总水气量的 60% ~ 70%，这无法控制。另外的 30% ~ 40% 主要来自于粪尿的积累和畜舍的冲洗等，可以尽量减少。经常采用的措施包括及时将粪尿清理到牛舍外面；减少奶牛舍冲洗次数，尽量保持舍内干燥；合理组织通风等。

（五）通风换气

良好的通风主要是实现畜舍空气新鲜、降低湿度和温度 3 个目的。若不能同时满足这 3 点，这种通风就是失败。设计牛舍通风系统的原则如下。

1. 保证牛舍空气新鲜

畜舍气体交换可以通过强制通风或自然通风来实现，最好是两者相结合。

2. 灵活控制

通风系统可以通过电扇、窗帘、窗户和通风门的启闭，实现针对奶牛舍内、外环境变化的灵活控制。

3. 广泛的适应性

通风系统能够满足一年四季不同的变化，可以同时实现连续的低频率的空气交换，能持续不断地移除奶牛产生的污浊湿气；根据温度控制的强制气体交换，可以通过气体交换带走热量；高速率气体交换可以在炎热夏季为奶牛降温、除湿。

钟楼式和半钟楼式牛舍顶部设计贯通横轴的一列天窗，有利于舍内空气对流。对于双坡式屋顶，可根据需要设置通气孔。通气孔总面积以畜舍面积的 0.15% 为宜。通气孔室外部分可以安装百叶窗，高出屋脊 50 厘米，顶部安装通风帽，下设活门以便控制启闭。

牛舍两侧墙体对于通风非常重要。夏天，侧墙的设置可以阻挡舍内由风机产生的气流的扩散，形成纵向强制风；同时，适当设置地窗，可以形成自然的负压通风，增加畜舍气流流动。目前，我国部分奶牛舍的沿墙开始采用活动卷帘设计，应用效果较好。卷帘一般设置两层，外层卷帘材料可为双帘子布，中间夹腈纶棉做成的棉帘，也可采用草帘，内层为单层帘子布或塑料布，中间安装钢网，帘外最好用防风绳固定。可以根据季节和气候的变化，将卷帘调节为全开放、半开放和不开放。冬季不开放时，需要畜舍顶部加装通风孔，以便通风换气。此外，若卷帘设置妨碍了畜舍冬季采光，可以在畜舍屋顶设置天窗或采光带。

夏季炎热季节，单靠自然通风显然不够。结合喷淋，采取强制送风，效果良好。

第三节 辅助设施建设

一、运动场

运动场设在牛舍南面，离牛舍 5 米左右，以利于通行和植树绿化。运动场地面，以砖铺地和土地各一半为宜，并有 $1.0° \sim 1.5°$ 的坡度，靠近牛舍处稍高，东西南面稍低，并设排水沟。每头牛需运动场面积：成乳牛 20 米^2、育成牛和青年牛 15 米^2，犊牛 8~10 米^2。

运动场四周设立围栏（图 3 - 5），栏高 1.5 米，栏柱间距 2~3 米，围栏可采用废钢管焊接，也可用水泥柱作栏柱，再用钢管串联在一起，围栏门宽 2~3 米。

二、挤奶厅

挤奶厅是奶牛生产和管理中心（图 3 - 6），挤奶厅与泌乳牛舍之间的距离要短，应设在泌乳牛舍群的北端（或南端）面向牛场进口处，这样可避免运奶车辆和外来参观人员进入饲养区，有利于防疫管理。挤奶厅建筑包括候挤室（长方形通道，其大小以能容纳 1~1.5 小时能挤完牛乳的牛只，每牛 1.3 米^2）、准备室（入口处为一段只能允许一头牛通过的窄道，设有与挤奶台能挤奶牛头数相同的牛栏，牛栏内设有喷头，用于清洗乳房）、挤奶台（可采用鱼骨形、菱形或斜列式挤奶台等）、滞留间（挤奶厅出口处设滞留栏，滞留栏设

图 3 - 5　运动场设立饮水器、搭建凉棚

有栅门，由人工控制，发现需要干奶、治疗、配种或作其他处理的牛只，打开栅门，赶入滞留间，处理完毕放回相应牛舍）。在挤奶区还设有牛奶处理室和贮存室等。

图 3 - 6　挤奶厅

三、饲料饲草加工与贮存设施

（一）铡草机

主要用于牧草和秸秆类饲料的切短。其型号多种多样，配套功率从不足1千瓦到20千瓦，建议日常用机型可选功率在10千瓦以下的小型铡草机，青贮加工则应选用功率大于10千瓦的铡草机（图3-7、图3-8）。

图3-7 9Z-2.5型青贮铡草机

（二）揉搓机

主要用于将秸秆切断、揉搓成丝状，用于提高秸秆类粗饲料的适口性和利用率（图3-9）。

图 3 – 8　9Z – 4C 型青贮铡草机

图 3 – 9　饲草揉搓机

（三）粉碎机

分为爪式和锤片式两种，前者主要用来加工籽实原料及小块饼类饲料，后者粉碎粗饲料效果好（图 3 - 10）。

图 3 - 10　饲草粉碎机

（四）饲料加工机组

小型饲料加工机组，即由粉碎机、搅拌机组合在一起的机型；大型饲料加工机组即由粉碎机、搅拌机以及计量装置、传送装置、微机系统等组合在控制仪器上的系统机组。

四、防疫与无害化处理设施

（一）消毒池

一般设在牛场或生产区入口处，便于人员和车辆通过时消毒。

消毒池常用钢筋水泥浇筑，供车辆通行的消毒池，长4米、宽3米、深0.1米，供人员通行的消毒池，长2.5米、宽1.5米、深0.05米。消毒液应维持有效。人员往来必经的场门两侧应设紫外线消毒走道。

（二）粪尿污水池和贮粪场

牛舍和污水池、贮粪场应保持200～300米的间距。粪尿污水池的大小应根据每头奶牛每天平均排出粪尿和冲污的污水量以及存贮期而定，原则上成乳牛70～120千克、育成牛50～60千克、犊牛30～50千克。

五、其他设施

（一）凉棚

一般建在运动场中央，常为四面敞开的棚舍建筑。建筑面积以每头牛3～5米^{2}为宜，棚柱可采用钢管、水泥柱等，顶棚支架可采用角铁、C型钢焊制或木架等，棚顶面可用彩钢板、石棉瓦、遮阳布、油毡等材料。凉棚一般用东西走向。

（二）补饲槽、饮水设施

补饲槽应设在运动场北侧靠近牛舍门口，便于把牛吃剩下的草料收起来放到补饲槽内。饮水设施安装在运动场东西两侧，建议安装二位式或多位式自动饮水器。

（三）兽医室

一般设在牛场的下风头，包括诊疗室、药房、化验室、办公值班室及病畜隔离室，要求地面平整牢固，易于清洗消毒。

（四）人工授精室

常设有精液处理（贮藏）室、输精器械的消毒设备、保定架等。

（五）青贮窖及干草贮藏棚

青贮窖和干草棚一般建在牛舍的一侧，应远离粪尿污水池，其大小应根据奶牛的饲养量以及存贮周期长短而定。

（六）精饲料加工室

一般采用高平房，墙面应用水泥抹 1.5 米高，防止饲料受潮。安装饲料加工机组的加工室大门应宽大，以便运输车辆出入，门窗要严密。大型奶牛场还应建原料仓库及成品库。

第四章 奶牛标准化规模养殖的繁殖技术

第一节 标准化奶牛场的牛群结构

一、奶牛群的结构

（一）成母牛群

成母牛指初产以后的牛，占整个牛群的60%，包括产奶牛群、干奶牛群、待产牛群。其中产奶牛群要根据不同产奶量分高、中、低产牛群，这些牛群是牛场的核心，直接关系到牛场的经济效益。因此，该牛群必须严格分群，根据不同的阶段、不同的产奶量提供合理的日粮标准。在成母牛群中，一般，1~2胎母牛占牛群总数的40%，3~5胎母牛占牛群总数的40%，6胎以上占20%。

（二）青年牛群

青年牛指18~28月龄的牛，即初配到初产的牛，占整个牛群的13%。

（三）大育成牛群

大育成牛指9~18月龄的牛，即9月龄到初配的牛，占整个牛群的9%。

（四）小育成牛群

小育成牛指3~9月龄的牛，占整个牛群的9%。

（五）犊牛群

犊牛指出生到 3 月龄的牛。对于出生的母犊牛要根据其父母代生产性能和本身的情况进行选留，作为后备母牛进行培育。原则上对于其他犊牛尽快进行销售或单独进行育肥，留作后备母牛的犊牛群占整个牛群的 9%。

（六）核心群

核心群是带动全群发展的核心，是指导后备牛选留标准的重要依据。如果条件允许，最好选育出核心牛群，从 1 000 头成母牛中根据其遗传性能和生产性能选育出 30% 的牛作为核心群，选育出其优良的后代作为后备母牛。核心牛群中不同胎次牛的比例为：1～2 胎占 60%，3～5 胎占 25%，6 胎以上占 15%。

二、后备母牛的选择

（一）按系谱选择

奶牛系谱是牛群管理的基础资料，它包括奶牛编号、出生日期、生长发育记录、繁殖记录、生产性能记录等。系谱选择是根据所记载的祖先情况，估测来自祖先各方面的遗传性。按系谱选择后备母牛，应考虑来源于父亲、母亲及外祖父的育种值。特别是产奶量性状的选择，应当依据父亲和外祖父的育种值，不能只以母亲的产奶量高低作为唯一选择标准，应同时考虑父母的乳脂率、乳蛋白率等性状指标。

（二）按生长发育选择

主要以体尺、体重为依据。主要指标包括初生重、6 月龄、12 月龄、第一次配种（15 月龄左右）及头胎牛的体尺、体重。体尺性状主要有体高、体斜长和胸围等。

（三）按体形外貌选择

根据后备牛培育标准对不同月龄的后备牛进行外貌鉴定，及时淘汰不符合标准的个体。鉴定时应注重后备牛的乳用特征、乳房发育、肢蹄强弱、后躯宽窄等外貌特征。

第二节　奶牛的发情鉴定技术

母牛发情时，其精神状态和生殖器官等都有一定的变化，但牛的发情持续时间较短，且安静发情也较其他家畜多。因此，必须细心观察以免漏配。鉴定母牛发情的方法有以下几种。

一、外部观察

外表观察法生产中最常用。发情母牛表现兴奋不安，哞叫，两眼充血，反应敏感，拉开后腿，频频排尿，在牛舍内及运动场常站立不卧，食欲减退，反刍的时间减少或停止；外阴部红肿，排出大量透明的牵缕性黏液，发情初期清亮如水，末期混而黏稠，在尾巴等处能看到分泌黏液的结痂物。在运动场或放牧时，发情母牛四处游荡，常常表现爬跨和接受其他牛的爬跨。两者的区别：被爬跨的牛如发情，则站着不动，并举尾，如未发情牛则往往弓背逃走；发情牛爬跨其他牛时，阴门搐动并滴尿，具有公牛交配的动作；其他牛常嗅发情牛的阴唇，发情母牛的背、腰和尻部有被爬跨所留下的泥土、唾液等印迹，有时被毛弄得蓬松不整。

二、阴道检查

发情母牛阴道黏膜充血潮红，表面光滑湿润。子宫颈外口充血、松弛、柔软开张，并流出黏液。不发情的牛阴道苍白、干燥，子宫颈口紧闭。阴道检查法只能作为辅助诊断，检查时应严格消毒，防止粗暴。

三、直肠检查

通过直肠，用手指检查子宫的形状、粗细、大小、反应以及卵巢上卵泡的发育情况来判断母牛的发情。发情母牛子宫颈稍大、较软，子宫角体积略增大，子宫收缩反应比较明显，子宫角坚实。卵巢中的卵泡突出，圆而光滑，触摸时略有波动。卵泡直径发育初期为 1.2~1.5 厘米，发育最大时为 2.0~2.5 厘米。排卵前 6~12 小时，随着卵泡液的增加，卵泡紧张度与卵巢体积均有所增大。到卵泡破裂前，其质地柔软，波动明显，排卵后，原卵泡处有不光滑的小凹陷，以后就形成黄体。

准确掌握发情时间是提高母牛受胎率的关键。一般正常发情的母牛其外部表现都比较明显，利用外部观察辅以阴道检查即可判断。但由于母牛发情持续期较短，平均 17 小时（范围为 4~28 小时），处女牛 15 小时。此外，因气候因素，舍饲牛的发情不易被发现，特别是分娩后的第一、二次发情，只排卵而无发情征状，称为安静发情。所以，对这种牛要加强观察，否则易漏配。在生产实践中，可以发动值班员、饲养员和挤奶员共同观察。建立母牛发情预报制度，根据前次发情日期，预报下次（按发情周期计算）。但有些母牛营养不良，常出现安静发情或假发情，或生殖器官机能衰退，卵泡发育缓慢，排卵时间延迟或提前，对这些母牛则需要通过直肠检查来判断其排卵时间。

同时，必须注意将奶牛妊娠发情爬跨现象、卵泡囊肿爬跨现象与真正发情母牛加以区别。

第三节　奶牛繁殖实用新技术

一、人工授精

适时而准确地把一定量的优质精液输到发情母牛生殖道的适当部位，对提高母牛受胎率极为重要。

（一）输精前的准备

将待配母牛的阴门、会阴部用温水清洗并消毒，同时做好输精器材和精液的准备。输精枪应经过消毒，枪的塑料外套为一次性使用，精液须进行活力检查，合乎输精标准才能应用。

（二）输精方法

目前，多采用直肠把握输精法。首先，按母牛发情直肠，将手插入直肠，检查其内生殖器官的一般情况，以辨别是否处于适宜输精的时机。然后，把子宫颈后端轻轻固定在手内，手臂往下按压（或助手协助）使阴门开张，另一只手把输精枪自阴门向斜上方插入5～10厘米，以避开尿道口，再改为平插或向斜下方插，把输精枪送到子宫颈口，然后两手互相配合，调整输精枪和子宫颈管的相对方向，使输精枪缓慢通过子宫颈管中的皱襞轮。技术熟练时，可以把输精枪送至子宫体或排卵侧子宫角注入精液，如果不太熟练，则宜送到子宫颈的2/3～3/4处注入精液。输精技术的熟练程度，对母牛的配种受胎率有较大关系。通常在输精时应注意以下几个方面。

1. 输精部位

输精部位一般要求将输精枪插入子宫颈深部输精，在子宫颈的5～8厘米处。

2. 输精量与有效精子数

母牛的输精量和输入的有效精子数，依所用精液的类型不同而异。液态精液，输精量一般为1～2毫升，有效精子数应在3 000万～5 000万个；冷冻精液，则输精量只有0.25毫升，有效精子数为1 000万～2 000万个。

3. 输精时间

输精时间应该依据母牛发情后的排卵时间而定，母牛的排卵时间一般在发情结束后10～12小时。生产实际中，主要结合母牛的发情表现、流出黏液的性质以及卵泡发育的状况来确定配种时间。当发情母牛接受其他牛爬跨而站立不动时，再向后推迟12～18小时，此时实际为发情末期，黏液已由稀薄透明转为黏稠微混浊状，母牛拒绝爬跨，卵泡大而波动明显，正是配种适期。

4. 输精次数

一次发情的输精次数要视输精母牛发情当时的状态而定。若对母牛的发情、排卵及配种时机掌握很好，则输精一次即可。否则，就需按常规输精 2 次，亦即上午发现发情，下午输精，次日上午再输第二次；下午发现发情，次日上午和下午各输一次的配种方法。两次输精时间间隔以 8 ~ 10 小时为宜。在输精实践中，往往会遇到许多问题。现将这些问题及其应对措施归纳如表 4 - 1 所示。

表 4 - 1　输精实践中容易发生的问题及其应对措施

问题	原因	应对措施
手伸不进直肠	1. 母牛特别暴躁	助手一手牵牛鼻中隔，另一手保定头部
	2. 母牛抵抗	一手用劲上抬尾根，
	3. 直肠努责	手指并拢呈锥形，助手紧捏牛腰部，稍停让过努责
输精器不能顺利通过阴道	1. 排粪污染	排粪时以左手遮掩，不让粪便流落外阴部
	2. 阴门闭合	用直肠内左手下压会阴，使阴门张开
	3. 插入方向不对	先由斜上方插入 10 厘米左右，再平向或向下插入，因母牛阴道多向腹腔下沉
	4. 输精器干涩	将输精器前端平贴阴裂捻转，用黏液沾湿
	5. 阴道弯曲阻遏	用直肠内左手向前拉直阴道，输精器转动前进
	6. 母牛过于敏感	抽动直肠内左手，按摩肠壁，以分散母牛对阴部的注意力
	7. 误入尿道	重插，输精器前端沿阴道上壁前进，可以避免
	8. 折断输精器	输精器插入后，右手要灵活轻握，并随牛移动，可避免折断
找不到子宫颈	1. 青年母牛	子宫颈往往细如小棍，可在直肠近处找
	2. 老年母牛	子宫颈粗大，往往随子宫下垂入腹腔，须提前
	3. 生殖道团缩	骨盆腔前查无索状组织（生殖道），则必团缩于阴门附近处，用左手按摩伸展之

（续表）

问题	原因	应对措施
输精器对不住子宫颈口	1. 直肠把握过前	直肠把握宫颈进口处，否则颈口游离下垂
	2. 有皱褶阻隔	把颈管往前推，以便拉直皱褶
	3. 偏入子宫颈外围	退回输精器，在直肠内用拇指定位引导
	4. 被颈口内褶阻拦	用直肠内手持宫颈上下扭动、捻转校对即可
	5. 宫颈过粗难握	把宫颈压定在骨盆侧壁或下壁上
注不出精液	1. 输精器口被阻	因输精器口紧贴宫颈黏膜，稍后拉同时注出精液
	2. 输精器不严	输后须查看精液是否仍残留，必要时重输

二、同期发情

同期发情又称同步发情，即通过利用某些外源激素处理，人为地控制并调整一群母牛在预定的时间内集中发情，以便有计划地组织配种。有利于人工授精的推广，按需生产牛奶，集中分娩，组织生产管理。同期发情还能使处于乏情的奶牛出现正常的发情周期，提高繁殖率。此外，同期发情可以使供体母牛和受体母牛的生殖器官处于相同的生理状态，为胚胎移植创造条件。

（一）同期发情的机理

母牛的发情周期根据卵巢的形态和机能大体可分为卵泡期和黄体期两个阶段。卵泡期是在周期性黄体退化继而血液中孕酮水平显著下降之后，卵巢中的卵泡迅速生长发育、成熟，进入排卵期。在黄体期内，由于在黄体分泌的孕酮作用下，卵泡的发育成熟受到抑制，但在未受精的情况下，黄体维持一定的时间（一般是 10 余天）之后即行退化，随后出现另一个卵泡期。由此可见，黄体期的结束是卵泡期到来的前提条件。相对高的孕酮水平，可抑制发情。一旦孕酮的水平降低，卵泡便开始迅速生长发育。卵泡期和黄体期的更替和反复出现构成了母牛发情周期的循环。

同期发情就是基于上述原理，通过激素或其类似物的处理，有意识地干预母牛的发情过程，使母牛发情周期的进程调整到相同阶段，达到发情同期化。

（二）同期发情的途径

同期发情通常有两种途径：一是延长黄体期，通过孕激素药物延长母牛的黄体作用而抑制卵泡的生长发育和发情表现，经过一定时间后，同时停药，因卵巢同时失去外源性孕激素的控制，则可使卵泡同时发育，母牛同时发情；二是缩短黄体期，是通过前列腺素药物溶解黄体，使黄体提前摆脱体内孕激素的控制，从而使卵泡同时发育，达到同期发情排卵。

（三）同期发情的激素

目前常用的同期发情激素，根据其性质大体可分为 3 类。

1. 抑制卵泡发育的制剂

包括孕酮、甲孕酮、甲地孕酮、氯地孕酮、氟孕酮、18-甲基炔诺酮、16 -次甲基甲地孕酮等。

2. 促进黄体退化的制剂

主要是前列腺素 $F2\alpha$ 及其类似物。

3. 促进卵泡发育、排卵的制剂

包括孕马血清促性腺激素、人绒毛膜促性腺激素、促卵泡素、促黄体素、促性腺激素释放激素等。前两类是在两种不同情况下（两种途径）分别使用，第三类是为了使母牛发情有较好的准确性和同期性，是配合前两类使用的激素。

（四）同期发情的方法

1. 孕激素及其类似物处理法

目前，进行奶牛同期发情较常用的孕激素及其类似物处理方法有阴道栓塞法、埋植法、口服法和注射法。

（1）阴道栓塞法　阴道栓塞法的优点是药效能持续地发挥作用，投药简单；缺点是容易发生药塞脱落。具体的作法：将一块清洁柔软的塑料或海绵泡沫切成直径约 10 厘米、厚 2 厘米的圆饼形，拴上细线，线的一端引至阴门以外，以便处理结束时取出。经严格消毒后，浸吸一定量溶于植物油中的孕激素，以长柄钳塞入母牛阴道内深部子宫颈口处，使药液不断被阴道黏膜所吸收，一般放置 9~12 天取出。在取塞的当天，肌内注射孕马血清促性腺激素（PMSG）800~1 000国际单位，用药后 2~4 天多数母牛出现发情症状。但第一次发情配种的受胎率较低，至第二次自然发情时，受胎率明显提高。

参考剂量：孕酮 400~1 000毫克，甲孕酮 120~200 毫克，甲地孕酮 150~200 毫克，氯地孕酮 60~100 毫克，氟孕酮 180~240 毫克，18-甲基炔诺酮 100~150 毫克。

孕激素的处理时间，期限有短期（9~12 天）和长期（16~18 天）两种。长期处理后，发情同期率高，但受胎率低；短期处理的同期发情率偏低，而受胎率接近正常水平。如在短期处理开始时，肌内注射 3~5 毫克雌二醇和 50~250 毫克的孕酮或其他孕激素制剂，可提高发情同期化的程度。当使用硅橡胶环时，可在环内附一胶囊，内含上述量的雌二醇和孕酮，以代替注射，胶囊融化快，激素很快被组织吸收。这样，经孕激素处理结束后，3~4 天大多数母牛可以发情排卵。

（2）埋植法　目前，较常用的方法是 18-甲基炔诺酮埋植法。其方法为：将一定量的药物（20 毫克 18-甲基快诺酮）装入直径为 2 毫米、长 15~18 毫米管壁有孔的细塑料管中，也可吸附于硅橡胶棒中，或制成专用的埋植复合物。利用特制的套管针或埋植器（与埋植物相配套）将药物埋于奶牛耳背皮下，经一定的时间（通常为 12 天）取出。埋植时，同时皮下注射 3~5 国际单位雌二醇。取管时，肌内注射孕马血清促性腺激素 800~1 000国际单位，2~4 天母牛出现发情。

（3）口服法　每天将一定量的孕激素均匀地拌在饲料内，连续喂一定天数后，同时停喂，可在几天内使大多数母牛发情。但要求最好单个饲喂比较准确，可用于精细管理的舍饲母牛。

（4）注射法　每日将一定量的孕激素作肌内或皮下注射，经一定时期后停药，母牛即可在几天后发情，如注射孕马血清促性腺激素；也可采用前列腺素子宫注入或肌内注射。此方法剂量准确，但操作繁琐。

2. 前列腺素及其类似物处理法

使用前列腺素 F2α 或其他类似物溶解黄体，人为缩短黄体期，使孕酮水平下降，从而达到同期发情。投药方式有肌内注射和用输精器注入子宫内两种方法。多数母牛在处理后的 2~5 天发情。该方法适用于母牛发情的第 5~18 天、卵巢上有黄体存在的母牛，无黄体者不起作用。

前列腺素 F2α（PGF2α）的用量：国产 15-甲基前列腺素 F2α，子宫注入 3~5 毫克，肌内注射 10~20 毫克；国产氯前列烯醇，子宫注入 0.2 毫克，肌内注射 0.5 毫克。

在前列腺素处理的同时，如和孕激素处理一样，配合使用孕马血清促性腺激素或促性腺激素释放激素（GnRH）或其他类似物，可使发情提前或集中，提高发情率和受胎率。

用前列腺素处理可能有部分奶牛没有反应。对于这些母牛可采用两次处理法，即在第一次处理后间隔 11~13 天进行第二次处理。第二次处理时，所有处理母牛均处于黄体期，从而在第二次处理后的 2~5 天所有能正常发情的母牛都出现发情。由于二次处理增加了用药量和操作次数。因此，一般奶牛场对第一次处理反应者即行配种，无反应者再作第二次处理。由于前列腺素有溶黄体作用，已怀孕母牛注射后会发生流产，故使用前列腺素处理时，必须检查确认为空怀牛方可进行。

无论是采用哪种方法，在处理结束后，均要注意观察母牛的发情表现，并及时输精。实践表明，处理后的第二个发情周期是自然发情，配种受胎率较高。

同期发情的效果与两个方面的因素有关。一方面，与所用激素的种类、质量及投药方式有关；另一方面，也决定于奶牛的体况、繁殖机能及季节。有周期性发情的奶牛，同期发情处理后的发情率和受胎率高于无发情周期的乏情牛。

三、性别控制

近代对性别决定因子的研究认为，哺乳动物含 Y 染色体的精子与卵子受精，形成 XY 型合子发育成为雄性个体；含 X 染色体的精子与卵子受精形成 XX 合子发育成为雌性个体。根据这一基本原理，人们在控制后代性别比例方面，进行了一系列研究。大致可分为：处理精液（分离 X 精子、Y 精子）和控制环境因素使其适合所需要的精子，有利于受精。

（一）处理精液（分离 X 精子、Y 精子）

近代研究证明，X 精子与 Y 精子在许多方面存在着差异。如 X 精子比 Y 精子头部大而圆，体及核也较大，Y 精子头部小而尖；X 精子与 Y 精子的 DNA 有含量差异，在牛方面差异为 3% ~ 9%；精子膜的分布也有差异，Y 精子尾部膜电荷量较高，X 精子头部膜电荷量较高；Y 精子带有 H-Y 抗原，X 精子则无；Y 精子对 H-Y 抗原的抗力有反应，X 精子则无。X 精子与 Y 精子的运动能力不相同，Y 精子运动能力较强，在含血清蛋白的稀释液中呈直线前进运动。Y 精子较耐弱碱而不耐酸性，X 精子则较耐弱酸性而不耐碱性等。基于以上情况，人们进行了分离 X 精子、Y 精子的研究，其方法如下。

1. 离心法

根据精子大小、比重不同的差别，利用含卵黄柠檬酸钠液的梯度离心柱将兔子精液分为上、下两层，上层精液得雄兔 65%，下层精液得母兔 65%。

2. 沉降法

利用一定密度、黏度、pH 值、渗透压并有营养的液体对牛精液沉降分离，沉降最快的部分受精后，雌性比例明显增加（53.9%），但任何部分都未增加雄性比例。对牛精液进行沉降处理后，再用强力对流法将精液纯化，在层柱上层部分获 81.1% 雄性，底层部分获 91.9% 雌性。一般认为，以上方法只能使某一性比例提高

$70\% \sim 75\%$。

3. 过滤法

利用 X 精子、Y 精子大小不同的特点，用 G-50 葡聚糖凝胶柱或过滤器进行过滤，这种方法在兔子方面取得较好效果。

4. 荧光色素标记法

利用荧光色素标记 Y 精子的荧光小体，利用光电仪设备将 X 精子、Y 精子分离，分离率达 80.4%。

5. 电泳法

利用 X 精子、Y 精子所带生物电的不同，采用电泳法对精子分离，分别收集阳极、阴极移动精子。受精后，阳极精子后代雌性占 71.3%，阴极雄性占 63.8%。

除上述方法外，尚有免疫法、流式细胞光度法等。但总结以上精子的各种分离方法，均尚未达到实用阶段。在有些方法及理论上也有争议。目前，国内外的研究正在继续开展，期待有较大突破。

（二）利用配种受精环境条件控制后代性别比例

1. 精氨酸法

日本黑木常春 1978 年以生理盐水稀释精氨酸分为高、中、低浓度，输精前 $20 \sim 30$ 分钟向阴道输入某一浓度溶液 $1 \sim 2$ 毫升，结果高、低浓度产雄性多，中等浓度产雌性多。精氨酸法具有取材容易、方法简单、操作方便、成本低廉、效果稳定等优点，便于在基层推广。

2. pH 值与性别比例的关系

如上所述，决定雄性的基因位于 Y 染色体上。含有 Y 染色体的精子耐酸性差，在微酸环境中精子活率很快下降；含有 X 染色体的精子，其耐酸能力相对较强。当解冻液的 pH 值低于 6.8 时，含有 Y 染色体的精子活力减弱，运动缓慢，在它还未到达受精部位、并经获能后具有受精能力时，卵子可能已与含有 X 染色体的精子结合，故母牛怀胎后就多产母犊。如果解冻液 pH 值高于 7 时，则含有 Y 染色体的精子活力增强，运动迅速，能较快地到达受精部位，与卵子结合的机会增多。所以，母牛怀孕后多产公犊。

四、胚胎移植

俗称借腹怀胎，是提高良种母牛繁殖潜力、加快品种更新的一项实用高新技术。主要包括供体、受体的准备，供体的超数排卵与配种，胚胎的收集、检查、冷冻保存和移植等几个基本环节。

（一）供体、受体的准备

供体、受体均要求为青壮年牛，膘情体况中等偏上，繁殖机能正常，一般应有 2 个以上正常的发情周期。此外，供体应是良种，鲜胚移植时，供体、受体发情要同步，数量比例要适当，一般为 1 ：（5~8）为宜。

（二）供体的超数排卵与配种

牛每次发情后一般只排一个卵，利用外源性促性腺激素处理能使卵巢一次排出多个卵子，即为超数排卵技术。

通常在母牛发情周期的第 9 ~ 14 天肌内注射（注射用垂体促卵泡素）进行超排处理，连续注射 4 天，每日早晚各一次，总量为 40 ~ 50 毫克，剂量均等或递减，第 3 天的第五次注射时，同时注射 PGF2α，一般在注射 48 小时后，母牛即发情排卵。

超排处理以后的发情供体母牛，采用活率高、密度大的优良公牛精液配种，适当增加人工授精的次数，两次输精间隔 8 ~ 10 小时。

（三）胚胎的收集

在供体牛受精后第 7 ~ 8 天，采用非手术法，利用双通式或三通式导管冲卵器多次向子宫角注入冲卵液，反复冲洗，力求回收所有胚胎。

对回收的冲胚液，采用胚胎过滤器，滤去多余的液体，将少量的含胚液置于体视显微镜下检出胚胎，集中于胚胎培养液中。

（四）胚胎质量鉴定

在体视显微镜下，主要依据胚胎形态学进行分类，首先将胚胎分为有效胚和无效胚两大类。选发育阶段正常，外形匀称，卵裂球比较紧密的 A、B 级胚胎可供移植或冷冻保存。目前，每头供体牛一般可获得 8 枚左右可用胚。有效胚胎再分为 A 级（优秀胚）、B 级（良好胚）、C 级（一般胚）3 个级别。

A 级：发育形态正常，卵裂球致密、整齐、清晰，发育速度与胚龄一致。

B 级：卵裂球稍微不匀，比较致密、整齐，有极个别卵裂球游离。

C 级：卵裂球不十分匀称、发育较慢，与胚龄不尽一致，游离细胞团较多，但透明带完整，尚可用于鲜胚移植。

D 级：卵裂球多数变形、异常，发育缓慢，与胚龄差异悬殊以及无受精卵等，为不可移植胚胎，又称为无效胚胎。

一般认为，A、B 级胚胎为优质胚胎，既可用于鲜胚移植，又可用于冷冻保存后，根据受体牛的发情期进行适时解冻一致。C 级胚胎，只可用于新鲜胚胎移植，经不起冷冻刺激。而 D 级胚胎则为无效胚，不能使用。

（五）胚胎的冷冻保存

胚胎冷冻保存可以克服鲜胚移植受时间、地点以及发情同期化等因素的限制，为胚胎移植技术推广应用和充分发挥其优势提供了保障。冷冻方法有缓慢降温法、快速冷冻法和一步冷冻法等多种。其中，快速冷冻法因胚胎解冻后存活率及移植成功率较高，为目前生产中常用的方法。简要介绍如下：室温条件下，将胚胎加入 1.4 摩尔每升甘油冷冻液中脱水、平衡 20 分钟，再装入 0.25 毫升细管，然后将装有胚胎的细管放入程控冷冻仪中，0℃平衡 10 分钟，以 1℃/分的速度降至 -6 ~ -7℃，进行人工植冰或机械自动植冰，平衡 10 分钟，然后以 0.3℃/分的速度降温至 -35 ~

-38℃，投入液氮保存。解冻时从液氮中取出装胚胎的细管，37℃水浴解冻，并轻轻摆动，1分钟后取出即完成解冻过程。用0.2~0.5摩尔蔗糖PBS液分一步或多步法脱除冷冻保护剂，使胚胎复活，最后移入PBS培养液中，装管移植。目前，先进的技术是在0.25毫升细管中一端分段分别装入少量冷冻保护液和胚胎，而另一端装入较多的PBS移植液，解冻后轻弹细管，使两端液体混合，然后直接移植。

（六）胚胎的移植

将胚胎吸入0.25毫升细管中，两端吸入小气泡固定保护胚胎。采用直肠把握子宫颈法，利用特制胚胎移植器（卡苏枪）将胚胎移植入黄体侧子宫角大弯的前端。胚胎移植入受体牛子宫后，要加强护理，移植后不要频繁地进行直肠检查，以防影响着床或流产。注意观察受体牛的返情情况，对于未发情的受体牛，应在移植2个月后通过直肠检查来判断是否怀孕。

第四节　奶牛妊娠诊断技术

一、直肠诊断

直肠检查法是判断是否妊娠和妊娠时间的常用、可靠的方法。

（一）奶牛妊娠21~24天

卵巢有无黄体是主要的判断依据。在孕角（排卵）侧卵巢上，存有发育良好、直径为2.5~3.0厘米的黄体，90%是怀孕了。配种后未怀孕的母牛，子宫角间沟明显，通常在第18天黄体就消退。因此，不会有发育完整的黄体。但胚胎早期死亡或子宫内有异物也会出现黄体。另外，当母牛患有子宫内膜炎时，卵巢也常有类似的黄体存在，应注意鉴别。

（二）妊娠 30 天后

两子宫角大小不对称，孕角及子宫体略为变粗，孕角质地柔软，内有波动感，子宫壁变薄，而空角仍维持原有状态。用手轻握孕角，从一端滑向另一端，有胎膜囊从指间滑过的感觉。若用拇指与食指轻轻捏起子宫角，然后放松，可感到子宫壁内有一层薄膜滑过。

（三）妊娠 60 天后

孕角及子宫体变得更加粗大，两子宫角的大小显然不同。孕角明显增粗，相当于空角的两倍左右，壁变得软、薄，且内波动感明显。角间沟变得宽平。子宫开始向腹腔下垂，但依然能摸到整个子宫。

（四）妊娠 90 天

孕角的直径为 12～16 厘米，波动极明显；空角也增大了 1 倍，角间沟消失，子宫开始沉向腹腔，初产牛下沉要晚一些。子宫颈前移至耻骨前缘，有时能摸到胎儿。孕侧的子宫中动脉根部有微弱的震颤感（妊娠特异脉搏）。

（五）妊娠 120 天

子宫全部沉入腹腔，子宫颈已越过耻骨前缘，一般只能摸到子宫的背侧及该处的子叶（如蚕豆大小）。为了摸清子叶，可将手左右滑动，抚摸子宫表面，而不必用手指去捏子叶。在喂饱时，子宫被挤回至骨盆腔入口前下方。如果同时子宫收缩，整个子宫摸起来大如排球。这时可以摸到孕角侧卵巢，偶尔可摸到胎儿漂浮于羊水中（此时羊水约为 3 000 毫升）。孕侧子宫中动脉的妊娠脉搏明显。

（六）妊娠 120 天直至分娩

子宫进一步增大，沉入腹腔甚至抵达胸骨区；子叶逐渐长大如胡桃、鸡蛋；子宫中动脉越发变粗，粗如拇指，怀孕脉搏显著。空怀侧子宫中动脉也相继变粗、出现妊娠特异脉搏。寻找子宫动脉的方法是，将手伸入直肠，手心向上，贴着骨盆顶部向前滑动。在岬部的前方可以摸到腹主动脉的最后一个分支，即髂内动脉，在左、右髂内动脉的根部各分出一支动脉即为子宫动脉。用双指轻轻捏住子宫动脉，压紧一半就可感觉到典型的颤动。

妊娠诊断中要注意区分以下各处。

1. 膀胱与怀孕子宫角

应注意膀胱为一圆形器官，而非管状器官，没有子宫颈，也没有分叉。分叉是子宫分成两个角的地方。正常时，在膀胱顶部中右侧可摸到子宫。膀胱不会有滑落感。

2. 瘤胃与怀孕子宫

因为有时瘤胃压着骨盆，这样非怀孕子宫完全在右侧盆腔的上部。如摸到瘤胃，其内容像面团，容易区别。同时，也没有胎膜滑落感。

3. 肾脏与怀孕子宫角

如仔细触诊就可识别出叶状结构。此时，应找到子宫颈，看所触诊器官是否与此相连。若摸到肾叶，那就既无波动感，也无滑落感。

4. 阴道积气与怀孕子宫角

由于阴道内积气，阴道就膨胀，犹如一个气球，不细心检查误认为是子宫。按压这个"气球"，并将"气球"后推，就会从阴户放出空气。排气可以听得见，并同时可感觉到气球在缩小。

5. 子宫积脓与怀孕子宫角

检查时，可触摸到膨大的子宫，且有波动感，有时也不对称，可摸到黄体。仔细检查会发现子宫积脓紧而肿大，无胎膜滑落感，并且子宫内容物可从一个角移到另一个角，阴道往往有黏液排出。

二、B超诊断

超声波诊断法是利用超声波的物理特性和不同组织结构的声学特性相结合的物理学妊娠诊断方法。国内外研制的超声波诊断仪有多种，是简单而有效的检测仪器。目前，国内试制的有两种：一种是用探头通过直肠探测母牛子宫动脉的妊娠脉搏，由信号显示装置发出不同的声音信号来判断妊娠与否；另一种探头自阴道伸入，显示的方法有声音、符号、文字等形式。重复测定的结果表明，妊娠30天内探测子宫动脉反应，40天以上探测胎儿心音可达到较高的准确率。但有时也会因子宫炎症、发情所引起的类似反应干扰测定结果而出现误诊。

有条件的大型奶牛场也可采用较精密的B型超声波诊断仪。其探头放置在右侧乳房上方的腹壁上，探头方向应朝向妊娠子宫角。通过显示屏可清楚地观察胎泡的位置、大小，并且可以定位照相。通过探头的方向和位置的移动，可见到胎儿各部的轮廓、心脏的位置及跳动情况、单胎或双胎等。

在具体操作时，探头接触的部位应剪毛，并在探头上涂以接触剂（凡士林或石蜡油）。

第五节 奶牛分娩与助产

经过一定时间的妊娠后，胎儿发育成熟，母体和胎儿之间的关系由于各种因素的作用而失去平衡，导致母牛将胎儿及附属膜从子宫排出体外，这一生理过程称为分娩。

在妊娠末期，一方面因胎儿增大，胎水增多，子宫内压增高，当达到一定程度时引起子宫恢复正常容积的收缩反应；另一方面，胎儿在母体子宫内增大时，它使子宫肌伸长，并刺激子宫和子宫颈的感觉神经，引起垂体后叶催产素分泌增加。催产素和临产前分泌增加的雌激素协同作用，降低孕酮水平，从而抵消了对子宫肌收缩的抑制作用。由于子宫扩张时，血管里的血流量减少，而引起组织缺氧现象，使接近产前的胎儿增加了活动性，这种胎儿的活动又进一步刺激子宫的收缩能力，直到这种收缩能力变成一种驱出力。此外，松弛素使子宫颈、骨盆腔和阴道松弛，再加上阵痛时子宫和母体腹壁肌肉的收缩使胎儿排出。

一、分娩预兆

在分娩前约半个月，乳房迅速发育膨大，腺体充实，乳头膨胀，临产前一周有的滴出初乳。临产前阴唇逐渐松弛变软、水肿，皮肤上的皱褶展平。阴道黏膜潮红，子宫颈肿胀、松软，子宫颈栓溶化变成半透明状黏液排出阴门。骨盆韧带柔软、松弛，耻骨缝隙扩大，尾根两侧凹陷，以适于胎儿通过。在行动上母牛表现为活动困难，起立不安，尾高举，回顾腹部，常做排粪尿状，食欲减少或停止。此时应有专人看护，做好接产和助产的准备。

二、科学助产

分娩是母畜正常的生理过程，一般情况下，不需要助产而任其自然产出。但牛的骨盆构造与其他动物相比更易发生难产，在胎位不正、胎儿过大、母牛分娩无力等情况下，母牛自然分娩有一定的困难，必须进行必要的助产。助产的目的是尽可能做到母子安全，同时还必须力求保持母牛的繁殖能力。如果助产不当则极易引发一系列的产科疾病，因此在操作过程中必须按助产原则进行。

（一）做好产前准备

产房要求宽大、平坦、干净、温暖；器械与药品的准备包括催产药、止血药、消毒灭菌药、强心补液药以及助产手术器械等。

（二）人员与消毒

做好牛体后部的消毒及人员的消毒工作，助产人员要固定专人，产房内昼夜均应有人值班，如发现母牛有分娩征状，助产者用0.1%～0.2%的高锰酸钾温水或1%～2%煤酚皂溶液，洗涤外阴部及臀部附近，并用毛巾擦干，铺好清洁的垫草，给牛一个安静的环境。助产者要穿工作服、剪指甲，准备好酒精、碘酒、剪刀、镊子、药棉及助产绳等。助产人员的手、工具和产科器械都要严格消毒，以防病菌带入子宫内，造成生殖系统的疾病。

（三）胎位检查

充分利用动物的自然分娩的能力，在牛进行分娩时以密切观察为主，必要时才加以干预。当胎膜已经露出而不能及时产出时，应将手臂消毒后伸入产道，注意检查胎儿的方向、位置和姿势及死活与宫颈的开放程度。

（四）助产技术

若"足胞"未破，母体体力尚可，可稍加等待，当胎儿前股和头部露出阴门时，而羊膜仍未破裂，可将羊膜扯破，并将胎儿口腔、鼻周围的黏膜擦净，以便呼吸。遇有后产式时，由于脐带受耻骨压迫，应尽快拉出胎儿。要切忌见到肢体就盲目外拉，那样可能使难产或难度加大，必须在形成头和两前肢并拢伸直进入产道或单纯两后股进入产道才可配合努责用力牵引外拉。

若"足胞"已破（即已破水），母体体力不佳时应尽快助产；当破水过早，产道干燥或狭窄而胎儿过大时，可向阴道内灌入肥皂水或植物油润滑产道，便于拉出。

若母牛努责无力等需要拉出胎儿时，应将助产绳拴在胎儿两肢的球节部之上，交助手随母牛的努责用力牵引，把胎儿拉出体外。在拉出过程中要注意胎儿与产道之间的关系，应有人用双手护住阴门，保护阴门及会阴部以防撑破。如矫正胎儿异常部位时，须将胎儿推回子宫内进行，推时要待母牛努责间歇期间进行。在具体牵引时要注意与母畜努责相一致，同时注意做到：沿骨盆轴方向拉；均衡持久用力；切忌蛮干，服从术者（即手入产道者）的指挥；注意保护会阴；在胎儿最后一个膨大部出阴门时要减速，以防腹压急剧下降导致母体休克或形成子宫外翻。

（五）仔畜出生后的处理

1. 防止窒息

犊牛生出后，立即抠除口鼻黏液，拍打刺激，促使呼吸，若发现呼吸有障碍或无呼吸尚有心跳（称为窒息）时，应进行人工呼吸，在呼吸正常后将蹄端的软蹄除去，擦拭全身，或让母牛自己舔干。

2. 脐带处理

向胎儿体方向捋动推挤脐中血液并勒紧脐带，对脐带可实行勒断，也可剪断，但均要碘酊消毒。

3. 注意保温

特别是寒冷的冬季，在运动场上分娩的牛只。

4. 哺食初乳

扶持好犊牛吮乳，一般在生后 1~2 小时，诱引犊牛哺食初乳。

5. 隔离犊牛

初生犊牛，应母子隔离，挤奶后人工哺喂；同时犊牛间也要互相隔离，以防止互舔脐带而发生脐部脓肿。

（六）母牛产后护理

产出犊牛后可用温热的麸皮粥（加红糖或带点姜）饲喂母牛，对母牛恢复体力有利。清洗消毒后躯及尾部。密切注意母牛排出胎衣情况，随后几天应注意恶露排出情况。

第六节　提高奶牛繁殖力的技术措施

奶牛通过繁殖，不仅可望获得更优秀的后备奶牛，加快育种的进度，而且能够启动新的泌乳期，以大量生产优质牛奶，获得更高的经济效益。为了提高牛的繁殖力，可以提早配种，及时投入生产和适当的分娩间隔以及延长牛的寿命，提高必要的利用年限等多方面综合考虑。

一、影响繁殖力的因素

（一）遗传因素

繁殖力受遗传的影响，奶牛品种之间有差异，既便同一品种中也存在个体差异。

（二）环境因素

在影响牛的繁殖力的环境因素中，温度最主要。夏季高温时，母牛发情出现率低，受胎率差。

（三）营养因素

营养是影响牛繁殖力的重要因素。青年母牛营养不足，会延迟初情期和性成熟。成年母牛的营养不足时，发情会受到抑制或导致发情不规律，甚至增加胚胎早期死亡率。营养过剩对牛的繁殖力也会有不良影响。如日粮能量水平过高，则体内脂肪沉积过多，使卵巢周围形成脂肪浸润，卵泡发育受阻。母牛即使排卵、受精，也因输卵管和子宫周围脂肪过多，阻碍胚胎进入子宫，影响妊娠子宫的扩张机能。总之，必须科学饲养，日粮的营养水平要适当，提供的营养能满足青年牛生长发育和成年牛繁殖的需要。在营养中要保证蛋白质、能量、维生素、矿物质和微量元素的平衡供应。

（四）配种时间因素

卵子排出后要及时与精子结合，若不能及时与精子相遇完成受精过程，则因时间的延长，受精能力会逐渐减弱，甚至失去受精能力。反之，精子过早到达受精部位而排卵过迟，精子的受精能力同样减弱，同样影响精子和卵子的结合。牛在发情期内最好的配种时间应在排卵前的 6~7 小时。

（五）人的因素

人是控制牛繁殖的主要因素，要求对整个牛群及个体的繁殖能力全面了解，做到心中有数。要加强人工授精员的责任心，提高输精技术水平，注意输精中的消毒等技术环节。

二、提高繁殖力的技术措施

繁殖力就是生产力，母牛的不育就是对繁殖力的破坏，也就意味着生产力的丧失。为使母牛尽可能维持正常的繁殖力，必须从以下几个环节加以注意。

（一）做好母牛的发情观察

母牛发情的持续时间短，约18小时，且发情爬跨的时间多集中在20:00到第二天3:00。因此，常规观察漏情的母牛可达20%左右。为尽可能提高发情母牛的检出率，每天至少在早、中、晚分3次进行定时观察，分别安排在7:00、13:00、23:00，每次观察时间不少于30分钟。按上述时间安排观察牛群，发情检出率一般可达90%以上。

（二）适时输精

适时而准确地把一定量的优质精液输到发情母牛子宫内的适当部位，对提高母牛受胎率非常重要。牛一般在发情终止后7~14小时排卵，考虑到卵子的寿命，精子的运行时间等因素，适宜的配种时间应在排卵前的6~7小时。因此，当母牛发情表现开始减弱，由神态不安转向安定、外阴部肿胀开始消失、子宫颈稍有收缩、黏膜由潮红变为粉红或带有紫青色、黏液量由多到少且成浑浊状、卵泡体积不再增大、泡液波动明显等变化出现时即可配种。

（三）提高输精效果

提高人工授精员的业务技术水平，做到直检技术熟练、输精时间适宜、部位准确。必要时可对子宫进行净化处理：在母牛配种前后用红霉素 1.0×10^6 国际单位，蒸馏水 40 毫升，稀释后用于子宫净化。也可用硫酸新斯的明注射液，在配种前 8 ~ 12 小时子宫注射 10 毫升和青霉素 8.0×10^5 国际单位与生理盐水 30 ~ 50 毫升的混合液。

（四）严格消毒制度

配种前要对输精器械以及牛的外阴部进行严格清洗消毒，避免因输精而造成污染。

（五）增加粗饲料的饲喂量

粗饲料喂量与奶牛繁殖有一定关系，因为粗饲料的必需养分与体质有关。给予的粗饲料可根据干物质与体重之比进行调整，一般牛干物质采食量占体重的 1.0% ~ 1.6%，高产牛可提高到 1.0% ~ 1.8%。

当粗饲料的干物质量与体重比在 1% 以下时，几乎没有卵巢功能好的牛。为此，把粗饲料的干物质量与体重之比为 1% 的界限称为绝对数。因此，一般来说，粗饲料的给予量不能低于体重的 1%。

（六）加强母牛分娩前后的卫生管理

分娩前后的卫生工作，可大大减少母牛产后的胎衣不下，同时对母牛产后的子宫恢复有一定效果。

（七）加强牛群管理

管理好牛群，尤其是抓好基础母牛群，也是提高繁殖力的重要因素。管理工作涉及面较广，主要包括组织合理的牛群结构，合理的生产利用，母牛发情规律和繁殖情况调查，空怀、流产母牛的检查和治疗，配种组织工作，保胎育幼等方面。凡失去繁殖能力的母牛及牛群中其他的不良个体应及时淘汰。对于配种后的母牛，及时检查受胎情况，以便及时补配和做好保胎及加强饲养管理等工作。

（八）做好繁殖机能障碍及不孕症的防治

对异常发情、屡配不孕以及产后 50 天未见发情的牛只，及时进行生殖系统检查和对症治疗。不孕症对养牛业危害较大，必须分门别类，采取综合防治措施。

第五章 标准化奶牛场饲料加工技术

饲料是奶牛生产成本费用最大的部分，通常占到55%以上。饲料的质量直接影响奶牛的产奶量与鲜奶品质，最终影响到人体的健康。因而成功地经营奶牛生产，加强对饲料的选择、管理和开发利用至关重要。

第一节 奶牛饲料的分类及其特性

奶牛的饲料按其营养特性和传统习惯分为粗饲料和精饲料两大类。而根据国际饲料命名及分类原则，分为粗饲料、青绿饲料、青贮饲料、能量饲料、蛋白质饲料、矿物质饲料、维生素饲料以及添加剂饲料等八大类。在国际饲料分类的基础上，结合我国的饲料条件，实践中将饲料分成青绿饲料类、青贮饲料类、块根块茎瓜果类、干草类、农作物秸秆类、谷实类、糠麸类、豆类、饼粕类、糟渣类、草籽类、动物性饲料类、矿物质饲料类、维生素饲料类、添加剂及其他饲料类。现就各类饲料的营养特性分述如下。

一、青绿饲料

青绿饲料系指刈割后立即饲喂的绿色植物。其含水量多大于60%，部分含水量可高达80%～90%。包括各种豆科和禾本科以及天然野生牧草、人工栽培牧草、农作物的茎叶、藤蔓、叶菜、野菜和水生植物以及枝叶饲料等。青绿饲料含有丰富、优质的粗蛋白质和维生素，钙磷丰富，粗纤维含量相对较低。研究表明，用优良青绿饲料饲喂泌乳牛，可替代一定数量的精饲料。青绿饲料的营养价值随着植物生长期的延续而下降，而干物质含量则增加，粗蛋白质减少，粗纤维增加，粗蛋白质等营养成分的消化率递降。因而，青绿饲料应当适期收获利用。研究认为，兼顾产量和品质，应当在拔节期到开花期利用较为合理。此时产量较高、营养价值好、动物的消化利用率高。青绿饲料虽然养分和消化率都较高，但由于含水量大，营养浓度低，不能作为单一的饲料饲喂奶牛。实践中，常用青绿饲料与干草、青贮料同时饲喂奶牛，效果优于单独饲喂，这是因为干物质和养分的摄入量较大且稳定。

常用的青绿饲料主要有豆科的紫花苜蓿、红豆草、小冠花，沙打旺等，禾本科的高丹草、黑麦草、细茎冰草、羊草以及青刈玉米等，蔬菜类主要有饲用甘蓝、胡萝卜茎叶等。

二、粗饲料

干物质中粗纤维含量在18%以上，或单位重量含能值较低的饲料统称为粗饲料。如可饲用农作物秸秆、干草、秕壳类等。粗饲料中蛋白质、矿物质和维生素的含量差异大，优质豆科牧草适期收获干制而成的干草其粗蛋白质含量可达20%以上，禾本科牧草粗蛋白质含量一般在6%～10%，农作物秸秆以及成熟后收获、调制的干草粗蛋白质含量多在2%～4%。其他大部分粗饲料的蛋白质含量多介于4%～20%。粗饲料中的矿物质含量变异大，豆科类干草是钙、镁的较好来源，磷的含量一般为中低水平，钾的含量较高。牧草中微量元素的含量在较大程度上取决于植物的品种、土壤、水和肥料中微量元素的含量。秸秆和秕壳类粗饲料虽然营养成分含量低，但对于奶牛等草食动物来说，是重要的饲料来源。农区可饲用农作物秸秆资源丰富，合理利用这一饲料资源是一个十分重要的问题。

三、青贮饲料

青贮是一种贮藏青饲料的方法，是将铡碎的新鲜植物，通过微生物发酵和化学作用，在密闭条件下调制而成，可以常年保存、均衡供应的青绿饲料。青贮饲料不仅可以较好地保存青饲料中的营养成分，而且由于微生物的发酵作用，产生了一定数量的酸和醇类，使饲料具有酒酸醇香味，增强了饲料的适口性，改善了动物对青饲料的消化利用率。玉米蜡熟期，大部分茎叶还是青绿色，下部仅有2~3片叶子枯黄，此时全株粉碎制作青贮，养分含量多，可作为奶牛的主要粗饲料，常年供应。

近年来，由于青贮技术的发展，人们已能用禾本科、豆科或豆科与禾本科植物混播牧草制作质地优良的青贮饲料，并广泛应用于奶牛生产中，收到了较好的效果。目前，青贮方法、青贮添加剂、青贮设备等方面都有了明显的改进和提高。

四、能量饲料

饲料干物质中粗纤维含量低于18%、粗蛋白质含量低于20%的饲料统称为能量饲料。能量饲料包括谷物籽实、糠麸、糟渣、块根、块茎以及糖蜜和饲料用脂肪等。对于奶牛其日粮中必须有足够的能量饲料，供应瘤胃微生物发酵所需的能源，以保持瘤胃中微生物对粗纤维和氮素的利用等正常的消化机能的维持。

能量饲料中的粗蛋白质含量较少，一般为10%左右，且品质多较差，赖氨酸、色氨酸、蛋氨酸等必需氨基酸含量少，钙及可利用磷不足，除维生素 B_1 和维生素 E 丰富外，维生素 D 以及胡萝卜素也缺乏，必须由其他饲料组分来补充。常用的能量饲料有以下几类。

（一）谷实类

谷实类饲料系指禾本科作物成熟的种子，包括玉米、高粱、稻谷、小麦、大麦、燕麦等，是奶牛精饲料的主要组成部分，其主要营养成分含量列于表 5 - 1。

表 5 - 1　常用谷物饲料的主要养分含量

名称	DM/%	CP/%	粗脂肪/%	Ca/%	P/%	NND
玉米	88.4	8.6	3.5	0.08	0.21	2.76
高粱	89.3	8.7	3.3	0.09	0.28	2.47
小麦	88.1	12.1	1.8	0.11	0.36	2.56

名称	DM/%	CP/%	粗脂肪/%	Ca/%	P/%	NND
稻谷	89.5	8.3	1.5	0.13	0.28	2.39
大麦	88.8	10.8	2.0	0.12	0.29	2.47
燕麦	90.3	11.6	5.2	0.15	0.33	2.45

谷实类饲料的主要营养特点如下。

1. 淀粉含量高

谷类籽实干物质中无氮浸出物含量为60%～80%，主要成分是淀粉，产奶净能在7.5兆焦/千克以上。

2. 蛋白质含量中等品质差

谷类籽实的蛋白质含量一般在10%，且普遍存在氨基酸组成不平衡的问题，尤其是含硫氨基酸和赖氨酸含量低。在各种谷物中，大麦、燕麦的蛋白质质量相对较好，大麦蛋白质的赖氨酸含量为0.6%。

3. 矿物质不平衡

各种谷物饲料普遍存在矿物质含量低，钙含量只有0.1%左右，而且钙少磷多，数量和质量都与奶牛需求差距较大。

在各种谷物中，玉米是世界各国应用最普遍的能量饲料，能量浓度最高。黄玉米的叶黄素含量丰富，平均为22毫克/千克（以干物质计）。我国每年高粱的产量在400万吨左右，高粱含有0.2%～0.5%的单宁，对适口性和蛋白质的利用率有一定的影响。所以应用量受到一定限制。小麦的矿物质、微量元素含量优于玉米。稻谷在饲用前应先去壳，即以糙米的形式利用。我国大麦的年产量只有300万吨左右，其蛋白质质量在谷物类中最好。

（二）糠麸、糟渣类

糠麸和糟渣类农副产品是奶牛日粮精饲料的又一组成部分，其应用量仅次于谷实类饲料。其主要营养成分列于表5-2。

表5-2 常用糠麸及糟渣类饲料的主要养分含量

品名	DM/%	CP/%	粗脂肪/%	Ca/%	P/%	NND
米糠	90.2	12.1	15.5	0.14	1.04	2.62
麸皮	88.6	14.4	3.7	0.18	0.78	2.08
玉米皮	88.2	9.7	4.0	0.28	0.35	2.07
豆腐渣	11.0	3.3	0.8	0.05	0.03	0.34
玉米粉渣	15.0	1.8	0.7	0.02	0.02	0.46
土豆粉渣	15.0	1.0	0.4	0.06	0.04	0.33
玉米酒糟	21.0	4.0	2.2	0.09	0.17	0.47
高粱酒糟	37.7	9.3	4.2	0.12	0.01	1.09
啤酒糟	23.4	6.8	1.9	—	—	0.52
甜菜渣	12.2	1.4	0.1	—	—	0.25

糠麸类饲料是粮食加工的副产品，包括米糠、麸皮、玉米皮等。米糠是加工小米后分离出来的种皮和糊粉层的混合物，可消化粗纤维含量高，其能量低于谷实，但蛋白质含量略高。小麦麸是加工面粉的副产品，是由小麦的种皮、糊粉层及少量的胚和胚乳组成。麸皮含粗纤维、粗蛋白质较高，并含有丰富的B族维生素。体积大，重量较轻，质地疏松，含磷、镁较高，具有轻泻性，可促进消化机能和预防便秘。特别是在母牛产后喂以麸皮水，对促进消化和防止便秘具有积极的作用。属于对奶牛健康有利的饲料，在奶牛日粮中的比例可以达10%～20%。糠麸类饲料，以干物质计，其无氮浸出物含量45%～65%，略低于籽实；蛋白质含量11%～17%，略高于籽实。米糠粗脂肪含量大于10%，能值与玉米接近，具有较高的营养价值；但易酸败、变质，影响适口性。在日粮中，米糠的用量最好控制的10%以内。玉米皮主要是玉米的种皮，营养价值相对较低，不易消化。

糟渣类饲料的共同特点是水分含量高，不易贮存和运输。湿喂时，一定要补充小苏打和食盐。糟渣类饲料经干燥处理后，一般蛋白质含量15%～30%，是奶牛比较好的饲料。玉米淀粉渣干物质的蛋白质含量可达 15%~20%，而薯类粉渣的蛋白质含量只有 10% 左右。豆腐渣干物质的蛋白质含量高，是喂奶牛的好饲料，但湿喂易使牛拉稀。因此，最好煮熟后饲喂。甜菜渣含有大量有机酸，饲喂过量容易造成牛拉稀，必须根据粪便情况逐步增加用量。酒糟类饲料的蛋白质含量丰富，粗纤维含量高，但湿酒糟由于残留部分酒精，不宜多喂，否则容易导致流产或死胎。总之，糟渣类饲料在奶牛日粮干物质中的比例不宜超过 20%。

（三）块根块茎

块根块茎类饲料的营养特点是水分含量为 70%~90%，有机物富含淀粉和糖，消化率高，适口性好，但蛋白质含量低。以干物质为基础，块根块茎类饲料的能值高于籽实，因此，归入能量饲料。但这些饲料主要是鲜喂，因此也可以归入青绿多汁饲料。常用的块根块茎类饲料包括甘薯、甜菜、胡萝卜、马铃薯、木薯等。

甘薯的主要成分是淀粉和糖，适口性好，其干物质含量 27%~30%。干物质中淀粉占 40%，糖分占 30%，粗蛋白质只有 4%。红色和黄色的甘薯含有丰富的胡萝卜素（60~120 毫克/千克），缺乏钙、磷。甘薯味道甜美，适口性好，煮熟后喂奶牛效果更好，生喂量大时易造成拉稀。需要注意带有黑斑病的甘薯不能喂牛，否则会导致气喘病，甚至致死。

木薯含水约 60%，木薯干含无氮浸出物 78%~88%，蛋白质 2.5%，铁、锌含量高。木薯块根中含有苦苷，常温条件下，在 β-糖苷酶的作用下可生成葡萄糖、丙酮和剧毒的氢氰酸。新鲜木薯根的氢氰酸含量在 15~400 毫克/千克，皮层的含量比肉质高 4~5 倍。因此，在实际利用时，应该注意去毒处理。日晒 2~4 天可以减少 50% 的氢氰酸，沸水煮 15 分钟可以去除 95% 以上，青贮只能去除 30%。

胡萝卜含有较多的糖分和大量胡萝卜素（100~250 毫克/千克），是牛最理想的维生素 A 来源，对泌乳牛、干奶牛和育成牛都有良好的效果。胡萝卜以洗净后生喂为宜。另外，也可以将胡萝卜切碎，与麸皮、草粉等混合后贮存。

马铃薯的淀粉含量相对较高，但发芽的马铃薯特别是芽眼中含有龙葵素，会引起奶牛的胃肠炎。因而发芽的马铃薯不能用来喂牛。

五、蛋白质饲料

按干物质计算，蛋白质含量在20%以上、粗纤维含量低于18%的饲料统称为蛋白质饲料。包括植物性、动物性和微生物蛋白质饲料。对奶牛而言，鱼粉、肉粉等动物性蛋白质饲料不允许使用，而非蛋白氮则可以归入蛋白质饲料中。

（一）豆类籽实

在奶牛养殖中，常用的豆类籽实主要包括大豆、蚕豆、棉籽、花生、豌豆等。豆类籽实的营养特点是蛋白质含量高（20% ~ 40%），品质好。大豆、棉籽、花生的脂肪含量也高，属于高能高蛋白饲料。

大豆约含35%的粗蛋白质和17%的粗脂肪，赖氨酸含量在豆类中居首位，大豆蛋白质的瘤胃降解率较高，粉碎生大豆的蛋白质80%左右在瘤胃被降解。钙含量较低。黑豆又名黑大豆，是大豆的一个变种，其蛋白质含量比大豆高1 ~ 2个百分点，粗脂肪低1 ~ 2个百分点。大豆含有胰蛋白酶抑制因子、脲酶、外源血凝集素、致肠胃胀气因子、单宁等多种抗营养因子，生喂时要慎重，防止出现瘤胃胀气、拉稀等问题。豆类籽实经过烘烤、膨化或蒸汽压片处理后，可以消除大部分抗营养因子的影响；同时，增加过瘤胃蛋白的比例和所含油脂在瘤胃的惰性。

豌豆风干物质中约含粗蛋白质24%、粗脂肪2%。豌豆中含有丰富的赖氨酸，但其他氨基酸特别是含硫氨基酸的含量低，各种矿物质的含量也偏低。豌豆中同样含有胰蛋白酶抑制因子、外源血凝集素和致肠胃胀气因子，不宜生喂。

风干蚕豆中含粗蛋白质22% ~ 27%，粗纤维8% ~ 9%，粗脂肪1.7%。蚕豆中赖氨酸含量比谷物高6 ~ 7倍，但蛋氨酸、胱氨酸含量低。蚕豆含有0.04%的单宁，种皮中达0.18%。

棉籽中含粗脂肪较高，常在高产奶牛泌乳盛期的日粮中添加棉籽，以提高日粮营养浓度，补充能量、蛋白质的不足。

（二）饼粕类

饼粕类饲料是榨油工业的副产品，蛋白质含量在30%~40%，是养殖业中最主要的蛋白质补充料。常用的饼粕类饲料包括大豆饼（粕）、棉籽饼（粕）、花生饼（粕）、菜籽饼（粕）、胡麻饼（粕）、葵花子饼（粕）、芝麻饼（粕）等。通常压榨取油后的副产品称为饼，浸提取油后的副产品称为粕。

大豆饼中残油量5%~7%，蛋白质含量40%~43%；大豆粕残油量1%~2%，蛋白质含量43%~46%。因此，大豆饼的能量价值略高于大豆粕，蛋白质略低于大豆。大豆饼（粕）的质量变异较大，主要与取油加工过程中的温度、压力、时间等因素有关。大豆饼（粕）是奶牛优良的瘤胃可降解蛋白来源，其在饲料中的比例可达20%。

菜籽饼中含有35%~36%粗蛋白、7%粗脂肪；菜籽粕中含有37%~39%粗蛋白、1%~2%粗脂肪。菜籽饼粕中富含铁、锰、锌。传统菜籽饼粕中含有一种称为致甲状腺肿素的抗营养因子和芥子酸，再加上微苦的口味，其添加量受到限制，一般奶牛精料中的用量不超过10%。目前，培育的双低油菜籽解决了抗营养因子的问题，在奶牛饲料中的用量可以不受限制。

棉籽饼风干物质的残油量4%~6%，粗蛋白38%；棉籽粕中的残油量在1%以下，蛋白质40%。棉籽饼的含硫氨基酸含量与豆饼相近，而赖氨酸含量只有豆饼的一半。一般棉籽仁中含有对动物有害的物质（棉酚），经过加工后，棉籽饼粕的棉酚含量有所下降，但棉籽饼高于棉籽粕。由于瘤胃微生物对棉酚具有脱毒能力，因此棉籽饼粕在奶牛日粮中的用量可以达到10%~20%。

花生仁饼是以脱壳后的花生仁为原料，经取油后的副产品。花生仁饼（粕）中的粗蛋白质含量分别约为45%和48%，比豆饼高3%~5%。但蛋白质的质量不如豆饼，赖氨酸含量仅为豆饼的一半，精氨酸以外的其他必需氨基酸的含量均低于豆饼。花生饼中一般残留 4%～6% 粗脂肪，高的达 11%～12%，含能值较高。但由于残脂容易氧化，不易保存。

胡麻饼粕的营养价值受残油率、仁壳比、加工条件的影响较大，粗蛋白含量在 32%～39%。胡麻饼粕中有时含有少量菜籽或芸芥子，对动物有致甲状腺肿作用。但在添加量不超过 20% 时，可以不予考虑。亚麻中含有苦苷，经酶解后会生成氢氰酸，用量过大可能会对动物产生毒害作用。

葵花仁饼粕受去壳比例影响较大，一般向日葵仁饼粕中含有 30%～32% 的壳，饼的蛋白质含量平均为 23%，粕的蛋白质含量平均为 26%，但变动范围较大（14%～45%）。由于含壳较多，其粗纤维含量在 20% 以上，因此，属于能值较低的饲料。

芝麻饼中的残脂为 8%～11%，粗蛋白质含量在 39% 左右；芝麻粕的残脂为 2%～3%，粗蛋白质为 42%～44%，粗纤维含量 6%～10%。芝麻饼的蛋白质质量较好，蛋氨酸、赖氨酸含量均比较丰富。

玉米蛋白粉的蛋白质含量在 25%～60%，其氨基酸组成特点是蛋氨酸含量高，赖氨酸含量低，是常用的非降解蛋白质补充料。因容重大，应与其他大体积饲料搭配使用。

（三）单细胞蛋白质饲料

单细胞蛋白质饲料包括酵母、真菌和藻类。饲料酵母的使用最普遍，蛋白质含量在 40%～60%，生物学效价较高。酵母饲料在奶牛日粮中的用量以 2%～5% 为宜，不得超过 10%。

市场上销售的酵母蛋白粉，多数是以玉米蛋白粉等植物蛋白作为培养基，接种酵母。只能称为含酵母饲料。其中，多数蛋白是以植物蛋白的形式存在，与饲料酵母相比差别较大，品质差，使用时要慎重，一般不得超过奶牛精料的 5%。

（四）非蛋白氮

反刍动物可以利用非蛋白氮作为合成蛋白质的原料。一般常用的非蛋白氮饲料包括尿素、磷酸脲、双缩脲、铵盐、糊化淀粉尿素等。由于瘤胃微生物可利用氨合成蛋白，故饲料中可以添加一定量的非蛋白氮，但数量和使用方法需要严格控制。

目前，利用最广泛的是尿素。尿素含氮47%，是碳、氮与氢化合而成的简单非蛋白质氮化物。尿素中的氨折合成粗蛋白质含量为288%，尿素的全部氮如果都被合成蛋白质，则1千克尿素相当于7千克豆饼的蛋白质当量。但真正能够被微生物利用的比例不超过1/3，由于尿素有咸味和苦味，直接混入精料中喂牛，牛需要有一个适应的过程，加之尿素在瘤胃中的分解速度快于合成速度，会有大量尿素分解成氨进入血液，导致中毒。因此，利用尿素替代蛋白质饲料饲喂奶牛，要有一个由少到多的适应阶段，还必须是在日粮中蛋白质含量不足10%时方可加入，且用量不得超过日粮干物质的1%，成年奶牛以每头每日不超过200克。日粮中应含有一定比例的高能量饲料，充分搅匀，以保证瘤胃内微生物的正常繁殖和发酵。饲喂含尿素日粮时必须注意以下几项。

① 尿素的最高添加量不能超过干物质采食量的1%，而且必须逐步增加。

② 尿素必须与其他精料一起混合均匀后饲喂，不得单独饲喂或溶解到水中饮用。

③ 尿素只能用于6月龄以上、瘤胃发育完全的牛。

④ 饲喂尿素只有在日粮瘤胃可降解蛋白质含量不足的时候才有效，不得与含脲酶高的大豆饼（粕）一起使用。

为防止尿素中毒，近年来开发出的糊化淀粉尿素、磷酸脲、双缩脲等缓释尿素产品，其使用效果优于尿素，可以根据日粮蛋白质平衡情况适量应用。另外，近年来氨化技术得到广泛普及，用3%～5%的氨处理秸秆，氮素的消化利用率可提高20%，秸秆干物质的消化利用率提高10%～17%。奶牛对秸秆的进食量，氨化处理后与未处理秸秆相比，可增加10%～20%。

六、矿物质饲料

奶牛需要矿物质的种类较多，在一般饲养条件下，需要量小。但如果缺乏或不平衡则会影响奶牛的产奶量，以致营养代谢病以及胎儿发育不良、繁殖障碍等疾病的发生。

奶牛在生长发育和生产过程中需要多种矿物质元素。一般而言，这些元素在动、植物体内都有一定的含量，在自然牧食情况下，奶牛可采食多种饲料，往往可以相互补充而得到满足。但因集约化饲养，限制了奶牛的采食环境，特别生产力的大幅度提高，单从常规饲料已较难满足其高产的需要，必须另行添加。奶牛生产中，常用的矿物质饲料有以下几类。

（一）食盐

食盐的主要成分是氯化钠。多数植物性饲料含钾多而钠少。因此，以植物饲料为主的奶牛日粮必须补充钠盐，常以食盐补给。可以满足牛对钠和氯的需要，同时平衡钾、钠比例，维持细胞活动的正常生理功能。在缺碘地区，可以加碘盐补给。

（二）含钙的矿物质饲料

常用的有石粉、贝壳粉、蛋壳粉等，其主要成分为碳酸钙。

这类饲料来源广，价格低。石粉是最廉价的钙源，含钙38%左右。在奶牛产犊后，为了防止钙不足，也可以添加乳酸钙。

（三）含磷的矿物质饲料

单纯含磷的矿物质饲料并不多，且因其价格昂贵，一般不单独使用。这类饲料有：磷酸二氢钠、磷酸氢二钠、磷酸等。

（四）含钙、磷的饲料

常用的有骨粉、磷酸钙、磷酸氢钙等，它们既含钙又含磷，消化利用率相对较高，且价格适中。故在奶牛日粮中出现钙和磷同时不足的情况下，多以这类饲料补给。

（五）微量元素

矿物质饲料通常分为常量元素和微量元素两大类。常量元素系指在动物体内的含量占到体重的 0.01% 以上的元素，包括钙、磷、钠、氯、钾、镁、硫等；微量元素系指含量占动物体重 0.01% 以下的元素，包括钴、铜、碘、铁、锰、钼、硒和锌等。饲养实践中，通常常量元素可自行配制，而微量元素需要量微小，且种类较多，需要一定的比例配合以及特定机械搅拌，因而建议通过市售商品预混料的形式提供。

七、维生素饲料

作为饲料添加剂的维生素主要有：维生素 D_3、维生素 A、维生素 E、维生素 K_3、硫胺素、核黄素、吡哆醇、维生素 B_{12}、氯化胆碱、尼克酸、泛酸钙、叶酸、生物素等。维生素饲料应随用随买，随配随用，不宜与氯化胆碱、以及微量元素等混合贮存，也不宜长期贮存。

维生素分为脂溶性和水溶性维生素两大类。对于奶牛而言，脂溶性维生素需要由日粮提供，奶牛的瘤胃微生物可以合成绝大多数水溶性维生素。随着奶牛产量的提高，目前，高产奶牛日粮中添加烟酸的情况也日趋普遍。胆碱通常被归类于 B 族维生素。在奶牛营养中，胆碱的作用包括降低脂肪肝的发病率、改善神经传导和作为甲基的供体等。产奶牛日粮添加胆碱有效的主要机制是，当游离脂肪酸在泌乳早期从脂肪组织动员出来形成脂蛋白时，胆碱在甘油从肝脏的转移过程中发挥作用，因为这一过程需要含有胆碱的磷脂的参与。添加胆碱还具有节省蛋氨酸的作用，否则，饲料中的蛋氨酸将用于胆碱的合成。10 克胆碱可以提供 44 克蛋氨酸所具有的甲基当量。使用低蛋氨酸日粮，可以通过补加 30 克瘤胃保护的胆碱得到纠正。由于胆碱在瘤胃破坏程度高，因而应用前必须采取保护措施。

八、添加剂饲料

（一）添加剂饲料的分类与应用

添加剂饲料主要是化学工业生产的微量元素、维生素和氨基酸等饲料。通常分为营养性添加剂和非营养性添加剂两大类。营养性添加剂包括微量元素、维生素和氨基酸等，常以预混料的形式提供；非营养性添加剂包括抗氧化剂（如 BHT、BHA 等）、促生长剂（如酵母等）、驱虫保健剂（如吡喹酮）、防霉剂（如丙酸钙、丙酸钠等）、调味剂、香味剂等。这一类添加剂，虽然本身不具备营养作用，但可以延长饲料保质期、具有驱虫保健功能或改善饲料的适口性、提高采食量等功效。最好应用生物制剂，或无残留污染、无毒副作用的绿色饲料添加剂。泌乳期奶牛一般禁用抗生素添加剂，同时要严格控制激素、抗生素、化学防腐剂等有害人体健康的物质进入乳品中，严禁使用禁用药物添加剂，以保证乳品质量。

（二）奶牛常用的饲料添加剂

1. 维生素与微量元素（预混料）

按照奶牛不同生长发育与生产阶段、生产水平的营养需要，在配制日粮时需要添加一定数量的维生素和微量元素。日粮中一般按剂量添加维生素 A、维生素 D 和维生素 E 以及铁、锌、铜、硒、碘、钴等微量元素。常用的微量元素化合物有硫酸亚铁、硫酸铜、氯化锌、硫酸锌、硫酸锰、氧化锰、亚硒酸钠、碘化钾等。几种微量元素化合物的分子式和元素含量列于表 5 - 3。

表 5 - 3　微量元素添加物的元素含量

元素名称	化合物	分子式	元素含量/%
铁	七水硫酸亚铁	$FeSO_4 \cdot 7H_2O$	20.1
铜	五水硫酸铜	$CuSO_4 \cdot 5H_2O$	25.4
锰	氧化锰	MnO_2	77.4

（续表）

元素名称	化合物	分子式	元素含量/%
锰	硫酸锰	$MnSO_4$	22.1
锌	硫酸锌	$ZnSO_4$	22.7
锌	氧化锌	ZnO	80.0
锌	氯化锌	$ZnCl_2$	48.0
碘	碘化钾	KI	76.4
硒	亚硒酸钠	Na_2SeO_3	30.0

奶牛日粮的维生素和微量元素，因需要特殊的工艺加工和混合，一般养殖场户自行配制难度较大。建议以购置证照齐全的饲料生产厂家的预混料的形式供给。且随用随购，在有效期内使用，不宜长期贮存。

2. 氨基酸类添加剂

近年来的研究表明，无论是肉牛、肉羊，还是奶牛，与生产需求相比，小肠氨基酸也存在不平衡的问题。赖氨酸、蛋氨酸常常是最限制的氨基酸，而通过改变小肠氨基酸模式，可以提高反刍动物的生产表现和蛋白质的利用效率。

由于瘤胃微生物对氨基酸的降解作用，给奶牛补充氨基酸须经保护处理。目前，市场上已经有过瘤胃保护赖氨酸和蛋氨酸产品。蛋氨酸羟基类似物在化学性质上与蛋氨酸一样，但能抵抗瘤胃微生物的降解。研究认为，蛋氨酸羟基类似物能够增加乳脂率和提高校正奶的产量。研究表明，每日每头奶牛添加7克保护性赖氨酸和5克保护性蛋氨酸，日产奶量从26.58千克可增至29.01千克。

3. 瘤胃缓冲剂

在精料比例高、酸性青贮料和糟渣类饲料用量大等情况下，奶牛瘤胃pH值容易降低，抑制微生物发酵，牛奶成分和奶牛健康受到影响。此时，瘤胃缓冲剂可使瘤胃保持更利于微生物发酵的内环境，使奶牛的生产与健康正常。常用的缓冲剂是小苏打和氧化镁，乙酸钠近年也有应用。

小苏打是缓冲剂的首选，一般认为添加量占干物质采食量的 1%～1.5%，对提高产奶量和乳脂率具有良好的效果。对于高产奶牛，在添加小苏打的基础上，可以再添加 0.3%～0.5% 的氧化镁，其效果比单独使用小苏打更好。低产牛，无需补充氧化镁。乙酸纳、双乙酸钠进入瘤胃后，可以分解产生乙酸根离子，为乳脂合成提供前体，同时也对瘤胃具有缓冲作用，奶牛每天的理想添加量为 100～300 克。

4. 生物活性制剂

生物活性制剂包括饲用纤维素酶制剂、酵母培养物、活菌制剂等。

（1）饲用纤维素酶制剂 属于粗酶制品，主要来自真菌、细菌和放线菌等。纤维素酶的多酶复合物中除含有纤维素酶外，还含有半纤维素酶、果胶酶、淀粉酶和蛋白酶等。由于反刍动物瘤胃微生物能降解外源蛋白质和其他多种成分，纤维素酶作为蛋白质可能被微生物降解掉。另外，瘤胃微生物能分泌充足的纤维降解酶以消化饲料中的纤维素成分。所以，奶牛饲料中再添加外源纤维素酶制剂可能多余。

20 世纪末，美国学者通过糖基化方法制成了瘤胃中稳定的纤维素酶制剂，使外源纤维素酶在反刍动物饲料中的使用成为可能。添加瘤胃稳定的酶制剂可提高干物质和六碳糖的体外消化率，增加挥发酸产量。给产奶牛每天饲喂 15 克瘤胃稳定的纤维素酶，提高产奶量 7%～14%，乳蛋白含量没有改变，但乳脂率略有下降。

（2）酵母培养物 包括活酵母细胞和用于培养酵母的培养基在内的混合物。酵母培养物经干燥后，有益于保存酵母的发酵活性。另外，酵母产品也可以来源于啤酒或白酒酵母。米曲霉和酿酒酵母是目前国内外制备酵母培养物的常用菌种。在奶牛饲料中添加酵母培养物，能够提高产奶量 1～1.5 千克/（头·天），乳脂率和乳蛋白率也有不同程度的提高。

（3）活菌制剂 即直接饲喂微生物，是一类能够维持动物胃肠道微生物区系平衡的活微生物制剂。活菌制剂在奶牛应激或发病情况下具有明显的效果。活菌制剂维持奶牛胃肠道生物区系的机制十分复杂，目前还不完全清楚。一般可作为活菌制剂的微生物主要有芽孢杆菌、双歧杆菌、链球菌、拟杆菌、乳杆菌、消化球菌等。活菌制剂的剂型包括粉剂、丸剂、膏剂和液体等。活菌制剂在产奶牛上的应用效果为提高产奶量3%～8%，减少应激和增强抗病能力。

5. 脲酶抑制剂

奶牛体内尿素循环到达瘤胃的尿素和日粮外源添加的尿素，首先在脲酶的作用下水解为氨，然后供微生物合成蛋白时利用。由于尿素分解的速度快，微生物利用的速度较慢，导致尿素分解产生的氨利用率低。脲酶抑制剂可以适度抑制瘤胃脲酶的活性，从而减缓尿素释放氨的速度，使氨的产生与利用更加协调，改善微生物蛋白合成的效率。

目前，我国批准使用的反刍动物专用脲酶抑制剂为乙酰氧肟酸。在奶牛日粮中的添加量为25～30毫克/千克（按干物质计），可以使瘤胃微生物蛋白的合成效率提高15%以上，每头奶牛日增鲜奶1～2千克。

6. 异位酸

异位酸包括异丁酸、异戊酸和2-甲基丁酸等，为瘤胃纤维素分解菌生长所必需。瘤胃发酵过程产生的异位酸量可能不足。所以，在奶牛日粮中添加异位酸能提高瘤胃中包括纤维分解菌在内的微生物数量，改善氮沉积量，提高纤维消化率，进而提高产奶量和乳脂率。给奶牛每天饲喂85克/头异位酸，可以提高产奶量2.7千克。在产犊前2周至产后225天期间内，添加异位酸效果较好。

7. 蛋氨酸锌

蛋氨酸锌是蛋氨酸和锌的络合物，它具有抵制瘤胃微生物降解的作用。与氧化锌相比，蛋氨酸锌中的锌具有相似的吸收率，但吸收后代谢率不同，以至于从尿中的排出量更低，血浆锌的下降速度更慢。在奶牛日粮中添加蛋氨酸锌能够提高产奶量，降低奶中体细胞数。在生产条件下，蛋氨酸锌还具有硬化蹄面和减少蹄病的作用。

蛋氨酸锌的添加量，一般每头每天 5 ~ 10 克，或占日粮干物质的 0.03% ~ 0.08%。

8. 离子载体

莫能霉素和拉沙里霉素是用以改变瘤胃发酵类型的常用离子载体，最早应用于肉牛，可以提高日增重和饲料转化效率。离子载体对于瘤胃发酵的影响必然也会影响到产奶性能。降低乙酸、丁酸、甲烷的产生量，而提高丙酸的产生量，这意味着能量用于产奶效率的提高。丙酸产生量的提高表明动物能够合成更多的葡萄糖，从而直接提供更多的用于乳糖合成的前体物。在产奶牛日粮中添加莫能霉素，可以明显提高奶牛的产奶量。莫能霉素作为离子载体目前在泌乳牛饲料中的使用已得到澳大利亚、新西兰、南非等 20 多个国家的批准，但我国尚未批准莫能霉素在泌乳牛饲料中使用。

9. 牛生长激素

牛生长激素（BST）是牛脑下垂体前叶分泌的激素。美国孟山都等几家公司已经应用重组 DNA 技术生产出 BST，该产品已于 1994 年由美国食品与药物管理局批准在奶牛生产中使用。我国饲料添加剂管理条例目前严格禁止给动物使用激素类产品。

第二节 奶牛精饲料及其加工

奶牛的精饲料包括谷物类、饼粕类饲料等。营养价值和消化率均较高。但种皮、硬壳及内部淀粉粒的结构均影响营养成分的消化吸收和利用。所以，这类饲料在饲喂前必须经过加工调制，以便能够充分发挥其作用。

一、精饲料的常规加工技术

（一）粉碎

粉碎是谷实类饲料最简单、最常用的一种加工方法。经粉碎后的籽实便于咀嚼，增加了饲料与消化液的接触面积，使消化作用进行得比较完全，从而提高了饲料的消化率和利用率。对奶牛而言，粗粉与细粉相比，粗粉可提高适口性，提高奶牛唾液的分泌量，促进反刍。因而，不需要粉得太碎，一般粉碎到 2.5 毫克重的颗粒即可。

（二）压扁

压扁即将谷物籽实用蒸汽加热到 120℃，再用压扁机压成 1.0 毫米厚的薄片，迅速干燥。由于压扁处理使饲料中的淀粉加热糊化，豆类籽实中抗营养因子也受到破坏。因此，用于喂牛的消化率和效果明显提高。

（三）浸泡

即将饲料置于池中或水泥地板上，按 1:（1~1.5）的比例加入水进行浸泡。谷类、豆类、油饼类饲料经过浸泡后变得膨胀柔软，便于咀嚼、吞咽和消化。某些饲料经过浸泡，可减轻毒性和异味，从而提高适口性。浸泡的时间应根据季节和饲料的种类不同而异，灵活掌握，浸泡时间过长，也会造成营养成分的损失，适口性降低，有的饲料若浸泡过久还会引起变质。

（四）制粒

将配合饲料制成颗粒，可以使淀粉熟化；也可以使大豆、豆饼及谷物饲料中的抗营养因子发生变化，减少其对家畜的危害；还可以保持饲料的均质性。因此，制粒可显著提高配合饲料的适口性和消化率。

二、奶牛饲料的过瘤胃保护技术

饲喂过瘤胃保护蛋白质是弥补高产奶牛微生物蛋白不足的有效方法。补充过瘤胃淀粉和脂肪都能提高奶牛的生产性能。

（一）热处理

加热可降低饲料蛋白质的降解率，但过度加热也会降低蛋白质的消化率，引起一些氨基酸、维生素的损失，应加热适度。一般认为，140℃左右烘焙4小时，或130～145℃火烤2分钟，或121℃处理饲料45～60分钟较宜（蒋永清，1989）。周明等（1996）研究表明，加热以150℃、45分钟最好。膨化技术用于全脂大豆的处理，取得了理想效果。

（二）化学处理

1. 甲醛处理

甲醛可与蛋白质分子的氨基、羟基、硫氢基发生烷基化反应而使其变性，免于瘤胃微生物降解。处理方法：饼粕经粉碎，然后每100克粗蛋白质称0.6～0.7克甲醛溶液（36%），用水稀释20倍后喷雾与饼粕混合均匀，然后用塑料薄膜密封24小时后打开薄膜，自然风干。

2. 锌处理

锌盐可以沉淀部分蛋白质，从而降低饲料蛋白质在瘤胃的降解。处理方法：硫酸锌溶解在水里，其比例为豆粕：水：硫酸锌＝1：2：0.03，拌匀后放置2～3小时，50～60℃烘干。

3. 鞣酸处理

用1%的鞣酸均匀地喷洒在蛋白质饲料上，混合后烘干。

4. 过瘤胃保护脂肪

许多研究表明，直接添加脂肪对反刍动物效果不好，脂肪在瘤胃中干扰微生物的活动，降低纤维消化率，影响生产性能，所以，日粮添加脂肪必须采取保护措施，形成过瘤胃保护脂肪。最常见的是脂肪酸钙产品。脂肪酸钙作为奶牛的能量添加剂在国内已开始应用，不仅能提高奶牛生产性能，而且能改善奶产品质量。

三、糊化淀粉尿素

将粉碎的高淀粉谷物饲料（玉米、高粱）70% ~ 80% 与尿素 20% ~ 25% 混合均匀后，通过糊化机，在一定的温度、湿度和压力下，使淀粉糊化，尿素则被融化，均匀地被淀粉分隔、包围，也可适当添加缓释剂。粗蛋白质含量 60% ~ 70%。每千克糊化淀粉尿素的蛋白质量相当棉籽饼的 2 倍、豆饼的 1.6 倍，价格便宜。对于育成牛，糊化淀粉尿素可替代日粮中全部棉籽饼，且对平均日增重无影响，并可节省精料。糊化淀粉尿素替代泌乳牛日粮中 56% 豆饼，对产奶量无影响。每日每头用量：育成牛 0.3 千克，成年泌乳牛 0.8 千克。

第三节　青贮饲料及其加工调制

青贮是利用微生物的发酵作用，长期保存青绿多汁饲料的营养特性，扩大饲料来源的一种简单又经济的方法，青贮饲米是奶牛业最主要的饲料来源，可保证常年均衡供给奶牛青绿多汁饲料。在各种粗饲料加工中营养物质损失少（一般不超过 10%），粗硬的秸秆在青贮过程中还可以得到软化增加适口性，使消化率提高。在密封状态下可以长年保存，制作简便，成本低廉。

一、青贮饲料的制作原理

青贮过程的实质是将新鲜植物紧实地堆积在不透气的容器中，通过微生物（主要是乳酸菌）的厌氧发酵，使原料中的糖分转化为有机酸，主要是乳酸，当乳酸在青贮原料中积累到一定浓度时，就能抑制其他微生物的活动，并制止原料中养分被微生物分解破坏，从而将原料中的养分保存下来。随着青贮发酵时间的进展，乳酸不断积累，乳酸积累的结果使酸度增强，乳酸菌自身亦受抑制而停止活动，发酵结束。青贮发酵完成一般需 20 ~ 30 天。由于青贮是在密闭并停止微生物活动的条件下贮存，因此，可以长期保存，甚至有几十年不变质的记录。

二、青贮饲料加工的技术要点

（一）排除空气

乳酸菌是厌氧菌，只有在没有空气的条件下才能进行生长繁殖。如不排除空气，就没有乳酸菌存在的余地，而好气的霉菌、腐败菌会乘机滋生，导致青贮失败。因此，在青贮过程中原料要切短（3厘米以下）、压实和密封严，排除空气，创造厌氧环境，以控制好气菌的活动，促进乳酸菌发酵。

（二）创造适宜的温度

青贮原料温度在 25～35° 时，乳酸菌会大量繁殖，很快便占主导优势，致使其他一切杂菌都无法活动繁殖，若原料温度达 50℃ 时，丁酸菌就会生长繁殖，使青贮料出现臭味，以至腐败。因此，除要尽量压实、排除空气外，还要尽可能地缩短铡草装料等制作过程，以减少原材料的氧化产热。

（三）控制好物料的水分含量

适于乳酸菌繁殖的含水量为 70% 左右，过干不易压实，温度易升高；过湿则酸度大，动物不喜食。70% 的含水量，相当于玉米植株下边有 3～5 片干叶；如果二茬玉米全株青贮，割后可以晾晒半天；青黄叶比例各半，只要设法压实，即可制作成功。而进行秸秆黄贮，则秸秆含水量一般偏低，需要适当加入水分。判断水分含量的简易方法为：抓一把切碎的原料，用力紧握，指缝有水渗出，但不下滴为宜。

（四）原料的选择

乳酸菌发酵需要一定的可溶性糖分。原料含糖多的易贮，如玉米秸、瓜秧、青草等。含糖少的难贮，如花生秧、大豆秸等。对含糖少的原料，可以和含糖多的原料混合贮。也可以添加 3%～5% 的玉米面或麦麸等单贮。

（五）时间的确定

饲料作物青贮，应在作物籽实的乳熟期到蜡熟期进行，即兼顾生物产量和动物的消化利用率。玉米秸秆的收贮时间，一看籽实成熟程度，乳熟早，枯熟迟，蜡熟正适时；二看青黄叶比例，黄叶差，青叶好，各占一半就嫌老；三看生长天数，一般中熟品种110天就基本成熟，套播玉米在9月10日左右，麦后直播玉米在9月20日左右，就应收割青贮。利用农作物秸秆进行黄贮，则要掌握好时机。过早会影响粮食的产量，过晚又会使作物秸秆干枯老化、消化利用率降低，特别是可溶性糖分减少，影响青贮的质量。秸秆青贮应在作物籽实成熟后立即进行，而且越早越好。

三、青贮设施建设

适合我国农村制作青贮的建筑种类较多，有青贮窖（壕、池）、青贮塔、青贮袋、草捆包裹青贮、地面堆贮等。青贮塔和袋式青贮以及草捆青贮一般造价高，且需要专门的青贮加工和取用设备；地面青贮不易压实，工艺要求严格，而青贮窖造价较低，适于目前广大养殖场户采用。

（一）青贮窖（池、壕）

1. 窖址选择

青贮窖的建设地要选择地势较高、向阳、干燥、土质较坚实且便于存取的地方。切忌在低洼处或树阴下挖窖，还要避开交通要道、粪场、垃圾堆等，同时要求距离畜舍较近，以取用方便。并且四周应有一定的空地，便于贮运加工。

2. 窖形设计

根据地形和贮量及所用设备的效率等决定青贮窖的形状和大小（图5-1）。若设备效率高，每天用草量又大，则采用长方形窖为好；若饲养头数较少，可采用圆形窖。其大小视其所需存贮量而定。

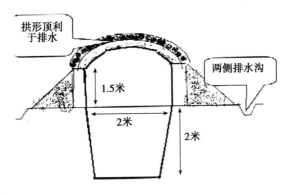

图5-1 青贮窖建筑设计

3. 建筑形式

建筑形式分为地下窖、半地下窖和地上窖，主要是根据地下水位的高低、土壤质地和建筑材料而定。一般地下水位较低，可修地下窖，加工制作极为方便，但取用需上坡；地上窖耗材较多，密封难度较大；而半地下窖，适合多数地区使用。

4. 建筑要求

青贮窖应建成四壁光滑平坦、上大下小的倒梯形。小型窖一般要求深度大于宽度，宽度与深度之比以（1~1.5）：2为宜。要求不透气、不漏水，坚固牢实。窖底部应呈锅底形，与地下水位保持50厘米以上距离，四角圆滑。应用简易土窖，应夯实四周，并铺设塑料布。

5. 青贮的容重

青贮窖贮存容量与原料重量有关，各种青贮材料在容重上存在一定的差异（表5-4），青贮整株玉米，每立方米容重500~550千克；青贮去穗玉米秸，每立方米450~500千克；人工种植及野生青绿牧草，每立方米重550~600千克。

青贮窖截面的大小取决于每日需要饲喂的青贮量。通常以每日取料的挖进量不少于15厘米为宜。在宽度与深度确定后，根据需要青贮量，可计算出青贮窖的长度，也可根据青贮窖容积和青贮原料的容重计算出所需青贮原料的重量。计算公式如下：

窖长（米）＝计划制作青贮量（千克）÷｛［上口宽（米）＋下底宽（米）］÷2×深度（米）×每立方米原料的重量（千克）｝

圆形青贮窖容积（米³）＝3.14×青贮窖半径（米）×青贮窖半径（米）×窖深（米）

长方形窖容积（米³）＝［上口宽（米）＋下底宽（米）］÷2×窖深（米）×窖长（米）

表5-4　几种青（黄）贮原料的容量　　　　（千克）

项目	铡切细碎者		铡切较粗者	
	存贮时	取用时	存贮时	取用时
叶菜与根茎	600～700	800～900	550～650	750～850
藤蔓类	500～600	700～800	450～550	650～750
玉米整株	500～550	550～650	450～500	500～600
玉米秸秆	450～500	500～600	400～450	450～550

（二）青贮塔

青贮塔是现代规模养殖场利用钢筋水泥砌制而成的永久性青贮建筑物。一次性投资大，但占地少，使用期长，且制作的青贮饲料养分损失小，适用于规模青贮，便于机械化操作。青贮塔呈圆筒形，上部有锥顶盖，防止雨水淋入。塔的大小视青贮用料量而定，一般内径3～6米，塔高10～14米。塔的四壁要根据塔的高度设2～4道钢筋混凝土圈梁，四壁墙厚度为36—24—18厘米，由下往上分段缩减，但内径平直，内壁用厚2厘米水泥抹光。塔一侧每隔2米高开一个0.6米×0.6米的窗口，装时关闭，取空时敞开，原料全部由顶部装入。装料与取用都需要专用的机械作业。

（三）地面堆贮

这是最为简便的方法，选择干燥、平坦的地方，最好是水泥地面。四围用塑料薄膜盖严，也可以在四周垒上临时矮墙，铺一塑料薄膜后再填青料，一般堆高 1.5~2.0 米，宽 1.5~2.0 米，堆长 3~5 米。顶部用泥土或重物压紧。这种形式贮量较少，保存期短，适用于小型规模养殖。

（四）塑料袋贮

这种方法比较灵活，是目前国内外正在推行的一种方法。小型青贮袋能容纳几百千克，大的长 100 米，容纳量为数吨。我国尚未有这种大袋，但有长宽各 1 米，高 2.5 米的塑料袋，可装 750~1 000 千克玉米青贮。一个成品塑料袋能使用两年，在这期间内可反复使用多次。塑料袋的厚度最好在 0.9~1 毫米以上，袋边袋角要封黏牢固，袋内青贮沉积后，应重新扎紧，若塑料袋是透明膜应遮光存放，并避开畜禽和锐利器具，以防塑料袋被咬破、划破等。

四、青贮饲料的制作技术

（一）贮前的准备

选择或建造相应容量的青贮容器。若用旧窖（壕），则应事先进行清扫、补平。

机械准备。铡草机、碾压机械、收割装运机械、装好电源，并准备好密封用塑料布等。

（二）制作步骤与方法

制作良好的青（黄）贮饲料，必须切实掌握好收割、运输、铡短、装实、封严等环节以及做到随收、随运、随切、随装窖。有条件的养殖场可采用青贮联合收获机械，收获、铡切一步完成。

1. 原料适时刈割收获

青贮原料过早刈割，水分多，不易贮存，过晚刈割，营养价值降低。收获玉米后的玉米秸应尽快青贮，不应长期放置。一般收割宁早勿迟。含水量超过 70% 时，应将原料适当晾晒到含水 60%~

70%。几种常用青贮原料适宜收割期见表5-5。

表5-5　常用青贮原料适宜收割期

青贮原料种类	收获适期	含水量/%
全株玉米（带果穗）	乳熟后期	65
收玉米后秸秆	籽粒成熟后立即收割	50~60
豆科牧草及野草	现蕾期至初花期	70~80
禾本科牧草	孕穗到抽穗期	70~80
甘薯藤	霜前或收薯前1~2天	86
马铃薯茎叶	收薯前1~2天	80

2. 运输、切碎

如果具备联合收割机最好在田间进行青贮原料的切铡，再由翻斗车拉到青贮窖，直接青贮，可以提高青贮质量。中小型牛场常在窖边边铡边贮，应在短时间内将青贮原料收到青贮地点。不要长时间在阳光下暴晒。切短的长度，细茎牧草以7~8厘米为宜，而玉米等较粗的作物秸秆最好不要超过1厘米。

3. 装窖与压紧

装窖前在窖的底部和四周铺上塑料布防止漏水透气。逐层装入，每层15~20厘米，装一层，踩实一层，边装边踩实。大型窖可用拖拉机镇压，装入一层，碾压一层。直到高出窖口0.5~1米。秸秆黄贮在装填过程中要注意调整原料的水分含量。装填选择晴好的天气进行，尽量一窖当天装完，一般不超2~3天，以防止变质和雨淋。青贮塔可适当延长，但越快越好。

4. 密封严实

青贮饲料装满（一般应高出窖口50~100厘米）后，上面要用厚塑料布封顶，四周封严防止漏气和雨水渗入。在塑料布的外面用10厘米左右的泥土压实。要经常检查，如发现下沉、裂缝，要及时加土填实。要严防漏气漏水。

青贮塔青贮。把铡短的原料迅速用机械送入塔内，利用物料自然沉降将其压实。

地面堆贮。先按设计好的堆形用木板隔挡四周，地面铺 10 厘米厚的湿麦秸，然后将铡短的青贮料装入，并随时踏实。达到要求高度、制作完成后，拆去围板。

塑料袋青贮。用专用机械将青贮原料切短，喷入（或装入）塑料袋，排尽空气并压紧后扎口即可。如无抽气机，应装填紧密，加重物压紧。

5. 整修与管护

青贮原料装填完后，应立即封埋。窖顶做成隆凸圆顶。四周挖排水沟。封顶后 2 ~ 3 天，在下陷处填土覆盖，使其紧实隆凸。

五、特殊青贮饲料的制作

（一）低水分青贮

低水分青贮亦称半干青贮，其干物质含量比一般青贮饲料高一倍多，具有干草和青贮料两者的优点，无酸味或微酸，适口性好，色深绿，养分损失少。

半干青贮主要优缺点：

① 扩大了制作青贮原料的范围，一些原来被认为难以青贮的豆科植物，均可调制成优良的半干青贮料。

② 制作干草相比，制半干青贮的优点是叶片损失少（指豆科），不易受雨淋影响。一般在收割期多雨的地区推广半干青贮。

③ 与一般青贮相比，半干青贮因水分含量低，发酵过程缓慢微弱，可抑制蛋白质的分解。味道芳香，酸味不浓，丁酸含量少，适口性好，采食量大。

缺点是制作半干青贮需用密封窖，因此，成本较高。如果密封较差，则比一般青贮更易损坏。半干青贮的调制方法与一般青贮的主要区别是青贮原料刈割后不立即铡碎，而要在田间晾晒至半干状态。晴朗的天气一般晾晒 24 ~ 55 小时，即可达到 45% ~ 55% 的含水量，有经验者可凭感官估测，如苜蓿青草当晾晒至叶片卷缩至筒状、小枝变软不易折断时其水分含量约50%。当青贮原料已达到所要求的含水量时即可青贮。其青贮方法、步骤与一般青贮相同。但由于半干青贮原料含水量低，所以原料要铡得更细碎，压得更紧实，封埋得更严实、更及时。一定要做到连续作业，必须保证青贮高度密封的厌氧条件，才能获得成功。

（二）拉伸膜青贮

这是草地就地青贮的最新技术，全部用机械化作业。操作程序为：割草→打捆→出草捆→缠绕拉伸膜。其优点主要是不受天气变化影响，保存时间长（一般可存放3~5年），使用方便。缺点是需要专用机械操作，拉伸膜等投资也较大。

六、青贮饲料添加剂

为了提高青贮饲料的品质，可在制作青贮饲料的调制过程中，加入青贮饲料添加剂，用以促进有益菌发酵或者抑制有害微生物。常用的青贮饲料添加剂有微生物类、酸类防腐剂以及营养物质等。青贮饲料添加剂的应用，显著地提高了青贮特别是黄贮效果，明显改进黄贮饲料品质，同时也增加了成本。因而建议在技术人员的指导下，根据实际需要，针对性地采用不同的青贮添加剂，以切实有效地利用青贮添加剂，获取更大的经济效益。

（一）微生物青贮饲米添加剂的应用

青贮饲料能否调制成功，取决于原料中乳酸菌能否迅速而大量地增殖（发酵）。这一过程之所以能得以正常进行，首先是作物的茎叶表面必须有一定的乳酸菌群，一般青绿作物叶面上天然地存在着大量的微生物，既有有益菌群（乳酸菌等），也有有害微生物。而通常认为有害微生物与有益微生物的数量之比为10：1。正常青贮加工过程中，我们并不加入任何添加剂，而且能够取得成功，是由于人为地创造了乳酸菌群发酵适宜的环境条件，即厌氧环境和适宜的水分含量。因而，研究认为，青贮制作的生物化学过程，若任其自然，便会因有害微生物的作用，使青贮原料中的营养物质损失，尤其是在有相当空气存在的青贮调制过程的初期。因此，采用人工加入乳酸菌种的方法，使青贮原材料中的乳酸菌群在数量上占到优势，加快发酵过程，迅速产生大量的乳酸，尽快降低原材料的 pH 值，从而抑制有害菌的活动。乳酸菌的不同菌株，在显微镜下看起来十分相似，但其生物化学能力却有较大不同。而且，特定的菌株只有在特定的 pH 值下，才具有活力。因而，筛选、培养最适合需要的菌株，作为青贮添加剂，添加于青贮原料中，具有一定的应用价值。一般添加量为每吨青贮料加乳酸培养物 0.5 升或乳酸剂 450 克。

（二）酶制剂类青贮饲米添加剂的应用

酶制剂（淀粉酶、纤维素酶、半纤维酶等）可使青贮料中的部分多糖水解成单糖，有利于乳酸发酵，不仅能增加发酵糖的含量，而且能改善饲料的消化率。豆科牧草青贮，按青贮原料的 0.25% 添加酶制剂，如果酶制剂添加量增加到 0.5%，青贮料中含糖量可高达 2.48%，可有效地保证乳酸生产。

乳酸菌发酵需要一定浓度的可溶性糖作为其营养物质，即通过糖的发酵产生乳酸。一般认为，制作青贮的原材料中应含有不低于 2% 的可溶性糖。如果原材料中可溶性糖含量不足 2%，就应加入糖蜜等可溶性糖。当然，除直接加入可溶性糖外，也可加入一些淀粉和淀粉酶，淀粉酶能促使原材料中的淀粉水解为糖，供乳酸菌利用。淀粉酶的种类较多，每一种淀粉酶只有在一定的 pH 值范围内方具有最大活性。因而，并非只加入一种淀粉酶，而是多种淀粉酶的组合。

因而，只有同时加入有益菌群、可溶性糖或淀粉和淀粉酶，并创造较好的厌氧环境，可使青贮的发酵过程变成一种快捷、低温的科学模式，不仅可以保证制作成功，而且取用饲喂时，稳定性也好。

（三）酸类青贮饲料添加剂的应用

酸类青贮饲料添加剂是应用较早一类青贮饲料添加剂。应用原理是直接加入无机酸或有机酸类物质，降低青贮原材料的 pH 值，用以抑制有害菌的活动，减少营养物质的损失。这类青贮添加剂早在1885年就开始使用，最初多使用无机酸如硫酸、盐酸等，后来演变为有机酸如甲酸、丙酸等。加酸后，青贮材料迅速下沉，易于压实；作物细胞的呼吸作用很快停止，有害微生物的活动迅速得到控制，减少了青贮制作过程早期的发热和营养损失，有利于青贮饲料的保存，不失为一种简单而有效的技术措施。

然而，直接加入酸类物质，固然简便易行。但增加了青贮原材料渗液和动物采食后酸中毒的可能性。需要采取相应的补救措施。如降低青贮原材料的含水量，以防止渗液发生，饲喂时添加少量的氢氧化钙、碳酸钙或小苏打，用以中和酸性。另外，加酸还会对人和机械都有一定的腐蚀性，操作时，应一定的防护措施。

一般认为各类酸的加入量如下。

① 甲酸：在禾本科牧草添加0.3%、豆科牧草添加0.5%，一般不用于玉米青贮。

② 苯甲酸：一般按青贮料的0.3%添加，通常需用乙醇溶解后添加。

③ 丙酸：按青贮料的0.5%~1.0%添加，对二次发酵有良好的预防作用。

（四）防腐剂类青贮饲料添加剂的应用

常用的防腐剂类青贮饲料添加剂有亚硝酸钠、硝酸钠、甲酸钠甲醛等。防腐剂类青贮饲料添加剂并不改善发酵过程，但对防止青贮饲料的变质具有一定效果。

部分防腐剂如亚硝酸盐，具有一定的毒性，要权衡利弊，只有确实必要时方可利用，一般不建议应用。

据报道，有些植物组织如落叶松针叶等含有植物杀菌素，有较好的防腐效果，又没有毒性，可因地制宜地发掘使用。

另外，甲醛（福尔马林）不仅具有较好的防腐作用，还可以保护饲料蛋白质在反刍动物瘤胃内免受降解，增加青贮饲料蛋白质的过瘤胃率。被认为是一种有价值的青贮饲料防腐添加剂。甲醛作为青贮饲料的防腐添加剂，一般用量为 0.3% ~ 1.5%。可与甲酸合用。

（五）营养性青贮饲料添加剂

针对制作青贮饲料原材料中营养素的丰欠，以补充青贮饲料中某些营养成分的不足，起营养平衡作用的一类添加剂称作营养性青贮饲料添加剂。部分青贮饲料营养添加剂同时具有改善青贮发酵过程的功用。

青贮饲料虽然是一种良好的反刍动物粗饲料，但某些营养成分含量与动物的营养需要相比，仍有相当的差距。以饲养奶牛为例，大部分青贮饲料，除与豆科作物混合青贮外，粗蛋白的含量均不能满足营养需要，钙、磷含量不足，其他营养成分也有类似现象。因此，有必要向青贮饲料中添加某些营养成分，使其营养成分趋于平衡。常用的营养性青贮饲料添加剂主要有如下几种。

1. 非蛋白氮素

在青贮饲料中加入非蛋白氮素，如尿素、双缩脲等。在青贮的发酵过程中，为微生物蛋白质的合成提供氮素，起到蛋白质的补充作用。这类添加剂来源广泛，价格较低，蛋白当量高，经济实用。

尿素和磷酸脲是最常用的氮素添加剂。可以直接饲喂，也可以加入青贮饲料中。据资料介绍，美国每年用作饲料的尿素超过 100 万吨，相当于 600 万吨豆饼所提供的氮素。

尿素作为青贮饲料添加剂利用，一般认为安全可靠、经济实用。通常在制作青贮饲料时，按青贮原材料重量加入 0.3% ~ 0.5% 的尿素，青贮饲料的蛋白质含量相应提高 4%（以干物质计算）。玉米青贮添加 0.5% 尿素后，粗蛋白质含量可由原来的 6.5% 提高到 11.7%，可大体满足育成牛的蛋白质需要。在青贮料中添加 0.35% ~ 0.4% 的磷酸脲，不仅增加了青贮料中的氮、磷含量，并可使青贮的 pH 值快速达到 4.2 ~ 4.5，有效保存青贮料中的养分。

2. 碳水化合物

为乳酸菌发酵提供能源，促进青贮饲料的发酵进程，用以充分保护青贮原料中的营养成分。常用的主要是糖蜜、谷实类、淀粉和淀粉酶。这类添加剂本身就是营养物质，同时具有改善青贮饲料发酵过程的功用。因而，应用比较广泛。

糖蜜是制糖工业的副产品，其一般加入量：禾本科青贮料为4%、豆科青贮料6%。

谷实类一般含有50%～55%的淀粉和2%～3%的可发酵糖。淀粉不能直接被乳酸菌利用，但在淀粉酶的作用下水解为糖，为乳酸菌利用。例如，大麦粉在青贮过程中，可产生相当于自身重量30%的乳酸，每吨青贮饲料中可加入30～50千克大麦粉。

玉米粉在青贮过程中，经淀粉酶的作用，同样产生大量的可溶性糖分，为乳酸菌发酵提供能源，具有维护乳酸菌发酵之功能。

一般来讲，青绿的禾本科青贮原材料中含有足够的可溶性糖分以及乳酸菌群，通常情况下，不建议采用青贮饲料添加剂。只要严格制作过程，就完全可以生产出优质的青贮饲料。而农区多利用收获籽实后的农作物秸秆生产青贮饲料（或称黄贮饲料），因作物茎叶的老化，特别是其中的可溶性糖分含量减少，为确保青贮饲料制作成功，建议根据作物秸秆的老化程度，适量加入碳水化合物类添加剂。

3. 无机盐类

无机盐类青贮饲料添加剂，主要是指一些动物生长和生产所必需的矿物质盐类，如石灰石、食盐和微量元素类。

青贮饲料中添加石灰石，不但可以补充钙源，且可缓和饲料的酸度。每吨青贮饲料中碳酸钙的一般加入量为2.5～3.5千克。

添加食盐可以提高渗透压，丁酸菌对较高渗透压非常敏感，而乳酸菌则较为迟钝，青贮饲料中添加2%～3%的食盐，可增加乳酸含量，减少醋酸和丁酸。从而改善青贮饲料品质，增强适口性。

可用作青贮饲料添加剂的其他无机盐类及其在每吨青贮饲料中的加入量通常为：硫酸铜2.5克；硫酸锰5克；硫酸锌2克；氯化钴1克；碘化钾0.1克。

青贮饲料添加剂多种多样，每一种青贮饲料添加剂都有特定的应用条件。然而，并不能由此得出结论：只有使用青贮饲料添加剂，青贮才能获得成功。事实上，只要严格操作规程，满足青贮饲料制作所需的条件，即可制作出优质的青贮饲料。通常情况下，无须使用添加剂。是否使用青贮添加剂，主要取决于用于制作青贮饲料的作物，是否容易调制青贮。简单地用一个指标来衡量，那就是作物本身所含的可发酵糖与蛋白质的比值。不同作物的这一比值不同，列于表5－6，供生产中参考。

表5－6　不同青贮作物所含可发酵糖分与蛋白质的比值

青贮作物种类	紫花苜蓿	三叶草	禾本科牧草	甜菜叶	乳熟玉米
糖分与蛋白质的比值	0.2～0.3	0.3	0.3～1.3	0.7～0.9	1.5～1.7

需要说明的是，同一作物在不同生长阶段或季节，可发酵糖和蛋白质的含量不同，这一比值也发生变化。一般而言，这一比值越高，越容易制作青贮。若比值大于0.8，作物含水率在70%左右，就没有必要使用添加剂来促进发酵。

七、青贮饲料的品质评定

青（黄）贮饲料的品质评定分感官鉴定和实验室鉴定，实验室鉴定需要一定的仪器设备，除特殊情况外，一般只进行观感鉴定。即从色、香、味和质地等几个方面评定青（黄）贮饲料的品质。

1. 颜色

因原料与调制方法不同而有差异。青（黄）贮料的颜色越近似于原料颜色，质量越好。品质良好的青贮料，颜色呈黄绿色；黄褐色或褐绿色次之；褐色或黑色为劣等。

2. 气味

正常青贮料有一种酸香味，以略带水果香味者为佳。有刺鼻酸味，表示含醋酸较多，品质次之；霉烂腐败并带有丁酸（臭）味者为劣等，不宜饲用。换言之，酸而喜闻者为上等；酸而刺鼻者为中等；臭而难闻者为劣等。

3. 质地

品质良好的青贮料，在窖里非常紧实，拿到手里却松散柔软，略带潮湿，不粘手，茎、叶、花仍能辨认清楚。若结成一团发黏，分不清原有结构或过于干硬，均为劣等青贮料。

总之制作良好的青贮料，应该是色、香、味和质地俱佳，即颜色黄绿、柔软多汁、气味酸香，适口性好。玉米秸秆青贮则带有较浓的酒香味。玉米青贮质量鉴定等级列于表 5-7。

表 5-7　玉米青贮品质鉴定指标

等级	色泽	酸度	气味	质地	结构	饲用建议
上等	黄绿色、绿色	酸味较多	芳香味浓厚	柔软稍湿润	茎叶分离、原结构明显	大量饲用
中等	黄褐色、黑绿色	酸味中等	略有芳香味	柔软而过湿或干燥	茎叶分离困难、原结构不明显	安全饲用
下等	黑色、褐色	酸味较少	具有醋酸臭味	干燥或粘结块	茎叶黏结、具有污染	选择饲用

随着市场经济的发展，青贮饲料逐步走向商品化，在市场交易过程中，其品质与价格正相关，对其品质评定要求数量化，因而农业部制定了青贮饲料品质综合评定的百分标准，列于表 5-8。

表 5-8　青贮玉米秸秆质量评分

项目 总分值	pH 值 25	水分 20	气味 25	色泽 20	质地 10
优等 72~100	3.4 (25) 3.5 (23) 3.6 (21) 3.7 (19) 3.8 (18)	70% (20) 71% (19) 72% (18) 73% (17) 74% (16) 75% (14)	苷酸香味 (25~18)	黄亮色 (20~14)	松散、微软、不粘手 (10~8)
良好 39~67	3.9 (17) 4.0 (14) 4.1 (10)	76% (13) 77% (12) 78% (11) 79% (10) 80% (8)	淡酸味 (17~9)	褐黄色 (13~8)	中间 (7~4)

（续表）

项目 总分值	pH 值 25	水分 20	气味 25	色泽 20	质地 10
一般 31~5	4.2（8） 4.3（7） 4.4（5） 4.5（4） 4.6（3） 4.7（1）	81%（7） 82%（6） 83%（5） 84%（3） 85%（1）	刺鼻酒酸味 （6~1）	中间 （7~1）	略带黏性 （3~1）
劣等 0	4.8（0）	85% 以上（0）	腐败味、 霉烂味（0）	暗褐色 （0）	发黏结块 （0）

八、青贮饲料的利用

（一）取用

青贮饲料装窖密封，一般经过 6~7 周的发酵过程，便可开窖取用饲喂。如果暂时不需用，则不要开封，何时用，何时开。取用时，应以"暴露面最少，尽量少搅动"为原则。长方形青贮窖只能打开一头，要分段开窖，逐层取用。取料后盖好，以防止日晒、雨淋和二次发酵，避免养分流失、质量下降或发霉变质。发霉、发黏、发黑及结块的不能饲用。

青贮饲料在空气中容易变质，一般要求随用随取，一经取出，便尽快饲喂。

（二）喂量

青贮饲料的用量，应视动物的种类、年龄、用途和青贮饲料的质量而定。除高产奶牛外，一般情况可作为唯一的粗饲料使用。开始饲喂青贮料时，要由少到多，逐渐增加，给动物一个适应过程。习惯后，再逐渐增加喂量。通常日喂量为成母牛 20~30 千克、育成牛 10~20 千克。青贮饲料具有轻泻性，妊娠母牛可适当减少喂量。饲喂青贮饲料后，要将饲槽打扫干净，以免残留物产生异味。

（三）注意事项

青贮饲料具有特定的气味，因而饲喂奶牛时应注意以下几点。

① 不要在牛舍内存放青贮饲料，每次饲喂量也不宜过多，使奶牛能够尽快吃完为原则。

② 有条件的奶牛场，采用挤奶厅挤奶，挤奶与饲喂分开进行，避免青贮味影响乳品。必须在牛舍挤奶的养殖场，可在挤完奶后饲喂青贮饲料。

③ 定期打扫牛舍，保持舍内清洁卫生；加强通风换气，减少舍内的青贮气味。

④ 饲用青贮饲料，要求每次饲喂后，都打扫饲槽，特别是夏季，气温较高，饲槽中若有剩余的青贮料会霉变，产生异味，影响舍内环境和动物健康。

⑤ 保持挤奶设备及饲喂用具的清洁。

另外，青贮饲料的营养成分取决于青贮作物的种类、收获期以及存贮方式等多种因素。青贮饲料的营养差异较大。一般青贮玉米的钙、磷含量不能满足育成牛的需要，应适当补充。而与豆科牧草特别是紫花苜蓿混贮，钙、磷基本可以满足。秸秆黄贮，营养成分含量较低，需要适当搭配其他饲料成分，以维护奶牛健康以及满足其生长和生产需要。

第四节 青干草的加工调制技术

青干草是将牧草、饲料作物、野草和其他可饲用植物，在最适宜刈割时期刈割，经自然干燥或采用人工干燥法，使其脱水，达到能贮藏、不变质的干燥饲草。调制合理的青干草，能较完善地保持青绿饲料的营养成分。

（一）牧草干燥过程的营养物质变化和损失

1. 干燥过程的生理损失

牧草在干燥过程中由于植物细胞的呼吸作用和氧化分解作用，营养物质的损失一般占青干草总养分的 1% ~10%。青草生长期间含水 70% ~90%，在良好的气候条件下，刚刈割的青草散发体内的游离水速度相当快，在此期间，植物细胞并未死亡，短时间内其生理活动（如呼吸作用、蒸腾作用）仍在进行，从而使牧草体内营养物质遭到分解破坏。5 ~8 小时后含水量降至 40% ~50%，细胞失去恢复膨压的能力，以后才逐渐趋于死亡，呼吸作用停止。细胞死亡以后，植物体内继续进行氧化破坏过程。这一阶段需 1 ~2 昼夜。水分降到 18% 左右时，细胞内酶的作用逐渐停止。这一时期内，水分是通过死亡的植物体表面蒸发作用而减少。

为了避免或减轻植物体内养分因呼吸和氧化的破坏作用而受到的严重损失，应该采取有效措施，使水分迅速降至 17% 以下，并尽可能减少阳光的直接暴晒。

2. 机械作用引起的损失

在干草的晒制和保藏过程中，由于搂草、翻晒、搬运、堆垛等一系列机械操作，不可避免地使部分细枝嫩叶的破碎脱落而损失。一般叶片可能损失 20% ~30%，嫩枝损失 6% ~10%。禾本科牧草损失 2% ~5%，豆科的茎秆较粗大，茎叶干燥不均匀，损失比较严重，为 15% ~35%，从而影响牧草质量。牧草刈割后立即进行小堆干燥，干物质损失最少，仅占 1%。先后集成各种草垄干燥的干物质损失次之，为 4% ~6%。而以平铺法晒草的干物质损失最为严重，可达 10% ~14%。

3. 阳光作用引起的损失

在自然条件下晒制干草，阳光的直接照射可使植物体所含的胡萝卜素、维生素 C、叶绿素等均因光化学作用而遭破坏。干草中的维生素 D 含量因阳光的照射而显著增加，这是由于植物体内所含麦角固醇，在紫外光作用下，合成了维生素 D 的缘故。

4. 雨淋引起的损失

晒制干草，最忌雨淋。晒制过程中如遇雨淋，可造成干草营养物质的重大损失，而所损失的又是可溶解、易被奶牛消化的养分，可消化蛋白质的损失平均为40%，热能损失平均为50%。因雨淋作用引起营养物质的损失较机械损失大，所以，晒制干草应避免雨淋。

5. 干草发霉变质引起的损失

当青干草含水量、气温和大气湿度符合微生物活动要求时，微生物就会在干草上繁殖，从而导致干草发霉变质，水溶性糖和淀粉含量显著下降，严重时脂肪含量下降，蛋白质被分解成非蛋白化合物，如氨、硫化氢、吲哚等气体和有机酸，因此发霉的干草不能喂奶牛。

（二）牧草刈割时间

牧草过早刈割，水分多，不易晒干；过晚刈割，营养价值降低。禾本科草类在抽穗期，豆科草类在孕蕾及初花期刈割为好。部分牧草适宜的收割期见表5-9。

表5-9　部分牧草适宜收割期

牧草种类	收割适期
紫花苜蓿	开花初期
红三叶	初花期到1/2开花期
杂三叶	初花期到1/2开花期
草木樨	开花初期
红豆草	1/2豆荚成熟期
沙打旺	现蕾期前
卷毛铁扫帚	株高30~40厘米
葛藤	初夏或初秋
无芒雀麦	抽穗期或开花期

（续表）

牧草种类	收割适期
披肩草	孕穗期
羊草	抽穗期
苏丹草	孕穗期

（三）青干草的制作方法

青干草的制作方法较多，分自然干燥法和人工干燥法。

1. 自然干燥法

自然干燥法不需要设备，操作简单，但劳动强度大，效率低，晒制的干草质量差，且受天气影响大。为了便于晾晒，在实际生产中还要根据晾晒条件和天气情况适当调整收获期，适当提前或延后刈割，以避开雨季。

（1）田间晒制法 牧草刈割后，在原地或附近干燥地段摊开暴晒，每隔数小时加以翻晒，待水分降至40%~50%时，用搂草机械或手工搂成松散的草垄可集成0.5~1米高的草堆，保持草堆的松散通风，天气晴好可倒堆翻晒，天气恶劣时小草堆外面最好盖上塑料布，以防雨水冲淋。直到水分降到17%以下即可贮藏，如果采用摊晒和捆晒相结合的方法，可以更好地防止叶片、花序和嫩枝的脱落。

（2）草架干燥法 草架可用树干或木棍搭成，也可以做成组合式三角形草架，架的大小可根据草的产量和场地而定。虽然花费一定的物力，但架上明显加快干燥速度，干草品质好。牧草刈割后在田间干燥半天或一天，使其水分降到40%~50%时，把牧草自下而上逐渐堆放或打成15厘米左右的小捆，草的顶端朝里，并避免与地面接触吸潮，草层厚度不宜超过70~80厘米。上架后的牧草应堆成圆锥形或屋顶型，力求平顺。由于草架中部空虚，空气可以流通，加快牧草水分散失，提高牧草的干燥速度，其营养损失比地面干燥减少5%~10%。

（3）发酵干燥法　由于此法干燥牧草营养物质损失较多，故只在连续阴雨天气的季节采用。将刈割的牧草在地面铺晒，使新鲜牧草凋萎，当水分减少至50%时，再分层堆积高3～6米，逐层压实，表层用塑料膜或土覆盖，使牧草迅速发热。待堆内温度上升到60～70℃，打开草堆，随着发酵产生热量的蒸散，可在短时间内风干或晒干，制得棕色干草，具酸香味，如遇阴雨天无法晾晒，可以堆放1～2个月，类似青贮原理。为防止发酵过度，每层牧草可撒青草重0.5%～1.0%的食盐。

2. 人工干燥法

（1）塑料大棚干燥法　近年来，有些地区把刈割后的牧草，经初步晾晒后移动到改造的塑料大棚里干燥，效果好。具体做法是把大棚下部的塑料薄膜卷起30～50厘米，把晾晒后含水量40%～50%的牧草放到棚内的架子或地面上，利用大棚的采光增温效果使空气变热，从而达到干燥牧草的目的。这种方式受天气影响小，能够避免雨淋，养分损失少。

（2）常温鼓风干燥法　为了保存营养价值高的叶片、花序、嫩枝，减少干燥后期阳光暴晒对维生素等的破坏，把刈割后的牧草在田间就地晒干至水分到40%～50%时，再放置于设有通风道的干草棚内，用鼓风机、电风扇等吹风装置，进行常温吹风干燥。应用此方法调制干草时只要不受雨淋、渗水等危害，就能获得品质优良的青干草。

（3）低温干燥法　此法采用加热的空气，将青草水分烘干，干燥温度50～70℃，需5～6小时；如120～150℃，经5～30分钟完成干燥。未经切短的青草置于浅箱或传送带上，送入干燥室（炉）进行干燥。所用热源多为固体燃料，浅箱式干燥机每日生产干草2 000～3 000千克，传送带式干燥机每小时生产量200～1 000千克。

（4）高温快速干燥法　利用液体或煤气加热的高温气流，可将切碎成2～3厘米长的青草在数分钟甚至数秒钟内可使牧草含水量从80%～90%降到10%～12%。此法多用于工厂化生产草粉、草块。虽然有的烘干机内热空气温度可达到1 100℃，但牧草的温度一般不超过 30~35℃，青草中的养分可以保存 90%~95%，消化率特别是蛋白质消化率并不降低。鲜草在含有可蒸发水分的条件下，草温不会上升到危及消化率的程度，只有当已干的草继续处在高温下，才可能发生消化率降低和产品碳化的现象。

3. 调制干草过程减少损失的方法

干草调制过程的翻草、搂草、打捆、搬运等环节的损失不可低估，其中，最主要的恰恰是富含营养物质的叶片损失最多，减少生产过程中的物理损失是调制优质干草的重要措施。

（1）减少晾晒损失　要尽量控制翻草次数，含水量高时适当多翻，含水量低时可以少翻。晾晒初期一般每天翻 2 次，半干草可少翻或不翻。翻草宜在早晚湿度相对较大时进行，避免在一天中的高温时段翻动。

（2）减少搂草打捆损失　搂草和打捆最好同步进行，以减少损失。目前，多采取人工一次打捆方式，把干草从草地运到贮存地、加工厂，再行打捆、粉碎或包装。为了作业方便，第一次打捆以 15 千克左右为宜，搂成的草堆应以此为标准，避免草堆过大，重新分捆造成落叶损失。搂草和打捆也要避开高温、干燥时段，应在早晚进行。

（3）减少运输损失　为了减少在运输过程中落叶损失，特别是豆科青干牧草，一是要打捆后搬运；二是打捆后可套纸袋或透气的编织袋，减少叶片遗失。

（四）青干草品质鉴定

1. 质量鉴定

（1）含水量及感官断定　青干草的最适含水量应为 15%~17%，适于堆垛永久保存，用手成束紧握时，发出沙沙响声和破裂声，草束反复折曲时易断，搓揉的草束能迅速、完全地散开，叶片干而卷曲。

青干草含水量为 17%~19% 也可以较好地保存，用手成束紧握时无干裂声，只有沙沙声，草束反复折曲不易断，搓揉的草束散开缓慢，叶子大多卷曲。

青干草含水量为19%～20%堆垛保存时，会发热，甚至起火，用手成束紧握时无清脆的响声，容易拧成紧实而柔韧的草辫，搓拧时不折断。

青干草含水量在23%以上时，不能堆垛保存，揉搓时没有沙沙响声，多次折曲草束时，折曲处有水珠，手插入草中有凉感。

（2）颜色、气味　绿色越深，营养物质损失越少，质量越好，并具有浓郁的芳香味；如果发黄，且有褐色斑点，无香味，列为劣等；如果发霉变质有臭味，则不能饲用。

（3）植物组成　在干草组成中，如豆科草的比例超过5%时为上等，禾本科草和杂草占80%以上为中等，不可食杂草占10%～15%时为劣等，有毒有害草超过1%的不可饲用。

（4）叶量　叶量越多，说明青干草养分损失越少，植株叶片保留95%以上的为优等，叶片损失10%～15%的为中等，叶片损失15%以上时为劣等。

（5）含杂质量　干草中夹杂土、枯枝、树叶等杂质量越少，品质越好。

2. 综合感官评定分级（内蒙古自治区干草等级标准，我国尚无统一标准）

一级：枝叶鲜绿或深绿色，叶及花序损失低于5%，含水15%～17%，有浓郁的干草香味，但再生草调制的优良干草，香味较淡。

二级：绿色，叶及花序损失低于10%，有香味，含水15%～17%。

三级：叶色发黑，叶及花序损失不到15%，有干草香味，含水15%～17%。

四级：茎叶发黄或发白，部分有褐色斑点，叶及花序损失大于15%，含水15%～17%，香味较淡。

五级：发霉，有臭味，不能饲喂。

（五）青干草的贮藏与管理

合理贮藏干草，是调制干草过程中的一个重要环节，贮藏管理不当，不仅干草的营养物质要遭到重大损失，甚至发生草垛漏水霉烂、发热，引起火灾等严重事故，给奶牛生产带来极大困难。

1. 青干草的贮藏方法

（1）露天堆垛贮藏　垛址应选择地势平坦干燥、排水良好的地方，同时要求离牛舍不宜太远。垛底应用石块、木头、秸秆等垫起铺平，高出地面40～50厘米，四周有排水沟。垛的形式一般采用圆形和长方形两种，无论哪种形式，其外形均应由下向上逐渐扩大，顶部又逐渐收缩成圆形，形成下狭、中大、上圆的形状。垛的大小可根据需要而定。

①长方形草垛。干草数量多，又较粗大，宜采用长方形草垛，这种垛形暴露面积少，养分损失相应地较轻。草垛方向应与当地冬季主风向平行，一般垛底宽3.5～4.5米，垛肩宽4.0～5.0米，顶高6.0～6.5米，长度视贮草量而定，但一般不宜少于8.0米。堆垛的方法，应从两边开始往里一层一层地堆积，分层踩实，务使中间部分稍稍隆起，堆至肩高时，使全堆取平，然后往里收缩，最后堆积成45°倾斜的屋脊形草顶，使雨水顺利下流，不致渗入草垛内。

长方形草垛需草量大，如一次不能完成，也可从一端开始堆草，保持一定倾斜度，当堆到肩部高时，再从另一端开始，同样堆到肩高两边取齐后收顶。封顶时可用麦秸或杂草覆盖顶部，最后用草绳或泥土封压，以防大风吹刮。

②圆形垛。干草数量不多，细小的草类宜采用圆垛。和长方形草垛相比，圆垛暴露面积大，遭受雨雪阳光侵袭面也大，养分损失相对较多。但在干草含水量较高的情况下，圆垛由于蒸发面积大，发生霉烂的危险性也较少。圆垛的大小一般底部直径3.0～4.5米，肩部直径为3.5～5.5米，顶高5.0～6.5米。堆垛时从四周开始，把边缘先堆齐，然后往中间填充，务使中间高出四周，并注意逐层压实踩紧，垛成后，再把四周乱草拔平梳齐，便于雨水下流。

（2）草棚堆垛　气候潮湿或有条件的地方可建造简易干草棚，以防雨雪、潮湿和阳光直射。这种棚舍只需建一个防雨雪的顶棚，以及防潮的底垫即可。存放干草时，应使棚顶与干草保持一定距离，以便通风散热。

2. 防腐剂的使用

使调制成的青干草达到合乎贮藏安全的指标（含水量17%以下），生产上较困难。为了防止干草在贮藏过程中因水分过高而发霉变质，可以使用防腐剂，应用较为普遍的有丙酸和丙酸盐、液态氨和氢氧化物（氨或钠）等。液态氨不仅是一种有效的防腐剂，还能增加干草中氮的含量。氢氧化物处理干草不仅能防腐，且能提高青干草的消化率。

3. 青干草贮藏应注意的事项

（1）防止垛顶漏雨　干草堆垛后2~3周，一般会发生明显坍陷现象，必须及时铺平补好，并用秸秆等覆盖顶部，防止渗进雨水，造成全垛霉烂。盖草的厚度应达7~8厘米，应使秸秆的方向顺着流水的方向，如能加盖两层草苫则防雨能力更强。

草垛贮存期长，也可用草泥封顶，既可防雨又能压顶，缺点是取用不便。

（2）防止垛基受潮　干草堆垛时，最好选一地势较高地点作垛基。如牛舍附近无高台地，应该在平地上筑一堆积台。台高于地面35厘米，四周再挖35厘米左右深宽的排水沟，以免雨水浸渍草垛。不能把干草直接堆在土台上，垛基还必须用树枝、石块、乱木等垫高半尺以上，避免土壤水分渗入草垛，发生霉烂。

（3）防止干草过度发酵　干草堆垛后，营养物质继续发生变化，影响养分变化的主要因素是含水量。凡是含水量在17%以上的干草，植物体内的酶及外部的微生物仍在进行活动。适度发酵可使草垛紧实，并使干草产生特有的香味；但过度发酵会产生高温，不仅无氮浸出物水解损失，蛋白质消化率也显著降低。干草水分下降到20%以下时堆垛，才不致有发酵过度的危险。如果堆垛时干草水分超过20%，则垛内应留出通风道，或纵贯草垛，或横贯草垛，20米长的垛留两个横道即可。迪风道用棚架支撑，高3.5米，宽1.25米，木架应扎牢固，防止草垛变形。

（4）防止草垛自燃 过湿的干草，贮存的前期主要是发酵而产生高温，后期则由于化学作用过程，产生挥发性易燃物质，一旦进入新鲜空气即引起燃烧。如无大量空气进入，则变为焦炭。

防止草垛自燃，首先应避免含水量超过25%的湿草堆垛。要特别注意防止成捆的湿草混入垛内。过于幼嫩的青草经过日晒后表面上已干燥，实际上茎秆仍然较湿，混入这类草时，往往在垛内成为爆发燃烧的中心。其次要求堆垛时，在垛内不应留下大的空隙，使空气过多。如果在检查时已发现堆温上升至65℃，应立即穿洞降温，如穿洞后温度继续上升，则宜倒垛，否则会导致自燃。

（5）干草的压捆 散开的干草贮存愈久，品质愈差，且体积大，不便运输，在有条件的地方可用捆草机压成30~50千克的草捆。用来压捆干草的含水量不得超过17%，压过的干草每立方米平均重350~400千克。压捆后可长久保持绿色和良好的气味，不易吸水，且便于运输喂用，比较安全。

第六章 奶牛全混合日粮

第一节 全混合日粮（TMR）概述

一、全混合日粮（TMR）的概念及其应用

TMR 是英文 Total Mixed Rations（全混合日粮）的简称，所谓全混合日粮是一种将粗饲料、精饲料、矿物质、维生素和其他添加剂充分混合，能够提供足够的营养以满足奶牛需要的饲料。TMR 饲养技术在配套技术措施和性能优良的 TMR 机械的基础上能够保证奶牛每采食一口日粮都是精粗比例稳定、营养浓度一致的全价日粮。目前，这种成熟的奶牛饲喂技术在以色列、美国、意大利、加拿大等国已经普遍使用，我国现正在推广使用。

二、TMR 饲喂方式的优越性

1. 提高产奶量

研究表明：饲喂 TMR 的奶牛每千克日粮干物质能多产 5% ~ 8% 的奶。即使单产 9 吨的奶牛，仍能有 6.9% ~ 10% 奶产量的增长。

2. 增加干物质采食量

TMR 技术将粗饲料切短后再与精料混合，这样物料在物理空间上产生了互补作用，从而增加了奶牛干物质的采食量。在性能优良的 TMR 机械充分混合的情况下，完全可以排除奶牛对某一特殊饲料的选择性（挑食），因此，有利于最大限度地利用最低成本的饲料配方。TMR 是按日粮中规定的比例完全混合，减少了偶然发生的微量元素、维生素的缺乏或中毒现象。

3. 提高牛奶质量

粗饲料、精饲料和其他饲料均匀混合后，被奶牛统一采食，减少了瘤胃 pH 值波动，从而保持瘤胃 pH 值稳定，为瘤胃微生物创造了良好的生存环境，促进微生物的生长、繁殖，提高微生物的活性和蛋白质的合成率。改善饲料营养的转化率（消化、吸收），增加采食次数，奶牛消化紊乱减少和乳脂含量显著增加。

4. 降低疾病发生率

瘤胃健康是奶牛健康的保证，使用 TMR 后能预防营养代谢紊乱，减少真胃移位、酮血症、产褥热、酸中毒等营养代谢病的发生。

5. 提高繁殖率

泌乳高峰期的奶牛采食高能量浓度的 TMR 日粮，可在保证不降低乳脂率的情况下，维持奶牛健康体况，有利于提高奶牛受胎率及繁殖率。

6. 节省饲料成本

TMR 日粮使奶牛不能挑食，营养素能够被奶牛有效利用，与传统饲喂模式相比饲料利用率可增加 4%（Brianp，1994）；TMR 日粮的充分调制还能够掩盖饲料中适口性较差但价格低廉的工业副产品或添加剂的不良影响，为此每年可以节约饲料成本数万元。

7. 降低管理成本

采用 TMR 饲养管理方式后，饲养工不需要将精饲料、粗饲料和其他饲料分道发放，只要将料送到即可。采用 TMR 后管理轻松，降低管理成本。

三、TMR 饲养技术关键点

1. 干物质采食量预测

根据有关公式计算出理论值，结合奶牛胎次、泌乳阶段、体况、乳脂和乳蛋白，以及气候等推算出奶牛的实际采食量。

2. 奶牛合理分群

对于大型奶牛场，泌乳牛群根据泌乳阶段分为早、中、后期牛群，干奶早期、干奶后期牛群。对处在泌乳早期的奶牛，不管产量高低，都应该以提高干物质采食量为主。对于泌乳中期的奶牛产奶量相对较高或很瘦的奶牛应该归入早期牛。对于小型奶牛场，可以根据产奶量分为高产、低产和干奶牛群。一般泌乳早期和产量高的牛群分为高产牛群，中后期牛分为低产牛群。

3. 奶牛饲料配方制作

根据牧场实际情况，考虑泌乳阶段、产量、胎次、体况、饲料资源特点等因素制作配方。考虑各牛群的大小，每个牛群可以有各自的 TMR，或者制作基础 TMR + 精料（草料）的方式满足不同牛群的需要。此外，在 TMR 饲养技术中能否对全部日粮进行彻底混合非常关键，因此牧场必须具备能够进行彻底混合的饲料搅拌设备。

四、TMR 搅拌机的选择

1. TMR 搅拌机容积的选择

根据奶牛场的建筑结构、喂料道的宽窄、牛舍高度和牛舍入口等来确定合适的 TMR 搅拌机容量；其二是根据牛群大小、奶牛干物质采食量、日粮种类（容重）、每天的饲喂次数以及混合机充满度等选择混合机的容积。

2. TMR 搅拌机机型的选择

最好选择立式混合机，与卧式相比优势明显。其一草捆和长草无需另外加工；其二混合均匀度高，能保证足够的长纤维刺激瘤胃反刍和唾液分泌；其三搅拌罐内无剩料，卧式剩料难清除，影响下次饲喂效果；其四机器维修方便，只需每年更换刀片；其五使用寿命较卧式长（15 000 次／8 000 次）。

3. TMR 搅拌机性能的选择

在对 TMR 搅拌机进行选择时，同样要考虑设备的耗用，包括节能性能、维修费用以及使用寿命等因素。

五、TMR 生产与应用的要点

1. 合适的填料顺序

一般立式混合机是先粗后精，按照干草、青贮、糟渣类、精饲料顺序加入。

2. 混合时间

边加料边混合，物料全部填充后再混合 3~6 分钟，避免过度混合。

3. 物料含水率

为保证物料含水率40%~50%，可以加水或精料泡水后加入。

4. 保持日常记录

每天记录每次的采食情况、奶牛食欲、剩料量等，以便于及时发现问题，防患于未然；每次饲喂前应保证有 3%~5% 的剩料量，还要注意 TMR 日粮在料槽的一致性（采食前/采食后）和每天保持饲料新鲜，及时推料。

总之，TMR 技术是我国奶牛养殖业走向现代化、科学化的必由之路。国外对 TMR 饲养技术的研究和应用已较广泛，且多已取得了较为理想的效果。毋庸置疑，随着我国奶牛养殖业规模化、集约化和现代化步伐的加快，我国也将出现大批新型的 TMR 牧场。

第二节　全混合日粮（TMR）的制作设备

一、TMR 混合机

TMR 技术是根据营养专家设计的日粮配方，用特制的搅拌机对日粮各组分进行搅拌、切割、混合和饲喂的一种先进的饲养工艺。

TMR 技术最大的优点是保证了奶牛所采食每一口饲料都具有均衡的营养，达到这个目的，必须选择合适的 TMR 设备。

奶牛场实现 TMR 技术的设备主要分为两类：一类是通过拖拉机等动力设备牵引或自走式 TMR 混合机（图 6-1、图 6-2），该设备按添加顺序分别装载各饲料组分，经搅拌、混合后直接投放到奶牛饲槽；另一类是在饲料车间安装固定式 TMR 混合机，由人工或装载机按添加顺序分别装载各饲料组分，搅拌混合后再借助中间运输设备将 TMR 运送到牛舍饲喂（图 6 - 3），牵引式机型未配备牵引设备则形成移动固定兼用型饲料搅拌机（图 6 - 4）。

图 6 - 1   牵引式 TMR 饲料搅拌喂饲机

图 6 - 2   自走式 TMR 饲料搅拌喂饲机

TMR 技术的核心设备为混合机。混合机可以简单的分为以下几类。

1. 卧式螺旋混合机

卧式螺旋混合机通过 1 ~ 4 个水平螺旋搅龙混合（图 6 - 5、图

图 6 - 3　固定式 TMR 饲料搅拌机

图 6 - 4　移动、固定兼用式 TMR 饲料搅拌机

6 - 6）。对于多搅龙混合机，通过搅龙的反向旋转搅拌饲料，搅龙锋
利的边缘将长干草切断为 8 ~ 10 厘米的碎草。有些卧式螺旋混合机
不能很好地处理干草和裹包青贮牧草，长的牧草容易缠绕到搅龙上。
由于此类搅拌机将饲料强力推动，使其在整个搅拌舱内运动，同时
辅以切割作用，如果不能按照要求操作，容易造成日粮粒度过小，

影响奶牛反刍。

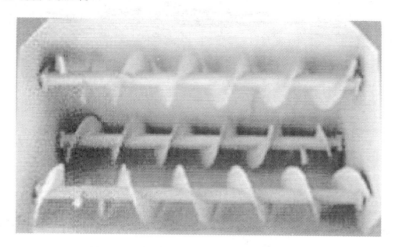

图 6 – 5　卧式螺旋混合机搅拌仓内部结构图

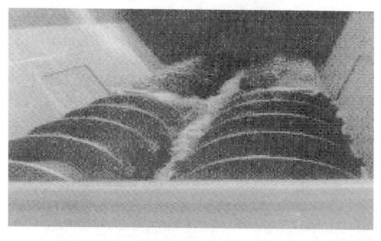

图 6 – 6　卧式螺旋混合机搅拌仓内部结构

2. 立式螺旋混合机

立式螺旋混合机舱内中央有 1 ~ 2 个垂直搅龙或锥形螺旋，通过底部齿轮驱动旋转，借助螺旋锋利的边缘的移动和固定刀片切短长草。此类混合机对长干草处理能力较强，有些机型可以直接处理大的干草捆和裹包青贮，但设备价格较高。对于粗饲料全为干草的日粮，通过加水或添加酒糟等含高水分副产品后能很好地进行混合，见图6-7、图6-8。

图6-7　立式单螺旋混合机搅拌仓内部结构

3. 桨叶螺旋混合机

桨叶螺旋混合机通常由一对螺旋搅龙和一带盘组成。通过带盘的转动将饲料提升到螺旋搅龙，由螺旋搅龙切短出料。由于对长干草和草捆不能较好地切割，有些机型需要配备专门的长干草和草捆处理设备。

4. 滚筒式或桨叶式混合机

滚筒式或桨叶式混合机主要用于混合日粮，不具备切割干草和大块饲料的功能，使用保护性饲料原料（如包被氨基酸等）非常有利，但干草等必须用其他设备先铡短切碎后装入。此类设备价格便

图6-8　立式双螺旋混合机搅拌仓内部结构图

宜，与相同工作效率的其他类型混合机相比耗能低，通常是固定安装在饲料车间使用。目前已经逐步被螺旋混合机和带盘式混合机所代替。

二、TMR 混合机型的选择

TMR 混合机通常标有最大容积和有效混合容积，前者表示混合舱内最多可以容纳的体积，后者表示达到最佳混合效果所能添加的饲料体积。有效混合容积高度基本上是到舱内搅拌设备（螺旋搅龙等）的顶部，等于最大容积的70%~80%。在 TMR 制作中，饲料添加量超过有效混合容积，会导致混合时间增加、混合均一性降低等问题。

选择合适尺寸的 TMR 混合机时，主要考虑奶牛干物质摄入量、分群方式及其群体大小、日粮组成和容重、环境变化等。所选择的混合机既要能满足奶牛场中最大规模饲喂群体（如产奶牛群）的需求，同时尽量兼顾小型牛群（如干奶牛群、青年牛群等）日粮的供应，还要考虑到未来扩大养殖规模的要求。对于 3 次饲喂和 2 次饲喂，前者每批次 TMR 供应量是后者的2/3。夏季奶牛早晚凉爽时可能要供给全天日粮的70%，日粮一次供应量相应增大。对于常年均衡使用青贮饲料的日粮，TMR 水分相对稳定到 50% ~ 60% 比较理想，此时日粮容重为 275 ~ 320 千克/米³。但有些奶牛场可能会用到大量干草、秸秆，此时日粮容重下降，相应地需要较大的混合机等。

三、TMR 混合机的附属设备

1. 配套动力

自走式 TMR 混合机自备动力；而对于固定式 TMR 混合机、移动固定兼用型 TMR 混合机则应配备配套电机或柴油机；而对牵引式 TMR 混合机来讲，拖拉机是必备的附属设备。生产中必须选择相应功率（马力）的拖拉机（表 6-1）。

表 6-1 与牵引式 TMR 混合机相匹配的拖拉机

TMR 混合机 有效混合容积（米³）	2.4	4.8	7.1	9.5	11.9	14.3	16.7
匹配拖拉机（马力）	75	75	100	125	125	150	150

国产牵引式机型配套马力见表 6-2。

表 6-2 牵引式 TMR 饲料搅拌机配套动力表

产品类型	规格型号	容积（米³）	马力（PS）	外形尺寸（长×宽×高）
移动式 饲料搅拌机	SYJ-8	8	25	3 100 × 1 750 × 1 986
	SYJ-11	11	45	3 770 × 1 750 × 1 986
	SYJ-136	13	50	4 300 × 1 750 × 1 986
	SYJ-16	16	75	4 800 × 1 750 × 1 986

国产固定式 TMR 饲料搅拌机匹配动力见表 6-3。

2. 自动称量设备

带有电子自动称量器的 TMR 混合机可以控制每种组分添加量，保证每批 TMR 组成的稳定。电子称量器的数字键盘可以输入每种组分的实际供应量，也可以每完成一种原料的添加后清零，及时观察实际填入量。使用者应该注意自动称量装置的最小分辨率，确定使用量较小的原料称量的准确性。对于使用量过小的原料，可以单独用更精密称量设备称量后直接加入混合仓。为了保证称量装置的准确性，需要定期（一般为1周）校准称量设备。简单的方法是，在上料前、中、后3个环节加入已知重量（25千克）的精饲料，检查称量设备是否可以准确识别（图6-9）。

表6-3　固定式TMR饲料搅拌机配套动力

产品类型	规格型号	容积（米³）	功率（千瓦）	外形尺寸（长×宽×高）
固定式饲料搅拌机	SGJ-5	5	15	2 600×1 620×1 890
	SGJ-8	8	20	3 100×1 700×2 030
	SGJ-116	11	30	3 700×1 700×2 030
	SGJ-13	13	37	4 300×1 700×2 030
	SGJ-16	16	40	4 768×1 700×2 030
	SGJ-20	20	55	5 950×1 700×2 030

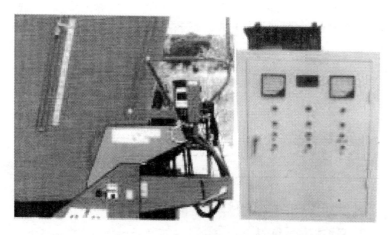

图6-9　TMR机计量、秤重装置

3. 磁选装置

在TMR混合机出料口安装磁铁，用以吸取铁钉、铁丝等金属杂质，用以减少对奶牛消化道损伤以及创伤性网胃心包炎等疾病的发生（图6-10）。

图6-10　TMR机磁选装置

第三节　应用 TMR 日粮的注意事项

1. 全混合日粮（TMR）品质

全混合日粮的质量直接取决于所使用的各饲料组分的质量。对于泌乳量超过10吨的高产牛群，应使用单独的全混合日粮系统。这样可以简化喂料操作，节省劳力投入，增加奶牛的泌乳潜力（图6-11、图6-12）。

2. 适口性与采食量

刚开始投喂 TMR 时，不要过高估计奶牛的干物质采食量，否则会使设计的日粮中营养物质浓度低于需要值。可以通过在计算时将采食量比估计值降低5%，并保持剩料量在5%左右来平衡TMR。

3. 原材料的更换与替代

为了防止消化不良，TMR的营养物质含量变化不应超过15%。与泌乳中后期奶牛相比，泌乳早期奶牛使用TMR更容易恢复食欲，泌乳量恢复也更快。更换TMR时，泌乳后期的奶牛通常比泌乳早期的奶牛减产更多。

4. 奶牛的科学组群

一个TMR组内的奶牛泌乳量差别不应超过9~11千克（4%乳脂）。产奶潜力高的奶牛应保留在高营养的TMR组，而潜力低的奶牛应转移至较低营养的TMR组。如果根据TMR的变动进行重新分群，应一次移走尽可能多的奶牛。白天移群时，应适当增加当天的饲料喂量；夜间转群，应在奶牛活动最低时进行，以减轻刺激。

5. 科学评定奶牛营养需要

饲喂TMR还应考虑奶牛的体况得分、年龄及饲养状态。当TMR超过一组时，不能只根据产奶量来分群，还应考虑奶牛的体况得分、年龄及饲养状态。高产奶牛及初产奶牛应延长使用高营养TMR的时间，以利于初产牛身体发育和高产牛对身体贮备损失的补充。

6. 饲喂次数与剩料量分析

TMR每天饲喂3~4次，有利于增加奶牛干物质采食量。TMR的适宜供给量应大于奶牛最大采食量。一般应将剩料量控制在5%~10%，过多过少都不好。没有剩料可能意味着有些牛采食不足，过多则会造成饲料浪费。当剩料过多时，应检查饲料配合是否合理，以及奶牛采食是否正常。

第四节　奶牛的营养需要与日粮配合

一、奶牛的营养需要

1. 干物质需要

干物质的进食量是配合日粮的一个重要指标，尤其对于产奶牛更是如此。对于高产奶牛如果 DMI（干物质进食量）不能满足，会影响体重，继而降低产奶量。

（1）影响奶牛干物质进食量的因素　影响牛对干物质进食量的因素较多，如体重、泌乳阶段、产奶水平、饲料质量、环境条件、管理水平等。日粮中不可消化干物质是反刍动物饲料进食量的主要限制因素。一定限度内，干物质进食量随日粮消化率的上升而增加，当以粗饲料作为日粮的主要成分时，瘤胃的充满程度是干物质进食量的限制因素；当饲喂消化率高的日粮时，进食能量平稳，而干物质进食量实际上降低，此时代谢率成为干物质进食量的限制因素；干物质消化率在 52% ~ 68% 时，其进食量随干物质消化率而增加；当消化率超过 68% 时，采食量则与牛的能量需要量相关，而母牛能量需要量主要由它的产奶水平所决定。

奶牛在泌乳早期并不像泌乳晚期消耗那么多的饲料，尽管母牛在这期间泌乳水平可能相同。奶牛的干物质进食量在泌乳的前 3 周比泌乳后期约低 15%，干物质的进食量在泌乳开始的最初几天最低。产奶高峰通常发生在产后 4 ~ 8 周，而最大干物质进食量却在 10 ~ 14 周，最大干物质进食量相对于泌乳高峰的向后延迟引起泌乳早期能量的负平衡。因此，母牛必须动用体组织，特别是体脂以克服能量的不足，这也就是泌乳早期奶牛体重下降的原因。

一般情况下，产犊后 7 ~ 15 天每 100 千克体重干物质进食量为 1.5 ~ 2.0 千克，而泌乳中期可达 3.5 ~ 4.5 千克，高产奶牛甚至可高达 4.0 ~ 4.5 千克，整个泌乳期平均每 100 千克体重进食 2.5 ~ 3.0 千克干物质。

当进食量受日粮在牛的消化道中充满程度限制时，不同日粮消化率的干物质进食量可按下面公式计算。

偏精料型日粮即精粗比为60∶40时：

DMI（千克/日·头）＝0.062×$W^{0.75}$＋0.40×（标准奶量）

偏粗料型日粮（45∶55）和日产奶量在35千克以上的高产奶牛按下式计算：

DMI（千克/日·头）＝0.062×$W^{0.75}$＋0.45×（标准奶量）

或DMI＝5.4×体重/500×不可消化干物质的百分率

应用这一公式，消化率为52%～75%的日粮，预测干物质的进食量为体重的2.25%～4.32%。

增加日粮中谷物和其他精饲料的比例，将对粗饲料干物质进食量产生巨大影响。实践证明，当精料比例小于10%时，随着谷物饲料的添加，粗料干物质的进食量增加；而当日粮中精料比例由10%上升到70%时，增加精料会导致粗料干物质进食量下降。此外，由于粗料干物质进食量的下降还会导致瘤胃发酵不足，进一步影响乳脂率，继而伴随产奶量的下降和"脂肪牛"综合征。

当日粮主要由经过发酵的饲料组成时，干物质进食量会降低，这些均因缩短采食时间和降低采食量而引起。日粮中水分含量对干物质进食量也有一定影响，水分含量超过50%，总的干物质进食量降低。就水分对干物质进食量的影响来说，牧草或青刈饲料要比青贮或其他经过发酵的饲料小。

（2）干物质进食需要量　干物质进食量用于维持、产奶及补偿在泌乳早期所损失体重的产奶净能（NEL）需要。如果母牛没有采食到所需要的干物质，而且日粮浓度未增加时，能量进食量将少于需要量，结果导致体重和产奶量下降；若母牛干物质进食量超过需要量，则母牛会变肥，当然这种情况一般发生在产奶量较低时。一般而言，日产奶量在20～30千克的高产奶牛日进食日粮干物质应为其体重的3.3%～3.6%；日产奶量在15～20千克的中产奶牛为2.8%～3.3%；日产奶量在10～15千克的低产奶牛为2.5%～2.8%。为满足泌乳牛中后期及标准增重时维持和产奶的营养供给，干物质进食需要量以奶牛饲养标准提供的数据为准。

2. 奶牛能量的需要

能量不足会导致泌乳牛体重和产奶量的下降，严重的情况下将导致繁殖机能衰退，奶牛能量的需要可以分为维持、生长、繁殖（怀孕）和泌乳几个部分。

（1）能量单位　日粮的能量指标包括消化能（DE）、代谢能（ME）、维持净能（NEM）、增重净能（NEG）和产奶净能（NEL）等。奶牛能量单位（NND）以生产 1 千克含脂率 4% 标准乳需要3.138 千焦耳的 NEL 为 1 个奶牛能量单位（NND）。

（2）维持能量需要　母牛的维持能量需要量取决于动物的运动，相同品种、相同体重母牛的维持需要量可能不同，甚至在控制运动的条件下也是如此，其变化可达 8% ~ 10%。通常根据基础代谢估计维持需要，在这个值上再增加 10% ~ 20% 的运动量，即维持的净能需要为：$70 \times W^{0.75}$（1 + 20% ~ 50%）

牛的维持能量需要以适宜的环境温度为标准，低温时，体热的损失增加。在 18℃ 基础上每降低 1℃，则牛体产热每天增加 2.51 千焦/（体重）$^{0.75}$，因此低温要提高维持的能量需要。

（3）生长能量需要　牛的增重净能需要量等于体组织沉积的能量，沉积的总能量是增重与沉积组织的能量浓度的函数。沉积组织的能量浓度受牛生长率、生长阶段或体重的影响。增重的能量沉积用呼吸测热法或对比屠宰实验法测定。奶牛的生长能量需要可分为非反刍期和反刍期，常用消化能（DE）表示。

① 非反刍期。

DE［兆焦/（头·日）］ $= 0.736W^{0.75}$［1 + 0.58 × 日增重（千克）］

后备犊牛应在出生的第一个月内喂奶或代乳料，饲喂更长一段时间的液体饲料尽管可以减少疾病和死亡，但应在牛较小的时候喂给足够量的粗饲料和精饲料，以获得正常的维持生长。

② 反刍期。根据牛的体重、增重及活重计算如下。

200～275 千克：$DE = 0.497 \times 2.428^G \times W^{0.75}$

276～350 千克：$DE = 0.483 \times 2.164^G \times W^{0.75}$

351～500 千克：$DE = 0.589 \times 1.833^G \times W^{0.75}$

G 为增重，由于增重时代谢能的利用率仅为 $30\% \sim 40\%$，而代谢能 $ME = 0.86NE$，则：

NE（克）$= (30\% \sim 40\%) \times ME = (0.26 \sim 0.34) DE$

（4）泌乳与繁殖（怀孕）母牛的能量需要　母牛在泌乳期间需要相当大的能量，其需要量仅次于水，奶牛对能量的需要，主要决定于泌乳量和乳脂率，同时注意奶牛体重的变化情况。我国奶牛饲养标准规定，体重增加 1 千克相应增加 8 个 NND。失重 1 千克相应减少 6.55NND。泌乳时，每产 1 千克含脂率 4% 的奶，需 3.138 兆焦产奶净能，作为一个 NND。能量主要来源于饲料中各种营养物质，特别是碳水化合物，如果饲喂量不足，营养不全，能量供给低于产奶需要时，泌乳牛将会消耗自身营养转化为能量，维持生命与繁殖需要，以保证胎儿的正常生长发育。

牛奶所含能量可直接用测热器测得，也可按牛奶养分含量和单位养分的热值进行计算。

产奶净能需要量/日 = 每千克牛奶含能量 × 日泌乳量

繁殖期，体重 550 千克的妊娠母牛，妊娠期后 4 个月（妊娠第 6、7、8、9 月）时，每日需要的能量按产奶净能计分别为 44.56、47.49、52.93 和 61.30 兆焦，如妊娠第 6 个月尚未干奶，则再增加产奶的能量需要，按每千克标准乳需要产奶净能 3.14 兆焦供给。

3. 奶牛粗蛋白质的需要

从消化的蛋白质中吸收必需氨基酸对于奶牛的维持、繁殖、生长和泌乳至关重要，这些氨基酸来源于非降解的日粮蛋白或瘤胃合成的微生物蛋白。实际上，作为能量来源而饲喂奶牛的日粮中所含有的蛋白质提供了一些非降解日粮蛋白，这些蛋白加上由添加的非蛋白氮所产生的微生物蛋白，足够每天生产 20 千克奶的需要。随着产奶量的增加，较大量地来自于蛋白补充料。外加日粮蛋白必须是非降解的，这样才能满足牛对蛋白质的需要。

（1）维持需要量　奶牛维持的蛋白质需要量，是通过测定奶牛在绝食状态时体内每日所排出的内源性的尿氮（EUN）、代谢性的粪氮（MFN）以及皮、毛等代谢物中的含氮量计算得出。

奶牛的维持净蛋白消耗为 $2.1W^{0.75}$，按粗蛋白消化率 75% 和生物学价值 70% 折合，维持时的可消化粗蛋白质需要量：［克／（日·头）］为 $3.0W^{0.75}$，粗蛋白质则为 $4.6W^{0.75}$，也有资料指出粗蛋白质为 $3.35W^{0.75}$。

（2）生长的粗蛋白质需要量　在维持基础上，成年牛每增加 1 千克体重需要粗蛋白质 320 克。

体重 100 千克以上的生长牛，可消化粗蛋白质的利用效率规定为 46%，体重 100 千克以下的为 50%~60%，饲料配制时要求包括维持需要在内，犊牛哺乳期间其蛋白质水平为 22%，犊牛期为 18%，3~6 月龄犊牛为 16%，6~12 月龄生长牛为 14%，12~18 月龄生长牛为 12%。

（3）奶牛妊娠的蛋白质需要量　在维持基础上，可消化的粗蛋白质供给量，妊娠 6 个月时为每日 77 克、7 个月时为 145 克、8 个月时为 255 克、9 个月时为 403 克。

（4）泌乳奶牛的蛋白质需要量　蛋白质是产奶母牛所必需的重要营养物质，喂给蛋白质的数量过多或过少，都会影响成年奶牛产奶量。日粮中缺少蛋白质时，奶牛食欲不振，体重减轻，泌乳量下降，生活力减弱；日粮中蛋白质过多时，则会加重奶牛肾脏负担，增加尿中含氮量，多余的蛋白质在瘤胃内会被分解成氨基酸，经脱氨基作用生成氨，转入肝脏合成尿素由尿排出，造成浪费。产奶时蛋白质需要量取决于奶内蛋白质含量、进食饲料中粗蛋白质量及可消化蛋白质的量。正常情况下，奶牛对日粮中粗蛋白质消化率为75%，可消化粗蛋白用以合成乳蛋白质的利用率为 70%，以 1 千克标准奶中含奶蛋白 34 克计，则生产 1 千克标准奶需粗蛋白 65 克或可消化粗蛋白 49 克。

4. 矿物质的需要量

在母牛日粮中尽管矿物质所占比例极小，但它对奶牛机体正常代谢作用很大。奶牛的骨骼和牛奶的形成，均需要矿物质，特别是钙和磷。实际饲养条件下，通常需要在日粮中补加多种矿物质元素，以满足奶牛的需要。一些必需的矿物质元素是奶牛机体器官和组织的结构成分、金属酶的组成成分或作为酶和激素系统中的辅助因子。所有的必需矿物质元素过量，都对动物造成有害的后果。饲养标准中提到矿物质元素的最大耐受水平，是指以该水平饲喂动物一定时间内是安全的，不损害动物，且在该动物生产的人类食品中不存在有害的残留风险。一旦超过最大耐受量，即可造成危害。

矿物质元素可分为两大类，常量元素和微量元素，常量元素指那些需要量较大和在动物体组织内比例较高的矿物质，如钙、磷、钠、氯、钾、镁和硫等；微量元素即是那些需要量较小，在动物体组织内含量较低的元素，如钴、碘、铜、铁、锰、钼、硒和锌等。

（1）钙和磷的需要量　日粮中的钙、磷配合比例不当，会使泌乳母牛出现钙的负平衡，引起机体代谢失调，造成肢蹄、繁殖等代谢障碍性疾病，给生产带来损失。机体内的钙约98%存在于骨骼和牙齿中，接近体重的2%，其余2%的钙广泛分布于软组织和细胞外液。钙在身体内的去向包括组织的沉积（主要指骨组织）、奶和粪、尿及汗中的分泌。钙损失的主要途径是粪，尿钙的损失较少。钙的利用率随钙进食量增加而下降，当钙的进食量超过动物的需要量时，不论钙的可利用率如何，其吸收率都降低。有效钙的需要量为维持、生长、妊娠和泌乳需要的总和。

① 成年母牛钙的需要量：

维持需要：维持钙（克/日）$= (0.0154W) \div 0.38$

产奶需要：产奶钙（克/日）$= (0.0154W + 1.22F) \div 0.38$

F 为含脂肪4%的标准奶（千克/日），W 为体重（千克）。

维持妊娠最后两个月钙需要量：

钙（克/日）$= (0.0154W + 0.0078C) \div 0.38$

其中：C 为胎儿增重，它相等于 $1.23W$（克/日）

② 生长母牛钙的需要量

体重 90 ~ 250 千克：钙（克/日）＝ 8. 0 + 0. 0367W + 0. 00848WG

体重 250 ~ 400 千克：钙（克/日）＝ 13. 4 + 0. 0184W + 0. 00717WG

体重 400 千克以上：钙（克/日）＝ 25. 4 + 0. 00092W + 0. 0036WG

其中：W 为体重（千克），WG 为日增重（克）

泌乳期奶牛钙、磷消耗不均衡。泌乳初期奶牛易出现钙、磷负平衡；随着泌乳力下降，钙、磷趋向平衡；到后期，钙、磷有一定沉积。为此应注意在后期适量增加高于产奶和胎儿所需要的钙、磷，以弥补前期的损耗和增加骨组织的贮存。

磷的维持需要量可按每千克活重 4. 5 克计算，泌乳时以每千克标准乳（含脂 4%）补充 3 克计算。日粮中钙、磷比例应为（1. 5 ~ 2. 0）：1。

（2）食盐的需要量　食盐主要由钠和氯组成，钠在维持体液平衡、渗透压调节和酸碱平衡中发挥作用，一般钠适当时，氯的需要量也适当。分泌到奶中的钠是泌乳牛总钠需要量中一个较大的部分，非泌乳牛的需钠量较低，泌乳牛日粮钠的需要量约占日粮干物质的 0. 18%（相当于 0. 46% 氯化钠），非泌乳牛的需要量约占日粮干物质的 0. 1%（相当于 0. 25% 氯化钠）。

需要说明的是，栽培牧草营养丰富，但含钠少，必须适量添加食盐。

奶牛维持需要的食盐量约为每 100 千克体重 3 克，每产 1 千克标准乳供给 1. 2 克。

（3）钾、镁、硫的需要量

① 钾是动物体组织的第三大矿物元素，可调节渗透压、水的平衡，对氧和二氧化碳的运输、肌肉收缩也有特殊功能。泌乳牛钾的最小需要量约占日粮干物质的 0. 8%，应激特别是热应激时应增加钾的补充，可增加至 1. 2%。栽培牧草钾含量丰富，一般不需另外添加。

② 镁是骨骼的主要成分，在神经、肌肉传导活动中起一定作用。奶中含有大量的镁，因此随母牛的产奶水平提高可适当增加日粮中镁含量。母牛的维持需要量为 2.0 ~ 2.5 克有效镁，在此基础上每产 1 千克奶需增加 0.12 克。泌乳早期的高产奶牛，镁的需要量可按日粮的 0.25% ~ 0.30% 计算。对于施氮肥或钾肥牧草生长茂盛的草地上，凉爽季节放牧的泌乳母牛、老母牛易发生低血镁症，引起抽搐，可适当补饲镁。

③ 硫是奶牛体蛋白和几种其他化合物的必需成分，还是蛋氨酸和 B 族维生素的组成成分，无机的硫酸钠、硫酸钾、硫酸铵、硫酸镁等可用做硫的添加剂。以 0.20% 的硫水平在高产奶牛日粮中添加硫酸钠、硫酸钙、硫酸钾等均可维持最适硫平衡。

（4）微量元素　微量元素的需要量少，但对生理代谢有着重要作用，建议根据实际生产情况，应用市售预混料提供。

5. 奶牛维生素的需要量

维生素是奶牛维持正常生产性能和健康所必需的营养物质。维生素可分为脂溶性和水溶性两大类，脂溶性包括维生素 A、维生素 D、维生素 E、维生素 K，水溶性维生素包括 B 组维生素和维生素 C。

奶牛瘤胃内微生物可合成维生素 K、维生素 C 和 B 族维生素，一般情况下可满足需要。而脂溶性维生素 A、维生素 D、维生素 E 必须由外源性饲料补充。

（1）维生素 A　需要量一般以胡萝卜素来表示，1 毫克 β-胡萝卜素相当于 400 个国际单位的维生素 A，生长牛每 100 千克体重需要 10.6 毫克 β-胡萝卜素，繁殖和泌乳牛每 100 千克体重为 19 毫克（7600 国际单位维生素 A）。

缺乏维生素 A 可引起上皮组织角质化，牛易患感冒，常发生下痢、肺炎、无食欲、消瘦等。

（2）维生素 D　反刍家畜有两个主要的天然维生素 D 来源，家畜皮下的 7-脱氢胆固醇在日光照射下转化为维生素 D_3 和植物含有的麦角固醇经日光照射转化为维生素 D_2。中产奶牛建议补充 1.0 万 ~ 1.5 万国际单位维生素 D，而高产奶牛建议补充 2.0 万国际单位，生长牛的推荐量为 660 国际单位/100 千克体重。

缺乏维生素 D 首先是影响日粮钙、磷的利用，产奶量等生产水平降低，进而可导致骨骼钙化不全，引起犊牛佝偻病和成年牛的软骨病等。

（3）维生素 E　主要作为生物抗氧化剂和游离基团清除剂的作用。正常情况下维生素 E 的日需要量为每天 150 毫克 α-生育酚或按每千克饲粮含维生素 E15 国际单位补喂。

维生素 E 缺乏症一般以肌肉营养不良性病变为特征，首先是影响动物的繁殖机能。对犊牛而言，最初症状包括腿部肌肉萎缩引起犊牛后肢步态不稳，系部松弛和趾部外向，舌肌组织营养不良，损害犊牛的吮乳能力。维生素 E 和硒有协同作用，有些缺乏症如白肌病，用维生素 E 和硒预防和治疗都有效果。

6. 水的需要

水是奶牛必需的营养物质，在维持体液和正常的离子平衡、营养物质的消化、吸收和代谢，代谢产物的排出和体热的散发，为发育中的胎儿提供流动环境和营养物质输送都需要水。奶牛需要的水来源于自由饮水、饲料中的水和有机营养物质代谢形成的代谢水。奶牛体内的水经唾液、尿、粪和奶，经出汗、体表蒸发和呼吸道排出体外，牛体内水的排出量受牛的活动、环境温度、湿度、呼吸率、饮水量、日粮组成和其他因素的影响，母牛缺水时遭受的损害比缺乏其他营养物质更为迅速和严重。牛的饮水量受干物质进食量、气候条件、日粮组成、水的品质和牛的生理状态的影响，母牛的饮水量与干物质进食量呈正相关。气温升高，饮水量增加，温度达到 27~30℃，泌乳母牛的饮水量发生显著的变化；母牛在高湿条件下的饮水量少于低湿条件下。但干物质进食量、产奶量、环境温度和钠进食量是影响饮水量的主要因素。

水的需要量计算比较复杂，通常以随时提供奶牛自由饮水的方式满足水的需要。

二、奶牛的饲养标准

（一）饲养标准的概念

饲养标准是营养学家对科学试验和生产实践的总结，为生产实践中合理设计饲料提供技术依据。奶牛饲养标准是对奶牛所需要的各种营养物质的定额规定。

饲养标准中对不同奶牛种群包括奶牛品种、性别、年龄、体重、生理阶段、生产水平与目标、不同环境条件下的各种营养物质的需求量做出定额数值。提供的营养指标主要有干物质、能量、蛋白质（粗蛋白质、可消化粗蛋白质、小肠蛋白）、粗脂肪、粗纤维、钙、磷、各种矿物质元素和维生素等，这些营养指标的不足和过量均会影响奶牛生产性能。

（二）饲养标准的使用

根据不同奶牛的不同生理特点及营养需要，按照饲养标准科学搭配草料、配制日粮。要特别注意，奶牛的能量和蛋白质的需求量，应随环境等条件变化进行调整。青年牛能量和蛋白质供给不足将导致生长受阻和初情期延迟；泌乳牛能量和蛋白质供给不足，将导致产奶量下降，严重的长期能量和蛋白质不足还可引起繁殖机能衰退，抗病力下降，甚至危及生命。

对于中低产奶牛，配制日粮蛋白质时，只考虑粗蛋白即可。而高产奶牛对日粮蛋白质具有特殊要求，因而不仅要满足粗蛋白要求，还应考虑粗蛋白质的瘤胃降解度，即过瘤胃率，要满足瘤胃非降解蛋白的需要量。

奶牛日粮需要补充维生素A、维生素D、维生素E。瘤胃微生物可合成维生素K和B族维生素，因此除幼龄反刍家畜动物，一般不会缺乏这些维生素。而脂溶性维生素必须由日粮提供，在种草养牛生产中，奶牛日粮中有相当数量的优质饲草，一般也不会缺乏维生素A、维生素D、维生素E。因为优质牧草中含有维生素A前体物

（β-胡萝卜素）和维生素 E，干草中有维生素 D，如果饲喂青贮饲料或缺乏阳光照射，就需要适量添加脂溶性维生素。

奶牛饲养标准将奶牛的产奶、维持、增重、妊娠和生长所需能量均统一用产奶净能表示（饲料能量转化为牛奶的能量称产奶净能）；奶牛能量单位，汉字拼音缩写成 NND，是生产 1 千克含脂 4% 的标准乳所需的能量，即 3.138 千焦产奶净能称作一个"奶牛能量单位"。在配制日粮中，可选用产奶净能或奶牛能量单位其中一个指标即可。

三、奶牛的日粮配合

日粮是指一昼夜内一头奶牛所采食的饲料量，平衡日粮所提供的营养，按其比例和数量，可以适当地提供动物 24 小时的营养总量。此外，需要的营养必须包括在干物质总量中，动物能在 24 小时内吃完，否则不能认为日粮平衡。日粮是根据饲养标准所规定的各种营养物质的种类、数量和奶牛的不同生理要求与生产水平，以适当比例配合而成。日粮中各种营养物质的种类、数量及其相互比例，能满足奶牛不同生长发育阶段的营养需要，又称为平衡日粮或叫全价日粮。

（一）日粮配合原则

1. 营养性

饲料配方的理论基础是动物营养原理，饲养标准则概括了动物营养学的基本内容，列出了正常条件下动物对各种营养物质的需要量，为制作配合饲料提供了科学依据。然而，动物对营养的需要受较多因素的影响，配合饲料时应根据当地饲料资源及饲养管理条件对饲养标准进行适当地调整，使确定的需要量更符合动物的实际，以满足饲料营养的全面性。

2. 安全性

制作配合饲料所用的原料，包括添加剂在内，必须安全当先，慎重从事。对其品质、等级等必须经过检测方能使用。发霉变质等不符合规定的原料一律禁用。对某些含有毒有害物质的原料应经脱毒处理或限量使用。

3. 实用性

制作饲料配方，要使配合日粮组成适应不同动物的消化生理特点，同时要考虑动物的采食量和适口性。保持适宜的日粮营养物质浓度与体积，既不能使动物吃不了，也不能使动物吃不饱，否则会造成营养不足或过剩。

4. 经济性

制作饲料配方必须保证较高的经济效益，以获得较高的市场竞争力。为此，应因地制宜，充分开发和利用当地饲料资源，选用营养价值较高的、而价格较低的饲料，尽量降低配合饲料的成本。

5. 原料多样性

配合日粮，饲料的种类要多样化。采用多种饲料搭配，有利于营养互补和全价性以及动物的适口性和提高消化利用率。

（二）奶牛饲料的选用顺序

一般而言，奶牛饲料的选用顺序为粗饲料、精饲料和补加饲料或添加剂饲料。

1. 粗饲料

包括青干草、青绿饲料、农作物秸秆等。具有容积大、纤维素含量高、能量较少的特点。奶牛日粮中粗饲料不能少于日粮干物质的50%，以维持奶牛的正常生理机能。奶牛日粮中的粗饲料一般要求2~3种以上，通常用量占日粮干物质的50%以上。

2. 精饲料

包括能量饲料、蛋白质饲料以及含有较多能量、蛋白质和较少纤维素的糟渣类饲料。用于满足奶牛的能量和蛋白质需要。能量饲料如玉米、麸皮、荞麦、高粱等谷类籽实及其加工副产品；蛋白质饲料如豆饼、麻饼、棉籽饼等，奶牛的精饲料要求由4~5种以上原料组成。一般情况下，用量不应超过日粮干物质的50%。

3. 补加饲料

包括矿物质等添加剂饲料。占日粮干物质的比例较小，但也是维持奶牛正常生长、繁殖、健康、生产所必需的营养物质。如食盐、钙、磷、微量元素、维生素等。

（三）日粮配合必备资料

1. 饲料原料的营养成分

饲养标准中包括不同奶牛的营养需要及常用饲料营养含量（饲料成分及营养价值）表（见附录），即每一种饲料的营养物质如能量、蛋白质、矿物质（钙、磷为主）及维生素的含量。不同来源的饲料由于存放时间、不同批次存在原料质量的差异，配合日粮时最好对所用原料进行饲料成分测定，以掌握所用原料的实际养分含量，提高配合日粮的准确性。

2. 奶牛饲养标准

不同生产水平、生理阶段的奶牛饲养标准，是奶牛配合日粮的基础依据，配合奶牛日粮时可参照最新版本的奶牛饲养标准。

3. 饲料原料的市场价格

配合日粮原材料的选择中，价格往往是要考虑的主要因素，也是限制配合日粮广泛应用的关键因素。因此选择原料时，尽可能充分利用当地资源，在满足营养需要的基础上，就地取材，选择价廉物美的原料，以降低成本。

（四）日粮配合的方法

① 从饲养标准中查得或计算得出目标奶牛总的营养需要量，如净能、粗蛋白质、粗纤维、矿物质及维生素的需要量等。由于需要养分种类多，无法逐一考虑，因此一般主要选择需要量最大的几种营养素。对牛可以优先考虑干物质、能量、蛋白质、钙和磷等五种。微量元素和维生素等可通过预混料提供。

② 先以青粗料为主，设定每天的需要量，通常情况下饲草干物质的摄入量与饲草种类、奶牛体重有较大关系，饲草干物质应占总

干物质进食量的 40% ~ 90%，再根据饲草中的营养成分，计算出所设定饲草喂量下，可提供的营养量。

③ 青粗料中营养不足的成分，以混合精料来满足，配制精料时，依据差值和当地饲料资源、成本，按比例配制，求出混合精料的需要量。最后配制出满足奶牛营养需要的日粮。

④ 添加适量的添加剂，根据饲养标准补加矿物质、维生素和少量微量元素等。

四、奶牛日粮配方参考

为方便应用，列举以苜蓿干草和青贮饲料为主要粗饲料的奶牛日粮配方如下。

体重 600 千克、日产奶 25 千克奶牛日粮配方（表 6 - 4）。

表 6 - 4　体重 600 千克、日产奶 25 千克奶牛日粮配方

饲料原料	日喂量/千克	占日粮/%	占精料/%
豆饼	1.6	4.5	15.5
植物蛋白粉	1.0	2.8	9.7
玉米	4.8	13.6	46.6
麦麸	2.5	7.1	24.3
谷草	2.0	5.7	—
苜蓿干草	2.0	5.7	—
玉米青贮	18.0	51	—
胡萝卜	3.0	8.5	—
食盐	0.1	0.3	1.0
磷酸钙	0.2	0.5	1.9
添加剂	0.1	0.3	1.0
合计	35.3	100.00	100.0

体重 600 千克、日产奶 20 千克奶牛日粮配方（表 6 - 5）。

表 6 - 5　体重 600 千克、日产奶 20 千克奶牛日粮配方

饲料原料	日喂量/千克	占日粮/%	占精料/%
菜籽粕	1.4	4.19	16.67
棉籽饼（或麻饼）	1.0	2.99	11.90
玉米	4.0	11.98	47.62
麦麸	1.6	4.79	19.05
玉米青贮	18.0	53.89	—
苜蓿干草	4.0	11.98	—
胡萝卜	3.0	8.98	—
食盐	0.1	0.30	1.19
磷酸钙	0.2	0.60	2.38
添加剂	0.1	0.30	1.19
合计	33.4	100.00	100.00

体重 600 千克、日产奶 15 千克奶牛日粮配方（表 6 - 6）。

表 6 - 6　体重 600 千克、日产奶 15 千克奶牛日粮配方

饲料原料	日喂量/千克	占日粮/%	占精料/%
菜籽粕	1.0	3.09	11.98
棉籽饼（或麻饼）	1.0	3.09	11.98
玉米	4.4	13.6	52.69
麦麸	1.6	4.9	19.16
玉米青贮	16.0	49.46	—
谷草	5.0	15.5	—
胡萝卜	3.0	9.3	—
食盐	0.10	0.3	1.20
磷酸钙	0.15	0.45	1.80
添加剂	0.10	0.30	1.20
合计	32.35	99.99	100.01

体重650千克、日产4%乳脂标准乳20千克成年奶牛日粮配方（表6-7）。

表6-7　体重650千克、日产4%乳脂标准乳20千克成年奶牛日粮配方

饲料原料	日喂量/千克	占日粮/%	占精料/%
棉籽饼	1.1	2.9	11.0
豆饼	1.0	2.6	10.0
玉米	3.9	10.3	39.0
麦麸	1.8	4.7	18.0
大麦	1.9	5.0	19.0
玉米青贮	15.0	39.5	—
青干草	3.0	7.9	—
豆腐渣	10.0	26.3	—
食盐	0.05	0.13	0.5
磷酸氢钙	0.25	0.66	2.5
合计	38.0	99.99	100.0

体重650千克、日产4%乳脂标准乳30千克成年奶牛日粮配方（表6-8）。

表6-8　体重650千克、日产4%乳脂标准乳30千克成年奶牛日粮配方

饲料原料	日喂量/千克	占日粮/%	占精料/%
玉米	5.72	11.7	52.0
麦麸	2.2	4.5	20.0
豆饼	2.64	5.4	24.0
玉米青贮	25.0	51.0	—
羊草	3.0	6.1	—
啤酒糟	10.0	20.4	—
食盐	0.055	0.1	0.5

（续表）

饲料原料	日喂量/千克	占日粮/%	占精料/%
石粉	0.055	0.1	0.5
磷酸氢钙	0.33	0.7	3.0
合计	49.0	100.0	100.0

干奶牛、育成牛日粮参考配方（表6-9）。

表6-9　干奶牛、育成牛日粮参考配方

饲料原料	日喂量/千克	占日粮/%	占精料/%
菜籽粕	0.5	1.58	8.85
麻饼	1.0	3.16	17.70
玉米	3.0	9.48	53.10
麦麸	1.0	3.16	17.70
玉米青贮	18.0	56.87	—
苜蓿干草	5.0	15.80	—
胡萝卜	3.0	9.48	—
食盐	0.05	0.16	0.88
磷酸钙	0.05	0.16	0.88
添加剂	0.05	0.16	0.88
合计	31.65	100.01	99.99

第七章 奶牛的饲养管理

为便于饲养管理，通常对奶牛生长发育过程划分为 3 个阶段，即犊牛、育成牛和成母牛阶段。一般出生到 6 月龄称作犊牛；6 月龄以上到第一胎分娩之前统称为育成牛；第一胎分娩后，开始泌乳，进入泌乳牛群，称成母牛阶段。奶牛的采食量大，生产效率高，必须按照奶牛的饲养标准，合理配制日粮，科学饲养管理。

第一节　奶牛的习性

奶牛属群居家畜，应将年龄、生理状况及生产水平等各方面较近似的牛归为一群。这样做，既便于饲养管理操作，又较易满足各类牛的营养需要，还可减少同群牛中个体差异引发的争斗等异常行为的发生。

一、奶牛的行为习性

奶牛的一般行为习性主要有：争斗行为、合群行为、好静性、好奇行为、护子行为等。

1. 争斗行为

公牛争斗性较强，母牛一般比较温顺，特别是高产奶牛。但在某些情况下，个别母牛在牛群中也好斗，特别是在采食、饮水和进出牛舍时以强欺弱。因而，在管理上要及时去角，以免抵伤他牛。

2. 合群行为

若干奶期母牛在一起组成一个牛群时，开始有相互顶撞现象，但一周后就能合群。母牛在运动场上往往三五头在一起结帮合队，但又不是紧靠在一起，而是保持一定距离。

3. 好静性

奶牛比较好静，不喜欢嘈杂的环境。强烈的噪声会使奶牛产生应激反应，产奶量会下降或产生低酸度的酒精阳性乳；但悦耳的音乐有利于泌乳性能的发挥。

4. 好奇行为

奶牛不怕生人，还表现出好奇性。当你经过牛舍饲槽前时，它会立即抬头观望，甚至伸头与你接近，好像表示欢迎。当你站在运动场边，发出吆喝声或敲打铁栏杆发出声响时，运动场内的母牛往往会迅速跑过来围观，年龄越小的牛好奇性越强。有时当兽医在运动场内给牛治病时，其他牛也往往跑过来围观。

5. 护子行为

与其他家畜一样，母牛也有护子行为。母牛有时在运动场产犊后，往往会驱赶欲靠近犊牛的其他母牛。当饲养员移走犊牛时，母牛往往会追赶，但不会攻击人。

二、奶牛的生理习性

奶牛的生理习性主要有：采食习性、反刍习性、饮水习性、爱洁习性、排粪尿习性和发情行为等。

1. 采食习性

牛采食时往往不加选择，狼吞虎咽。采食时不经仔细咀嚼即匆匆吞下，待休息时进行反刍。因此，饲喂块根饲料时不要过大、过圆，最好切成片状或铡碎后饲喂，否则容易发生食道阻塞。饲喂草料时，要注意清除铁钉、铁丝等尖锐金属异物，否则容易发生创伤性网胃炎及创伤性心包炎。放牧时，要选择牧草高度 10 厘米以上的草场，否则牛难以吃饱。

2. 反刍习性

牛采食时，经初步咀嚼混入唾液形成食团后匆匆吞下，进入瘤胃贮存，经被带入的碱性唾液软化和瘤胃内水分浸泡后，待休息时再进行反刍。反刍包括逆呕、再咀嚼、再混入唾液、再吞咽 4 个过程。奶牛一般采食后 30～60 分钟开始反刍，每次反刍持续时间 40～

50 分钟，一昼夜反刍 9~12 次，反刍时间 6~8 小时。采食后应给予充分休息时间和安静舒适的环境，以保证正常反刍。正常反刍是奶牛健康的标志之一，反刍停止或次数减少，时间缩短，表明奶牛不舒服或已患病。

3. 饮水习性

奶牛一天的饮水量一般是日粮干物质进食量的 4~5 倍，是产奶量的 3~4 倍。如一头体重 600 千克、日产奶 20 千克的奶牛，日粮干物质进食量约 16 千克，一天的饮水量为 60~80 千克。夏天饮水量更大，放牧牛比舍饲牛饮水量大 1 倍。奶牛采食后 2 小时内需要饮水，最好让其自由饮水，水温 10~25℃ 为宜。冬天宜饮温水，夏天宜饮凉水。

4. 爱洁习性

牛喜欢吃新鲜饲料，不爱吃剩余饲料。因此，饲喂时应少给勤添。下槽后，应将饲槽中的剩余草料清理，并将饲槽冲洗干净。清槽后的剩余草料可晾晒后重新加工利用。牛爱喝新鲜、清洁的饮水。因此，对水槽应定期刷洗。牛喜欢清洁、干燥的环境。因此，牛舍地面在每次下槽后应清扫、冲洗干净，运动场内的粪便要及时清理，保持平整、干燥、清洁，防止积水。夏季要注意排水。

5. 发情行为

奶牛发情时，首先表现兴奋，不停走动，不时鸣叫，与其他母牛在运动场相互追逐、顶撞、打转；随后，接受其他母牛亲近；然后，接受其他母牛嗅闻；最后，接受其他母牛爬跨时站立不动。发情持续时间平均 18 小时，范围 6~30 小时，发情开始的时间 70% 是发生在晚 19 时至早 7 时。

第二节　犊牛的饲养管理

犊牛期的饲养管理，对奶牛成年体形的形成、采食粗饲料的能力以及成年后的产乳和繁殖能力都有极其重要的影响。

一、新生犊牛护理

（一）清除黏液

犊牛出生后，立即用清洁的软布擦净鼻腔、口腔及其周围的黏液。对于倒生的犊牛，如果发现已经停止呼吸，则应尽快两人合作，抓住犊牛后肢将其倒提起来，拍打胸部、脊背，以便把吸到气管里的胎水咳出，使其恢复正常呼吸。随后，让母牛舔舐犊牛 3～10 分钟（根据季节决定，一般夏季时间长，冬季时间短），以利于犊牛体表干燥和母牛排出胎衣。然后，把犊牛被毛上的黏液清除干净。

（二）脐带消毒

在离犊牛腹部约 10 厘米处握紧脐带，用大拇指和食指用力揉搓脐带 1～2 分钟。用消毒的剪刀在经揉搓部位远离腹部的一侧把脐带剪断，无需包扎或结扎，用 5% 的碘酒浸泡脐带断口消毒。

（三）母犊隔离与哺食初乳

犊牛出生后，应尽快将犊牛与母牛隔离，使其不再与母牛同圈，以免母牛认犊之后不利于挤奶。母牛分娩后，应尽早挤奶，保证犊牛在出生后较短的时间内能吃到初乳。如果母牛没有初乳或初乳受到污染，可用其他产犊日期相近母牛的初乳代替，也可用冷冻或发酵保存的健康牛初乳代替。

犊牛第一次饲喂初乳的时间应在生后 1 小时以内，喂量一般为 1.5～2.0 千克，约占体重的 5%，不能太多，否则会引起犊牛消化紊乱。第二次饲喂初乳的时间一般在出生后 6～9 小时。初乳日喂 3～4 次，每天喂量一般不超过体重的 8%～10%，饲喂 4～5 天。然后，逐步改为饲喂常乳，日喂 3 次。初乳最好即挤即喂，以保持乳温。适宜的初乳温度为 $(38 \pm 1)℃$。如果饲喂冷冻保存的初乳或已经降温的初乳，应水浴加热后再饲喂。初乳温度过低会引起犊牛胃肠消化机能紊乱，导致腹泻。过高的初乳温度会使初乳中的免疫球蛋白变性而失去作用，同时还容易使犊牛患口腔炎、胃肠炎。饲喂发酵初乳时，在初乳中加入少量小苏打（碳酸氢钠），可提高犊牛对初乳中抗体的吸收率。犊牛每次哺乳 1 ~ 2 小时后，应给 35 ~ 38℃的温开水一次，防止犊牛因渴饮尿而发病。

二、哺乳期犊牛的饲养

哺乳期内犊牛可完全以混合乳作为日粮。但由于大量哺喂常乳成本高、投入大，现代化的规模牛场多采用代乳品代替部分或全部常乳。特别是对用于育肥的奶公犊，普遍采用代乳料代替常乳饲喂。饲喂天然初乳或人工初乳的犊牛在初生期的后期即可开始用常乳或代乳料逐步替代初乳。4 ~ 7 日龄即可开始补饲优质青干草，7 ~ 10 日龄可开始补饲精饲料，20 日龄以后可开始饲喂优质青绿多汁饲料。在更换乳品时，要有 4 ~ 5 天的过渡期。补饲饲料时要由少到多。对于体质较弱的犊牛，应饲喂一段时间的常乳后再饲喂代乳品。

（一）哺乳量

犊牛哺乳期的长短和哺乳量因培育方向、所处的环境、饲养条件而不同，各地不尽相同。传统的哺喂方案是采用高奶量，哺喂期长达 5 ~ 6 月龄，哺乳量达到 600 ~ 800 千克。实践证明，过多的哺乳量和过长的哺喂期，虽然犊牛增重较快，但对犊牛消化器官发育不利，且加大了犊牛培育成本。所以，目前大多奶牛场已在逐渐减少哺乳量和缩短哺乳期。一般全期哺乳量 300 千克，哺乳期 2 个月左右。标准化规模化的奶牛场，哺乳期为 45 ~ 60 天，哺乳量为 200 ~ 250 千克。

常乳喂量 1 ~ 4 周龄约为体重的 10%，5 ~ 6 周龄为体重的 10% ~ 12%，7 ~ 8 周龄为体重的 8% ~ 10%，8 周龄后逐步减少喂量，直至断奶。对采用 4 ~ 6 周龄早期断奶的母犊，断奶前喂量为体重的 10%。如果使用代乳品，则喂量应根据产品标签说明确定。因代乳品配制技术和工艺比较复杂，质量要求高，一般不提倡养牛户自己配制，而应购买质量可靠厂家生产的代乳品。

（二）犊牛的饲喂

饲喂牛乳或代乳品时，必须做到定质、定时、定温、定人。定质是要求必须保证常乳和代乳品的质量，变质的乳品会致犊牛腹泻或中毒。劣质乳品不能为犊牛提供所需要的必需养分，会致犊牛生长发育缓慢、患病甚至死亡。定时即每天的饲喂时间要求相对固定，同时两次饲喂应保持合适的时间间隔。这样既有利于犊牛形成稳定的消化酶分泌规律，又可避免犊牛因时间间隔过长暴饮，或时间过短吃进的乳来不及消化造成消化不良。哺乳期一般日喂 2 次，间隔 8 小时。定温是要保证饲喂的乳品的温度，牛乳的饲喂温度以及加温方法应和初乳饲喂时一样。定人即固定饲养人员，以减少应激和意外发生。经常更换饲养员，会使犊牛出现拒食或采食量下降等情况。同时，新更换的饲养员需要一段时间才能熟悉牛的状况，不利于犊牛疾病或异常情况的及时发现。

（三）早期补料

早期补饲干草的时间可以提早到出生后 7 ~ 10 天，10 ~ 15 日龄开始补喂少量精料，20 日龄以后可开始饲喂优质青绿多汁饲料。

1. 早期补料优点较多

可以促进瘤胃的早期发育，提高犊牛断奶重和断奶后的增重速度，降低饲养成本。

2. 早期补料的方法

干草补饲时可直接饲喂，但要保证质量，应以优质豆科和禾本科牧草为主。精饲料补饲时须先进行调教。方法是：首先，将精饲料用温水调制成糊状，加入少量牛奶、糖蜜或其他适口性好的饲料，在犊牛鼻镜、嘴唇上涂抹少量，或直接将少量精饲料放入奶桶底使其自然舔食，3 ~ 5 天犊牛适应采食后，即可在犊牛旁边设置料盘，将精饲料放入任其舔食。开始每天给 10 ~ 20 克，以后逐渐增加喂量。对采用 60 日龄左右断奶的犊牛，到 30 日龄时每天精饲料采食量应达到 0.5 千克，60 日龄时采食量应达到 1 千克以上。这是早期断奶成功的关键。精饲料参考配方见表 7 - 1。

表 7 - 1　犊牛早期补料参考配方

成分	含量	成分	含量
玉米/%	50 ~ 55	食盐/%	1
豆饼/%	25 ~ 30	矿物质元素/%	1
麸皮/%	10 ~ 15	磷酸氢钙/%	1 ~ 2
糖蜜/%	3 ~ 5	维生素 A（微克/千克）	1 320
酵母粉/%	2 ~ 3	维生素 D（微克/千克）	174

注：适当添加 B 族维生素、抗生素（如新霉素、金霉素、土霉素）、驱虫药。

由于断奶前饲喂精饲料的质量对于早期断奶成功与否至关重要。因此，对饲料配制技术要求高，养殖场应遵从动物营养师的指导配制或购买优质商品饲料。青绿多汁饲料如胡萝卜、甜菜等，饲喂时应切碎。青贮饲料应保证质量，不能饲喂发霉、变质、冰冻的饲料。

（四）早期断奶

传统的犊牛哺乳时间一般为 6 个月，喂奶量 800 千克以上。随着科学研究的进展，人们发现缩短哺乳期不仅不会对母犊产生不利影响，反而可以节约乳品，降低犊牛培育成本，增加犊牛的后期增重，促进成年牛的提早发情，改善母牛繁殖率和健康状况。当前，犊牛的哺乳期已经大大缩短，喂乳量不断下降。现普遍采用的为母犊 60 日龄断奶，饲养技术先进的奶牛场已采用 30 ~ 45 日龄断奶，也有喂完初乳即断奶的报道。早期断奶的时间不采用一刀切的办法，需要根据饲养者的技术水平、犊牛的体况和补饲饲料的质量及其进食量确定。在我国当前饲养水平下，采用总喂乳量 250 ~ 300 千克、60 日龄断奶比较合适。对少数饲养水平高、饲料条件好的奶牛场，可采用 30 ~ 45 日龄断奶，喂乳量在 200 千克以内。

三、断奶期犊牛的饲养管理

断奶期是指母犊从断奶至 6 月龄之间的时期。

（一）断奶期犊牛的饲养

断奶后，犊牛继续饲喂断奶前精、粗饲料。随着月龄的增长，逐渐增加精饲料喂量。至 3~4 月龄时，精饲料喂量增加到每天 1.5~2.0 千克。同时，选择优质干草、苜蓿供犊牛自由采食。4 月龄前，尽量少喂或不喂青绿多汁饲料和青贮饲料。3~4 月龄以后，可改为饲喂育成牛精饲料。母犊牛生长速度以日增重 650 克以上，4 月龄体重 110 千克，6 月龄体重 170 千克以上比较理想。犊牛断奶后 1~2 周内日增重降低，表现出消瘦、被毛凌乱、没有光泽等症状。这主要是由断奶应激造成，不必担心。随着犊牛适应全植物饲料后，饲料采食量增加，很快就会恢复。

（二）断奶期犊牛的管理

断奶后的犊牛，除刚断奶时需要特别精心的管理外，以后随着犊牛的长大对管理的要求相对降低。

断奶后的母犊，如果原来是单圈饲养则需要合群，如果是混合饲养则需要分群。合理分群可以方便饲养，同时，避免个体差异太大造成的采食不均。合群和分群的原则一样，即月龄和体重相近的犊牛分为一群，每群 10~15 头。

犊牛一般采取散放饲养，自由采食，自由饮水，但应保证饮水和饲料的新鲜、清洁卫生。注意保持牛舍清洁、干燥，定期消毒。每天保证犊牛不少于 2 小时的户外运动。夏天要避开中午太阳强烈的时候；冬天要避开阴冷天气，最好利用中午较暖和的时间进行户外运动。

每月称重，并做好记录，对生长发育缓慢的犊牛要找出原因。同时，定期测定体尺，根据体尺和体重来评定犊牛生长发育的好坏。目前已有研究认为，体高比体重对后备母牛初次产奶量的影响更大。荷斯坦母犊 3 月龄的理想体高为 92 厘米，体况评分 2.2 以上；6 月龄理想体高为 102~105 厘米，胸围 124 厘米，体况评分 2.3 以上，体重 170 千克。

四、育肥犊牛的饲养管理

由于犊牛断奶重的高低与后期育肥效果成显著正相关。因此，必须给犊牛提供充足的优质饲料，并精心管理，以保证成活率和最大的日增重为饲养管理的重点。

育肥犊牛的饲养管理，除用于生产小白牛肉和小牛肉的犊牛外，多数采用初乳期后即停止饲喂常乳，改喂代乳品或脱脂乳。精饲料和优质干草的补饲量大于母犊。饲喂乳品的时间尽量缩短，一般不超过 30 日龄，以不影响犊牛健康为宜。对于用于生产小白牛肉或小牛肉的犊牛，常乳、脱脂乳或代乳品一般不限量，以不引起消化不良为度。小白牛肉生产中也可补饲精、粗饲料，但应严格限制饲料中铁的含量。用于生产小白牛肉的犊牛应尽量减少运动，地板采用漏缝地板，整个牛圈禁止使用铁制材料，到 3~4 月龄、体重100~150 千克时出栏屠宰。

育肥犊牛如需长时间饲养可进行去角，用于生产小白牛肉的犊牛则不需去角。育肥犊牛一般采用群养，自由运动，以节约人力，但生产小白牛肉应采用单笼饲养。

第三节 育成牛的饲养管理

育成期母牛是指从 7 月龄至配种（一般为 15~16 月龄）之间的一段时期。

犊牛 6 月龄后即由犊牛舍转入育成舍。育成母牛培育的任务是保证母牛正常的生长 发育和适时配种。发育正常、健康体壮、体形优良的育成母牛是提高牛群质量、适时配种、保证奶牛高产的基础。育成母牛因未怀孕，也不泌乳，不易患病。因此，育成母牛的饲养管理往往得不到重视。育成期是母牛体尺和体重快速增加的时期，饲养管理不当会导致母牛体躯狭浅、四肢细高，达不到培育的预期要求，从而影响以后的泌乳和利用年限。育成期良好的饲养管理可以部分补偿犊牛期受到的生长抑制。因此，从体形、泌乳和适应性的培育上讲，应高度重视育成期母牛的饲养管理。

育成母牛的性器官和第二性征发育较快，至12月龄已经达到性成熟。消化系统特别是瘤网胃的体积迅速增大，到配种前瘤网胃容积比6月龄增大一倍多，瘤网胃占总胃容积的比例接近成年。因此，要提供合理的饲养，既要保证饲料有足够的营养物质，以获得较高的日增重；又要具有一定的容积，以促进瘤网胃的发育。

一、育成牛的饲养

（一）7～12月龄牛的饲养

7～12月龄是牛生长速度最快的时期，尤其在6～9月龄时更是如此。此阶段母牛处于性成熟期，性器官和第二性征的发育较快。尤其是乳腺系统在体重150～300千克时发育最快。体躯则向高度和长度方面急剧生长。前胃已相当发达，具有相当的容积和消化青饲料的能力，但还保证不了采食足够的青饲料来满足此期快速发育的营养需要。消化器官本身也处于强烈的生长发育阶段，需要继续锻炼。因此，此期除供给优质牧草和青绿饲料外，还必须适当补充精饲料。精饲料的喂量主要根据粗饲料的质量确定。一般来说，日粮中75%的干物质应来源于青草料或青干草，25%来源于精饲料，日增重应达到700～800克。中国荷斯坦牛12月龄理想体重为300千克，体高115～120厘米，胸围158厘米。

在性成熟期的饲养应注意两点：一是控制饲料中能量饲料的含量，如果能量过高会导致母牛过肥，大量的脂肪沉积于乳房中，影响乳腺组织发育和日后的泌乳量。二是控制饲料中低质粗饲料的用量，如果日粮中低质粗饲料用量过高，有可能会导致瘤网胃过度发育，而营养供应不足，形成"肚大、体矮"的不良体形。精饲料参考配方见表7-2。

表7-2 7~12月龄牛的精饲料参考配方

成分	含量/%	成分	含量/%
玉米	48	食盐	1
豆粕（饼）	25	磷酸氢钙	1
棉粕（饼）	10	石粉	1
麸皮	10	添加剂	2
饲用酵母	2		

（二）12月龄至初次配种的饲养

此阶段育成母牛消化器官的容积进一步增大，消化器官发育接近成熟，消化能力日趋完善，可大量利用农作物秸秆、青草和青干草。同时，母牛的相对生长速度放缓，但日增重仍高于800克，以使母牛在14~15月龄达到成年体重的70%左右（即350~400千克）。配种前的母牛没有妊娠和产奶负担，而利用粗饲料的能力大大提高。因此，只提供优质青粗饲料基本能满足其营养需要，只需少量补饲精饲料。此期饲养的要点是保证适度的营养供给。营养过高会导致母牛配种时体况过肥，易造成不孕或以后的难产；营养过差会使母牛生长发育抑制，发情延迟，15~16月龄无法达到配种体重，从而影响配种时间。配种前，中国荷斯坦牛理想体重为350~400千克，体高122~126厘米，胸围148~152厘米。此期精饲料参考配方列于表7-3。

表7-3 12月龄至初次配种育成母牛的精饲料参考配方

成分	含量/%	成分	含量/%
玉米	48	食盐	1
豆粕（饼）	15	磷酸氢钙	1
棉粕（饼）	5	石粉	1
麸皮	22	添加剂	2
饲用酵母	5		

注：育成期应保证充足的清洁、卫生饮水，供育成母牛自由饮用。

（三）育成母牛的适时配种

适时配种对于延长母牛利用年限，增加泌乳量和经济效益非常重要。育成母牛的适宜配种年龄应依据发育情况而定。过早配种会影响母牛正常的生长发育，降低整个饲养期的泌乳量，缩短利用年限；过晚配种则会增加饲养成本，同样缩短利用年限。传统的初次配种时间为 16～18 月龄，现在随着饲养条件和管理水平的改善，育成母牛 14～16 月龄体重即可达到成年体重的 70%，可以进行配种。这将提高奶牛的终生产奶量，显著增加经济效益。

二、初产母牛的饲养管理

育成期后的母牛，根据产奶胎次可分为初产母牛和经产母牛。初产母牛是指第一次怀孕并产犊的牛，而经产母牛是指已经产过犊的牛。

妊娠期是指母牛从怀孕到产犊之间的时期。初产母牛怀孕期饲养管理的要点是保证胎儿健康发育，并保持母牛一定的体况，以确保母牛产犊后获得尽可能高的泌乳量。母牛妊娠期的饲养管理一般分为妊娠前期和妊娠后期两个阶段。

（一）妊娠前期的饲养管理

妊娠前期一般是指奶牛从受胎到怀孕 6 个月之间的时期，此时期是胎儿各组织器官发生、形成的阶段。

妊娠前期胎儿生长速度缓慢，对营养的需要量不大。但此阶段是胚胎发育的关键时期，对饲料的质量要求高。怀孕前两个月，胎儿在子宫内处于游离状态，依靠胎膜渗透子宫乳吸收养分。这时，如果营养不良或某些养分缺乏，会造成子宫乳分泌不足，影响胎儿着床和发育，导致胚胎死亡或先天性发育畸形。因此，要保证饲料质量高、营养成分均衡。尤其是要保证能量、蛋白质、矿物质元素和维生素 A、维生素 D、维生素 E 的供给。在碘缺乏地区，要特别注意碘的补充，可以喂适量加碘食盐或碘化钾片。初产母牛，还处于生长阶段，所以，还应满足母牛自身生长发育的营养需要。胚胎着床后至 6 个月，对营养需求没有额外增加，不需要增加饲料喂量。

母牛舍饲时，饲料应遵循以优质青粗饲料为主、精饲料为辅的原则。放牧时，应根据草场质量，适当补充精饲料，确保蛋白质、维生素和微量元素的充足供应。混合精料日喂量以 2.0～2.5 千克为宜。精饲料参考配方见表 7－4。

表 7－4　妊娠前期母牛精饲料参考配方

成分	含量/%	成分	含量/%
玉米	48	磷酸氢钙	1
豆粕（饼）	22	石粉	1
麸皮	25	添加剂	2
食盐	1		

（二）妊娠后期的饲养管理

妊娠后期一般是指奶牛从怀孕 7 个月到分娩前的一段时间，此期是胎儿快速生长发育的时期。

妊娠后期需要大量营养。胎儿的生长发育速度逐渐加快，到分娩前达到最高，妊娠期最后两个月胎儿的增重占到胎儿总重量的 75% 以上。因此，需要母体供给大量的营养，精饲料供给量应逐渐加大。同时，母体也需要贮存一定的营养物质，使母牛有一定的妊娠期增重，以保证产后正常泌乳和发情。妊娠期增重良好的母牛，犊牛初生重、断奶重和泌乳量均高。初产母牛由于自身还处于生长发育阶段，饲养上应考虑其自身生长发育所需的营养。这时，如果营养缺乏会导致胎儿生长发育减缓、活力不足，母牛体况较差。但也要注意防止母牛过肥，初产母牛保持中上等膘情即可，过肥容易造成难产，且产后发生代谢紊乱的比例增加。体况评分是帮助调整妊娠母牛膘情的一个理想指标，分娩前理想的体况评分为 3.5。

舍饲时，饲料除优质青粗饲料以外，混合精料每天不应少于 2～

3 千克。放牧时，由于妊娠后期多处于冬季和早春，应注意加强补饲。否则，易引起初生犊牛发育不良，体质虚弱，母牛泌乳量低。为了满足冬季母牛对蛋白质的需求，在缺乏植物性蛋白质饲料的地区，可以采用补充尿素的方法，每头牛每天 30 ~ 50 克，分两次拌入精料中干喂，喂后 60 分钟内不能饮水。严禁饲喂冰冻、霉烂变质饲料和酸性过大的饲料。在分娩前 30 天进一步增加精饲料喂量，以不超过体重的 1% 为宜。同时，增加饲料中维生素、钙、磷和其他常量元素、微量元素的含量。在预产期前 2 ~ 3 周开始降低日粮中钙的含量，一般比营养需要量低 20%。同时，保证日粮中磷的含量低于钙，有条件的可改喂围产期日粮，这样有利于防止母牛乳热症。分娩前最后一周，精饲料喂量应降低一半。

第四节　泌乳牛的饲养管理

泌乳牛是指处于泌乳期内的奶牛。泌乳期饲养管理的好坏直接影响到奶牛产乳性能和繁殖性能，从而对经济效益产生影响。因此，必须加强奶牛泌乳期的饲养管理。

一、基本原则

正确的饲养管理是维护奶牛健康，发挥泌乳潜力，保持正常繁殖机能的基础工作。再好的奶牛，如果没有精心的饲养管理也难以达到高的泌乳量；相反，还极易造成奶牛患各种疾病，产生巨大经济损失。虽然在泌乳期的不同阶段饲养管理重点不同，但有许多基本的饲养管理技术在整个泌乳期都应该遵守执行。

（一）泌乳期饲养的基本原则

1. 科学确定和调制日粮

（1）瘤胃发酵的日粮消化特点　奶牛是反刍动物，瘤胃在营养物质的消化过程中扮演着重要作用。瘤胃中含有各种微生物，可以大量消化、分解、利用含有高粗纤维的青粗饲料。因而奶牛的日粮应以青粗饲料为主，根据产奶量适当补充精饲料。瘤胃微生物能够利用尿素、氨等非蛋白氮合成瘤胃微生物蛋白，供机体利用。在奶牛日粮中，可以用非蛋白氮饲料代替部分优质蛋白质饲料。

（2）科学合理的日粮精粗比例　瘤胃的正常蠕动和发酵需要一定量的粗纤维。因此，奶牛日粮中必须含有适当比例的青粗饲料，以维持瘤胃正常机能。根据瘤胃的生理特点，以干物质计算精粗料的比例保持50∶50，即精粗各半比较理想。切忌大量使用精饲料催奶。精饲料比例最高不超过65%，如果超过65%会使瘤胃内丙酸含量增加，瘤胃pH值下降，将影响奶牛食欲和采食量。进而引起瘤胃迟缓、厌食、瘤胃酸中毒、皱胃移位、奶牛肥胖、繁殖性能下降、乳脂率下降等问题。严重损害奶牛的健康、产奶、繁殖和利用年限，降低经济效益。

因青绿、多汁饲料体积较大，其喂量应有一定的限度。如果饲喂过多，将会使精饲料采食不足，如果日粮中精饲料的比例低于40%，在牧草品质较差的情况下，就有可能导致奶牛能量和蛋白质摄入不足，乳中乳脂率虽然会增加，但乳蛋白和乳产量会大幅度下降，奶牛体重损失加剧，体况变差，影响健康。

（3）选择合适的饲料原料　奶牛喜食青绿、多汁饲料和精饲料，其次为青干草和低水分青贮饲料，对低质秸秆等饲料的采食性差。在以秸秆为主要粗饲料的日粮中，应将秸秆切短，最好用揉搓机揉成丝状，与精饲料或切碎的青绿、多汁饲料混合饲喂。对于谷物类饲料应先加工处理，制成配合饲料饲喂，一般不提倡整粒饲喂，这样会降低饲料利用率。但也不宜粉碎过细，过细同样会降低饲料利用率。有条件的地方可以对谷物饲料采用压扁或粗粉碎处理，对豆类饲料采用膨化处理，从而明显提高饲料的利用效率。泌乳牛的饲料组分应尽量多样化，各种饲料合理搭配，可以弥补各种饲料自身养分的不均衡，又可以刺激奶牛的食欲，增加采食量。

（4）选用科学的饲料配制方案　尽管在泌乳期的不同阶段使用不同的饲料，但不管何种饲料都应遵守一个基本原则，即保证日粮中各种养分的比例均衡，能满足奶牛的维持和泌乳需要。饲料中任何一种养分缺乏都可能导致泌乳量下降或疾病的发生，即使不表现临床症状，也可能导致奶牛利用年限下降。因此，在饲养过程中，要严格按照奶牛饲养标准，科学配制不同饲养阶段的饲料，使其达到营养均衡。

（5）保持饲料的新鲜和洁净　奶牛喜欢新饲料，对受到唾液污染的饲料经常拒绝采食。所以，饲喂日粮时，应尽量少喂勤添，以使日粮具有良好的适口性，奶牛保持旺盛的食欲，有效减少饲料浪费。饲料发霉、变质会严重损害奶牛的健康，轻者会导致泌乳量下降，严重的会导致死胎、流产。因此，必须保证饲料原料的新鲜。在饲料原料保存过程中，要做好防霉、防腐工作。出现发霉、变质现象，则严禁饲用。奶牛对饲料中的异物不敏感，这是由于奶牛采食时不经咀嚼直接吞咽，采食结束后再通过反刍进行仔细咀嚼的采食特性所造成。饲料中含有泥沙过多会引起瘤胃消化机能障碍；含有塑料等难以消化的物品可能会导致网胃、瓣胃堵塞；含有铁钉、铁丝、玻璃等物品，轻者会导致瘤网胃发炎、穿孔，严重时会刺伤心包，引起心包炎，导致死亡。所以，必须保证饲料的洁净。对于含泥沙较多的青粗饲料必须水洗、晾干后再饲喂；对于精饲料，应过筛除去泥沙后再使用。在饲料原料粉碎和铡短过程中，应使用磁铁等除去可能含有的铁丝等铁制物品。在饲料原料的收割、加工过程中，严禁混入玻璃、石块、塑料等异物。

（6）维护饲料供应的均衡和稳定　奶牛的日粮一旦确定后应尽量保持稳定，这是因为瘤胃微生物的种类和数量会随着日粮的变化而变化，但这种变化不像饲料类型的变化那么快。瘤胃微生物区系适应一种新的饲料约需 30 天。因此，饲养泌乳牛不应频繁改变日粮。如果确需改变，一定要遵守逐渐替换的原则，即每两天用 20%～30% 的新饲料替代原有饲料饲喂，以使瘤胃微生物逐渐适应，避免产生消化代谢紊乱。

2. 定时、定量饲喂

定时饲喂会使奶牛消化腺体的分泌形成固定规律，对于保持消化道内环境稳定、维持良好的消化机能、提高饲料的利用率非常重要。不定时饲喂会使消化酶的分泌失调，影响饲料的消化吸收，严重时会导致消化紊乱。奶牛每天的饲喂时间因饲喂次数不同而不同。饲喂次数增加有利于保持瘤胃内环境的稳定，增加饲料采食量和饲料特别是粗纤维、非蛋白氮的利用率，提高乳脂率，降低酮病、乳房炎和蹄叶炎等的发病率。但饲喂次数增加会加大劳动强度和工作量。国内养殖场普遍采用日喂 3 次，部分养殖场采用 2 次。对高产奶牛最好采用日喂 3 次，产奶量低于 4 000 千克的奶牛可采用日喂 2 次。但不管采用几次饲喂，都应尽量使两次饲喂的时间间隔相近。例如，日喂 3 次，可采用每天 5:00、13:00、21:00 饲喂。较理想的方法是精饲料定时饲喂，粗饲料自由采食或采用全混合日粮定时饲喂。

奶牛在不同的泌乳阶段所需要的养分不同。因此，饲料的供给需要根据这种不同的需要定量饲喂。在奶牛需要大量养分时，如果饲料供给不足，会导致泌乳量大幅度下降，体况变差，甚至患各种疾病；反之，如果饲料供给过量，则会造成浪费，奶牛体况过肥，影响以后的泌乳和繁殖机能。

3. 合理的饲喂顺序

对于没有采用全混合日粮饲喂的奶牛场，应确定合理的精粗饲料的饲喂次序。饲喂次序不同会影响饲料采食量和饲料利用率，应根据不同奶牛场的实际情况和饲料种类以及季节确定精粗饲料的饲喂顺序。从营养生理的角度考虑，较理想的饲喂次序是粗饲料—精饲料—块根类多汁饲料—粗饲料。采用这种饲喂次序有助于促进唾液分泌，使精粗饲料充分混匀，增大饲料与瘤胃微生物的接触面，保持瘤胃内环境稳定，增加饲料的采食量，提高饲料利用率。在大量使用青绿饲料的夏天，因奶牛食欲较差，为了保证足量的养分摄入，应采用先精后粗的饲喂方法。为了提高生产效率，保证奶牛的营养需要，现代化的奶牛场多采用挤奶时饲喂精饲料，挤完奶后饲喂粗饲料的方法。在大量使用青贮饲料的牛场，多采用先饲喂青贮，然后饲喂精饲料，最后饲喂优质牧草的方法。但不管哪种饲喂次序，一旦确定后要尽量保持稳定，否则会打乱奶牛采食饲料的正常生理反应。

4. 充足、清洁、优质的饮水

水对于奶牛健康和泌乳性能的重要性比饲料更为重要。奶牛每天需水量60~100升，是干物质采食量的5~7倍。良好的水质和饮水条件能提高泌乳量5%~20%。奶牛的饮用水水质必须符合国家饮用水标准。

奶牛的饮用水必须保持清洁，有条件的奶牛场最好采用自动饮水器。没有自动饮水器的养殖场除在饲喂后饮水外，还应在运动场设置饮水槽，供牛自由饮水，并及时更换，保持水的新鲜。

饮用水的温度对奶牛也有较大影响。体重400千克的奶牛饮用冰水需要增加15%的饲料总能消耗。水温过高或过低，都会影响奶牛的饮水量、饲料利用率和健康，特别是冰水能导致妊娠母牛流产。饮水温度因季节不同而不同。夏季温度稍微低一点有利于奶牛散热，冬季普通奶牛不应低于8.0℃，高产奶牛不应低于14.0℃。水温并非越高越好，奶牛长期饮用温水会降低其对环境温度急剧变化的抵抗力，更容易患感冒等疾病。

（二）泌乳期管理基本原则

1. 保持良好的卫生环境

良好的卫生对于奶牛场养殖成功与否有重要的影响。在养殖过程中，既要保证整个牛场的环境卫生，又要保证牛舍的卫生；既要保持牛体的卫生，也要保证所用器具的卫生。

牛场应在大门口设消毒池，并经常更换消毒液或生石灰，进出车辆和人员都要执行严格的消毒程序。牛场（包括牛舍）冬季每两个月消毒一次，其他季节每月消毒一次，夏季根据需要适当增加消毒次数。

牛舍要保持干燥、清洁、舒适，空气要保持新鲜。各种有害气体，特别是氨气，不能超过国家标准。粪尿、污水不得在牛舍积存。牛床如果使用垫草，要定期更换。

饲槽每天要刷洗一次，以避免剩余饲料发霉、变质后被牛采食，造成中毒。运动场上的饮水槽要每周清洗、消毒。其他用具（如挤奶用具）也要定期消毒。

要保持牛体卫生，每天应刷拭牛体 2~3 次。对牛体刷拭不仅能保证奶牛皮肤清洁和挤奶卫生，减少寄生虫的发生，促进牛体血液循环和新陈代谢，夏天则有利于加快皮肤散热。经常刷拭牛体，还能培养奶牛温驯的性格以及与人的亲和力，有利于人工挤奶和管理。

2. 加强运动

对于拴系饲养的奶牛，每天要进行 2~3 小时的户外运动。对于散养的奶牛，每天在运动场自由活动的时间不应少于 8 小时。适宜的运动对于促进血液循环、增进食欲、增强体质、防止腐蹄病和体况过肥、提高产奶性能等都具有良好的作用。户外运动还可促进维生素 D 的合成，提高钙的利用率，也便于观察发情和发现疾病。但应避免剧烈运动，特别是处于妊娠后期的奶牛。

3. 肢蹄护理

肢蹄的好坏对于奶牛至关重要。在奶牛场肢蹄病造成的经济损失仅次于乳房炎。奶牛患肢蹄病轻者会引起行走困难，采食量和饮水量下降，导致泌乳量下降，严重的会使奶牛无法站立而被迫淘汰。我国奶牛肢蹄病的发病率较高，在多雨的季节最高淘汰率高达 1/5。因此，必须对奶牛进行肢蹄护理，以保持蹄形端正，肢势良好。

4. 乳房护理

乳房是奶牛的泌乳器官，直接决定经济效益的好坏。为此，必须加强乳房的护理工作。要保持乳房的清洁，这样可以有效减少乳房炎的发生；要经常按摩乳房，以促进乳腺细胞的发育。

对高产奶牛要定期进行隐性乳房炎检测，一旦检出及时对症治疗。

5. 做好观察和记录

饲养员每天要认真观察每头牛的精神、采食、粪便和发情状况，以便及时发现异常。对于出现的情况，要做好详细记录。对可能患病的牛，要及时请兽医诊治；对于发情的牛，要及时请配种人员适时输精；对体弱、妊娠的牛，要给予特殊照顾，注意观察可能出现的流产、早产等征兆，以便及时采取保胎等措施。同时，要做好每天的采食和泌乳记录。发现采食或泌乳异常，要及时找出原因，并采取相关措施纠正。

二、泌乳初期的饲养管理

泌乳初期一般是指从产犊到产犊后 15 天以内的一段时间。也有人认为，应将时间延长到产后 21 天。对于干乳牛，泌乳初期通常划入围产期，称为围产后期。

泌乳初期母牛一般仍应在产房内进行饲养。分娩后，母牛体质较弱，消化机能较差。因此，此阶段饲养管理的重点是促进母牛体质尽快恢复，为泌乳盛期的到来打下良好的基础。

（一）泌乳初期的饲养

奶牛产后泌乳量迅速增加，代谢异常旺盛。如果精饲料饲喂过多，极易导致瘤胃酸中毒，并诱发其他疾病，特别是蹄叶炎。因此，泌乳初期传统的饲养方法多采用保守方法，即以恢复体质为主要目的，以恶露排净、乳房消肿等为主要标志。主要手段是在饲喂上有意识降低日粮营养浓度，以粗饲料为主，延长增喂精料的时间，不喂或少喂块根块茎等多汁类饲料、青贮饲料和糟粕类饲料。奶牛产后体况损失大，食欲差，采食量低，加上泌乳量快速增加对营养物质需求量急剧增加，即使采用高营养浓度的日粮仍不能满足奶牛的需要，而保守饲养方法使用的日粮营养浓度较低，这就会导致奶牛体况严重下降，影响奶牛健康和泌乳量。因此，在实际饲养中，须根据奶牛消化机能、乳房水肿及恶露排出等情况灵活饲养，切忌生搬硬套饲养标准或饲养方案。

1. 饮水

奶牛分娩过程中大量失水。因此，分娩后，要立即喂给温热、充足的麸皮水（表 7-5），可以起到暖腹、充饥及增加腹压的作用，有利于体况恢复和胎衣排出。为促进子宫恢复和恶露排出，有条件的可补饮益母草红糖水（表 7-6）。整个泌乳初期都要保持充足、清洁、适温的饮水，一般产后一周内应饮给 37~40°C 的温水，以后逐步降至常温。但对于乳房水肿严重的奶牛，应适当控制饮水量。

表 7 - 5　麸皮水的配制

成分	用量/千克	成分	用量/千克
麸皮	1 ~ 2	碳酸钙	0.05 ~ 0.10
食盐	0.10 ~ 0.15	温水	15.0 ~ 20.0

混合均匀，喂时温度调到 35 ~ 40℃。

表 7 - 6　益母草、红糖水的配制

成分	用量/千克	备注
益母草 水	0.25 ~ 0.50 1.5 ~ 2.0	煎制成水剂
红 糖 水	1.00 3.00	与益母草水剂混合 混匀凉至 40℃ 饮服。

每天 1 剂，连饮 3 天

2. 饲料

奶牛分娩后消化机能差，食欲低，在日粮调配上要加强其适口性，以刺激食欲。必要时，可添加一些增味物质（如糖类、牛型饲料香味素等），还要保证日粮及其组分的优质、全价。

（1）粗饲料　在产后 2 ~ 3 天内以供给优质牧草为主，让牛自由采食。不喂多汁类饲料、青贮饲料和糟粕类饲料，以免加重乳房水肿。3 ~ 4 天后，可以逐步增加青贮饲料喂量；7 天后，在乳房消肿良好的情况下，可逐渐增加块根类和糟渣类饲料的喂量。至泌乳初期结束，达到每天青贮喂量 20 千克，优质干草 3 ~ 4 千克，块根类 5 ~ 10 千克，糟渣类 15 千克。

（2）精饲料　分娩后，日粮应立即改喂阳离子型的高钙日粮（钙占日粮干物质的 0.7% ~ 1%）。从第二天开始逐步增加精料，每天增加 0.5 ~ 1.0 千克。至产后第 7 ~ 8 天达到奶牛的给料标准，但喂量以不超过体重的 1.5%。产后 8 ~ 15 天根据奶牛的健康状况，增加精料喂量，直至泌乳高峰到来。到产后15天，口粮干物质中精料比例可达到50%~55%，精料中饼类饲料应占到25%~30%。每头牛每天还可补加1~1.5千克全脂膨化大豆，以补充过瘤胃蛋白和能量的不足。快速增加精饲料，目的主要是为了迎接泌乳高峰的到来，并尽量减轻体况的负平衡。在整个精料增加过程中，注意观察奶牛的变化。如果出现消化不良和乳房水肿迟迟不消的现象，需降低精饲料喂量，待恢复正常后再增加。精饲料的增加幅度应根据不同的个体区别对待。对产后健康状况良好，泌乳潜力大，乳房水肿轻的奶牛可加大增加幅度；反之，则应减小增加幅度。

（3）钙、磷　虽然各种必需矿物质对奶牛都重要，但钙、磷具有特别重要的意义。这是由于分娩后奶牛体内的钙、磷处于负平衡状态，再加上泌乳量迅速增加，钙、磷消耗增大。如果日粮提供不足，就会导致各种疾病，如乳热症、软骨症、肢蹄症和奶牛倒地综合征等。因此，日粮中必须提供充足的钙、磷和维生素D。产后10天，每头每天钙摄入量不低于150克，磷不低于100克。

（4）注意事项　在配制饲料时，为防止瘤胃酸中毒，须限制饲料中能量浓度，加上在泌乳初期较难配出满足过瘤胃非降解蛋白需求的饲料。因此，在此期内奶牛动用体能和体蛋白贮备不可避免。另外，高钾日粮和过高的非蛋白氮会抑制镁的吸收，故应增加日粮镁的含量。在热应激期应增加钾的供给量。日粮高钼、铁、硫会影响铜的吸收，在此情况下应增加铜的供给量。当日粮中含有高浓度的致甲状腺肿物质时，应增加碘的供给量。体重680千克、日产乳脂率3.5%、乳蛋白率3.0%、乳糖4.8%的乳汁25千克的荷斯坦奶牛产后11天典型日粮配方见表7-7。

表7-7　产后11天的典型日粮配方

日粮组成	用量/%
玉米青贮（普通）	36.44
玉米籽实（蒸汽压扁）	18.29

（续表）

日粮组成	用量/%
螺旋压榨饼（大豆）	7.65
大豆粕（浸提、CP48%）	2.53
青干豆科牧草	20.17
棉籽（整粒、未脱绒）	8.41
脂肪酸钙	0.65
酵母粉	1.02
碳酸钙	0.56
磷酸二氢钠（含一个结晶水）	0.40
食盐	0.70
维生素—矿物质添加剂	3.18

（二）泌乳初期的管理

1. 分娩

在产前，要准备好用于接产和助产用具、器械、药品。在母牛分娩时，要细心照顾，合理助产，严禁粗暴。对于初产牛，因产程较长，更应仔细看管，耐心等待。牛分娩时，应使其采用左侧躺卧体位，以免胎儿受瘤胃压迫导致难产。母牛分娩后，尽早驱使其站立，有利于子宫复位和防止子宫外翻。但因分娩过程中母牛体力消耗，应尽量保证奶牛的安静休息。对初生犊牛，要进行良好的护理。

2. 挤奶

奶牛分娩后，第一次挤奶的时间越早越好。提前挤奶，有助于产后胎衣的排出。同时，能使初生犊牛及早吃上初乳，有利于犊牛的健康。一般在产后 0.5~1 小时开始挤奶。挤奶前，先用温水清洗牛体两侧、后躯、尾部，并把污染的垫草清除干净；然后，对乳房进行热敷和按摩；最后，用 0.1%~0.2% 的高锰酸钾溶液药浴乳头。挤奶时，每个乳区挤出的头两把乳必须废弃。

分娩后，最初几天挤奶量的多少目前存在争议。过去的研究认为产后最初几天挤奶切忌挤净，应保持乳房内有一定的余乳。如果把乳挤干，由于乳房内血液循环和乳腺细胞活动尚未适应大量泌乳，会使乳房内压显著降低，钙流失加剧，极易引起产后瘫痪。一般程序为：第一天只要挤出够小牛吃的即可，为 2～2.5 千克；第二天每次挤奶量约为产乳量的 1/3；第三天约为 1/2；第四天约为 3/4；从第五天开始，可将奶全部挤出。但最新研究表明，奶牛分娩后立即挤净初乳，可刺激奶牛加速泌乳，增进食欲，降低乳房炎的发病率，促使泌乳高峰提前到达，且不会引起产后瘫痪。

3. 乳房护理

分娩后，乳房水肿严重，在每次挤奶时都应加强热敷和按摩，并适当增加挤奶次数。每天最好挤奶 4 次以上，这样能促进乳房水肿更快消失。如果乳房消肿较慢，可用 40% 的硫酸镁温水洗涤，并按摩乳房，可以加快水肿的消失。

4. 胎衣检测

分娩后，要仔细观察胎衣排出情况。一般分娩后 4～8 小时胎衣即可自行脱落，脱落后应立即移走，以防奶牛吃掉，引起瓣胃堵塞。胎衣排出后，应将外阴部清除干净，用 1%～2% 新洁尔灭彻底消毒，以防生殖道感染。如果分泌后 12 小时胎衣仍未排出或排出不完整，则为胎衣不下，需要请兽医处理。

5. 消毒

产后 4～5 天内，每天坚持消毒后躯 1 次，重点是臀部、尾根和外阴部，要将恶露彻底洗净。同时，加强监护，注意观察恶露排出情况。如有恶露闭塞现象，即产后几天内仅见稠密透明分泌物而不见暗红色液态恶露，应及时处理，以防发生产后败血症或子宫炎等生殖道感染疾病。

6. 日常观测

奶牛分娩后，要注意观察阴门、乳房、乳头等部位是否有损伤，有无瘫痪等疾病发生征兆。每天测 1～2 次体温，若有升高要及时查明原因，并请兽医对症处理。同时，要详细记录奶牛在分娩过程中是否出现难产、助产、胎衣排出情况、恶露排出情况以及分娩时奶牛的体况等资料，以备以后根据上述情况有针对性地处理。

三、泌乳盛期的饲养管理

泌乳盛期又称泌乳高峰期。泌乳盛期一般是指母牛分娩后 16 天到泌乳高峰期结束之间 的一段时间（产后 16～100 天）。但也有人认为，应将泌乳期 21～100 天称为泌乳盛期。

泌乳盛期是奶牛平均日泌乳量最高的阶段，峰值泌乳量的高低直接影响整个泌乳 期的泌乳量。一般峰值泌乳量每增加 1 千克，全期泌乳量能增加 200～300 千克。因此，必须加强泌乳盛期的管理，精心饲养。

（一）泌乳盛期的饲养

泌乳盛期是饲养难度最大的阶段，因为此时泌乳处于高峰期，而母牛的采食量尚未达到高峰。采食峰值滞后于泌乳峰值约一个半月，使奶牛摄入的养分不能满足泌乳的需要，不得不动用体贮备来支撑泌乳。因此，泌乳盛期开始阶段体重仍有下降，最早动用的体贮备是体脂肪，在整个泌乳盛期和泌乳中期的奶牛动用的体脂肪约可合成 1 吨乳。如果体脂肪动用过多，在葡萄糖不足和糖代谢障碍的情况下，脂肪会氧化不全，导致奶牛暴发酮病，对牛体损害极大。

1. 饲养要点

（1）优质粗饲料　泌乳盛期奶牛日粮中所使用的粗饲料必须保证优质、适口性好。干草以优质牧草为主，如优质苜蓿、三叶草、红豆草、小冠花等豆科牧草，黑麦草、燕麦草、羊草青干草；青贮最好是全株玉米青贮。同时，饲喂一定的啤酒糟、白酒糟或其他青绿多汁饲料，以保持奶牛良好的食欲，增加干物质采食量。饲料喂量，以干物质计不能低于奶牛体重的 1%。冬季加喂胡萝卜、甜菜等多汁饲料。每天喂量可达 15 千克。

（2）优质全价配合精料　必须保证足够的优质全价配合精料的供给。喂量要逐渐增加，以每天增加 0.5 千克左右为宜。但精料的供给量并非越多越好。一般认为，精料的喂量不超过 15 千克，精料占日粮总干物质的最大比例不宜超过 60%。在精料比例高时，要适当增加精料饲喂次数，采取少量多次饲喂的方法；或使用 TMR 日粮，可有效改善瘤胃微生物的活动环境，减少消化障碍、酮血症、产后瘫痪等的发病率。

（3）满足能量需要　在泌乳盛期，奶牛对能量的需求量大，即使达到最大采食量，仍无法满足泌乳的能量需要，奶牛必须动用体脂肪贮备。饲养的重点是供给适口性好的高能量饲料，并适当增加喂量，将体脂肪贮备的动用量降到最低。但因高能量饲料基本为精料，而精料饲喂过多对奶牛健康的损害较大。在这种情况下，可以通过添加过瘤胃脂肪酸、植物油、全脂大豆、整粒棉籽等方法提高日粮能量浓度，而不增加精料喂量。

（4）满足蛋白质的需要　虽然奶牛最早动用的贮备是体脂肪，但在营养负平衡中缺乏最严重的养分是蛋白，这是由于体蛋白用于合成乳的效率不如体脂肪高，体贮备量又少。奶牛每减重 1 千克所含有的能量约可合成 6.56 千克乳，而所含的蛋白仅能合成 4.8 千克。奶牛可动用的体蛋白贮备可合成 150 千克左右的乳，仅为体脂肪贮备合成能力的 1/7。因此，必须高度重视日粮蛋白质的供应。如果蛋白质供应不足，会严重影响整个日粮的利用率和泌乳量。实践表明，高产奶牛以饲喂高能量、满足蛋白需要的日粮效果最好。

奶牛日粮蛋白质中必须含有足量的瘤胃非降解蛋白，如过瘤胃蛋白、过瘤胃氨基酸等以满足奶牛对氨基酸特别是赖氨酸和蛋氨酸的需要。日粮中过瘤胃蛋白含量应占到日粮总蛋白质的 40% 左右。目前，已知的过瘤胃蛋白含量较高的饲料有：玉米蛋白粉、小麦面筋粉、啤酒糟、白酒糟等，这些饲料适当多喂对增加奶牛泌乳量有良好效果。

（5）满足钙、磷的需要及适当的钙磷比　泌乳盛期奶牛对钙、磷的需要量大幅度增加，必须及时增加日粮中钙、磷含量。钙的含量一般应占到日粮干物质的 0.6% ~ 0.8%，钙磷比为（1.5 ~ 2）:1。

2. 饲喂方法

在种草养牛生产中，建议采用应用范围较广的"预付"饲养法。其方法是从奶牛产后15~20天开始，在吃足粗饲料、青贮饲料和青绿、多汁饲料的前提下，以满足维持和泌乳实际营养需要的饲料量为基础，每天再增加1.0~1.5千克混合精料，作为奶牛每天实际饲料供给量。在整个泌乳盛期，精饲料的喂量随着泌乳量的增加而增加，始终保持1.0~1.5千克的"预付"，直到泌乳量不再增加为止。采取预付饲养法的时间不能过早，以分娩后奶牛的体质基本康复为前提。否则，容易导致各种消化道疾病。采用预付饲养法可以充分发挥奶牛的泌乳潜力，减轻体况下降的程度。

（二）泌乳盛期的管理

由于泌乳盛期的管理涉及整个泌乳期的产乳量和奶牛健康。因此，泌乳盛期的管理至关重要。泌乳期管理的目的是要保证泌乳量不仅升得快，而且泌乳高峰期要长且稳定，以求最大限度地发挥奶牛泌乳潜力，获得最大泌乳量。

1. 泌乳盛期乳房的护理

泌乳盛期是乳房炎的高发期，要着重加强乳房的护理。可适当增加挤乳次数，加强乳房热敷和按摩。每次挤乳后对乳头进行药浴，可有效减少乳房受感染的机会。

2. 应适当延长饲喂时间

泌乳盛期奶牛日粮采食量较大，宜适当延长饲喂的时间。每天食槽空置的时间应控制在2~3小时以内。饲料要少喂勤添，保持新鲜。

3. 粗精饲料的饲喂

饲喂时，如果不使用TMR日粮，可采用精料和粗料交替饲喂。以保持奶牛旺盛的食欲。散养时，要保证有足够的食槽空间，以使每头牛都能充分采食草料。每天的剩料量控制在5%左右。

4. 保证充足、清洁的饮水

加强饮水管理。在饲养过程中，应始终保证充足清洁的饮水。

冬季有条件的要饮温水，水温在16℃以上；夏季最好饮凉水，以利于防暑降温，保持奶牛食欲。要创造条件，应用自动化饮水设施。

5. 适时配种

要密切注意奶牛产后的发情情况。奶牛出现发情后，要及时配种。高产奶牛的产后配种时间以产后 70～90 天较佳。

四、泌乳中期的饲养管理

泌乳中期是指泌乳盛期过后到泌乳后期之前的一段时间，一般为奶牛分娩后 101～200 天。该期是奶牛泌乳量逐渐下降、体况逐渐恢复的重要时期。

泌乳中期奶牛多处于妊娠的早期和中期，每天产乳量仍然很高，是获得全期稳定高产的重要时期，泌乳量应力争达到全期泌乳量的30%～35%。本期饲养管理的目标是最大限度地增加奶牛采食量，促进奶牛体况恢复，延缓泌乳量下降速度。

（一）泌乳中期奶牛的饲养

泌乳中期奶牛的食欲极为旺盛，采食量达到高峰（一般在分娩后85～100 天）。同时，随着妊娠天数的增加，饲料利用效率提高，泌乳量下降。饲养者应及时根据奶牛体况和泌乳量调整日粮营养浓度，在满足蛋白和能量需要的前提下，适当减少精料喂量，逐渐增加优质青、粗饲料喂量，力求使泌乳量下降幅度减到最低。

在饲养方法上可采用常规饲养法，即以青粗饲料和糟渣类饲料等满足奶牛的维持营养，用精饲料满足泌乳的营养需要。一般按照每产 3 千克奶喂给 1 千克精料的方法确定精饲料喂量。这种方法适合于体况正常的奶牛。

（二）泌乳中期奶牛的管理

泌乳中期奶牛的管理相对容易些，主要是尽量减缓泌乳量的下降速度，控制奶牛的体况在适当的范围内。

1. 密切关注泌乳量的下降

奶牛进入泌乳中期后，泌乳量开始逐渐下降。但每月乳量的下降率应保持在 5% ~8%。如果每月泌乳量下降超过 10%，则应及时查找原因，对症采取措施。

2. 控制奶牛体况

随着产乳量的变化和奶牛采食量的增加，分娩后 160 天左右奶牛的体重开始增加。实践证明，精饲料饲喂过多是造成奶牛过肥的主要原因。而奶牛过肥会严重影响泌乳量和繁殖性能。因此，应每周或隔周根据泌乳量和体重变化调整精饲料喂量。在泌乳中期结束时，使奶牛体况达到 2.75 ~3.25 分为好。

3. 加强日常管理

虽然泌乳中期的管理相对简单，但也不能放松日常管理，应坚持刷刮牛体、按摩乳房、加强运动、保证充足饮水等管理措施，以保证奶牛的高产、稳产。

五、泌乳后期的饲养管理

泌乳后期是指泌乳中期以后，直至干乳期以前的一段时间，一般指分娩后第 201 天至停乳。此期是奶牛产乳量急剧下降、体况继续恢复的时期，泌乳量头胎牛每月降低约 6%，经产牛 9% ~12%。

泌乳后期的奶牛一般处于妊娠期。在饲养管理上，除要考虑泌乳外，还应考虑妊娠。对于头胎牛，还要考虑生长因素。因此，此期饲养管理的关键是延缓泌乳量下降的速度。同时，使奶牛在泌乳期结束时恢复到一定的膘情，并保证胎儿的健康发育。

（一）泌乳后期奶牛的饲养

与其他泌乳期相比，泌乳后期的饲养易被忽视。实际上，泌乳后期对奶牛是一个非常重要的时期，国外非常重视加强泌乳后期的饲养。这是由于泌乳后期奶牛采食的营养物质用于增重的效率要比干乳期高，如奶牛泌乳后期将多余的营养物质转化为体脂的效率为 61.6% ~74.7%，而干乳期仅为 48.3% ~58.7%。因此，充分利用泌乳后期使奶牛达到较理想的膘情，会显著提高饲料利用效率。

泌乳后期还为下一个泌乳期作准备，应确保奶牛在此期获取足够的营养以补充体内营养贮存。如果奶牛营养摄入不足导致体况过差，干乳期又不能完全弥补，会使奶牛在下一个泌乳期泌乳量低于遗传潜力，导致繁殖效率低下；但如果营养过高，体况过好，又容易在产犊时患代谢性疾病（如酮病、脂肪肝、真胃移位、胎衣不下、子宫炎、子宫感染和卵巢囊肿等）。因而，必须高度重视泌乳后期奶牛的饲养，让奶牛在泌乳期结束时获得较理想的体况，干乳期能够维持即可。

泌乳后期奶牛的饲养除了考虑泌乳需要外，还要考虑妊娠。对于头胎牛，还必须考虑生长的营养需要（表7-8）。应保持奶牛具有 0.5 ~ 0.75 千克的日增重，以便到泌乳期结束时达到 3.5 ~ 3.75 分的理想体况。日粮应以青粗饲料特别是青干草为主，适当搭配精料。同时，降低精料中非降解蛋白特别是过瘤胃蛋白或氨基酸的添加量，停止添加过瘤胃脂肪，限制小苏打等添加剂的饲喂，以节约饲料成本。

表7-8 泌乳后期奶牛的营养需要量

项　　目	含量	日粮干物质中的常量元素/%	
		项目	含量
干物质采食量/千克	19	Ca	0.60
粗蛋白 CP/%	14	P	0.36
DIP：粗蛋白/%（DM）	68（9.5）	毫克	0.20
UIP：粗蛋白/%（DM）	32（4.5）	K	0.90
SIP：粗蛋白/%（DM）	34（4.8）	Na	0.20
总可消化养分/%	67	Cl	0.25
泌乳净能/（兆焦/千克）	5.64	S	0.25
无氮浸出物/%	3	每天维生素喂量（国际单位）	
酸性洗涤纤维 ADF/%	24		
中性洗涤纤维 NDF/%	32	名称	数量
非结构性碳水化合物 NFC/%	34	维生素 A	50 000
NFC 与 DIP 之比，DM/%	3.5：1	维生素 D	20 000
		维生素 E	200

注：DIP—瘤胃降解蛋白；UIP—过瘤胃蛋白；SIP—可消化蛋白。

（二）泌乳后期奶牛的管理

泌乳后期奶牛的管理可参照妊娠期青年牛的管理，同时，应考虑其泌乳的特性。

（1）单独配制日粮　泌乳后期奶牛的日粮最好单独配制。一可以确保奶牛达到理想的体脂贮存；二减少饲喂一些价格昂贵的饲料，如过瘤胃蛋白和脂肪，降低饲养成本；三可增加粗料比例，有利于确保奶牛瘤胃健康。

（2）科学分群，单独饲喂　泌乳后期奶牛的饲料利用率较高，精饲料需要量少，单独饲喂会显著降低饲养成本。同时，如果该阶段奶牛膘情差别较大，最好分群饲养。根据体况分别饲喂，可有效预防奶牛过肥或过瘦。泌乳后期结束时，奶牛体况评分应在 3.5 ~ 3.75，并在整个干乳期得以保持，这样可以确保奶牛营养贮备，满足下一个泌乳期泌乳的需要。

（3）做好保胎工作　按照青年牛妊娠后期饲养管理的措施，做好保胎工作，防止流产。

（4）直肠检查　干乳前应进行一次直肠检查，以确定妊娠情况。对于双胎牛，应合理提高饲养水平，并确定干乳期的饲养方案。

第五节　干乳牛的饲养管理

所谓干乳牛是指在奶牛妊娠的最后 60 天，采用人工的方法使其停止泌乳，停乳的这一时间成为干乳期。

传统的干乳期从停止挤奶开始，到产犊结束。干乳期可划分为前期和后期。从停乳到产犊前 15 天为干乳前期，产犊前 15 天至产犊为干乳后期。随着研究的深入，将干乳期后期和泌乳前期单独划分出来，合称为围产期，干乳后期为围产前期，泌乳前期为围产后期。

一、干乳前期的饲养管理

（一）干乳前期的饲养

干乳期奶牛，应尽量降低精饲料、糟渣类和多汁类饲料的喂量。待乳房内的乳汁被吸收开始萎缩时，即可逐步增加精料和多汁料，5～7 天后即可按妊娠干乳期的饲养标准进行饲养。

在干乳期饲养过程中，除应参照妊娠后期的饲养要点外，还应注意以下几点。

1. 提高日粮中青粗饲料比例

干乳前期奶牛以青粗饲料为主，每天日粮干物质供给量应控制在奶牛体重的 1.8%～2.5%。其中，饲草的含量应达到日粮干物质的 60% 以上。糟渣类和多汁类饲料不宜饲喂过多，以免压迫胎儿，引发早产。理想的粗饲料为青干草和优质青刈牧草，也可以适当饲喂氨化麦秸。如果不采用 TMR 日粮，干草最好自由采食。饲草的长度不能太短，其中，长度为 3.8 厘米以上的干草每天采食量不应少于 2 千克，这有助于瘤胃正常机能的恢复与维持。

精料喂量应根据青贮质量、饲草质量和奶牛的体况灵活掌握，切忌生搬硬套。对于体况良好（3.5 分以上）、日粮中粗饲料为优质青干草，且玉米青贮每天喂量 9 千克以上的奶牛，精料可不喂或少量补充。对营养不良、体况差（低于 3.5 分）的奶牛应每天给予 1.5～3.0 千克精料，使其体重比泌乳盛期提高 10%～15%，在分娩前达到较理想的体况（3.5～3.75 分）。但粗饲料质量差，奶牛食欲差或冬季气候寒冷时也要适当补充精饲料。使其维持中上等的体况，保证下个泌乳期获得更高的产乳量。但要注意，精料喂量最大不宜超过体重的 0.6%～0.8%，以防奶牛产犊时过肥，造成难产和代谢紊乱。

一般干奶牛的日粮组成为每头每天饲喂 8～10 千克优质青干草、7～10 千克糟渣类和多汁类饲料，8～10 千克品质优良的青贮饲草和 1～4 千克混合精料。

2. 适当限制能量和蛋白质的摄入

干乳期的奶牛能量营养需要远远低于泌乳期。如果营养过好，极易造成奶牛过肥，造成难产和代谢紊乱，威胁母子安全。因此，必须严格限制奶牛干乳期的能量摄入量。全株玉米青贮每头每天的喂量不宜超过 13 千克或粗饲料干物质的一半。同时，也应避免由于限制能量摄入而导致日粮干物质进食量不足。

奶牛干乳期摄入过多的蛋白质极易导致乳房水肿。因此，应限量饲喂豆科牧草和半干青贮，喂量一般不宜超过体重的 1% 或粗饲料干物质的 30% ~ 50%。

3. 合理供给矿物质和维生素

要高度重视干乳期日粮中矿物质和维生素的平衡，特别是钙、磷、钾和脂溶性维生素的供给量。

（1）避免摄入过量的钙　高钙易诱发产乳热，同时，保持钙磷比在（1.5 ~ 2.0）：1。当粗饲料以豆科饲草为主时，应提高矿物质中磷的添加量。

（2）注意日粮中钾的水平　若日粮中钾的含量超过 1.5%，会严重影响镁的吸收，并抑制骨骼中钙的动用，使产乳热、胎衣滞留和奶牛倒地综合征的发生率大幅度提高。同时，可能影响奶牛分娩后的食欲，延长子宫复原的时间。日粮中钾的推荐量为 0.65% ~ 0.80%。

（3）控制食盐的用量　食盐可按日粮干物质的 0.25% 添加；也可和矿物质制成舔砖，置在运动场的矿物槽内，让其自由舔食。

（4）保证脂溶性维生素的供给　产后胎衣滞留与维生素 A、维生素 E 的缺乏有关。维生素 E 缺乏还会降低奶牛抗病力，增加乳腺炎发病率。给干乳牛每天提供 2 500 微克的维生素 E，可使干乳期乳房炎的发病率降低 20%。维生素 A 供给量主要取决于饲料的质量。如果日粮粗饲料以青干草和优质牧草为主，维生素 A 可不补充或少量补充；若以玉米青贮和质量低劣的干草为主，则需大量补充。维生素 D 一般不会缺乏，但当奶牛采食直接收割的牧草或青贮料，应补充维生素 D。

4. 初产奶牛应严格控制缓冲剂的使用

对初产牛应禁止在日粮中使用小苏打等缓冲剂，以减少乳房水肿和产乳热的发生。对经产牛也应降低缓冲剂的使用量。

（二）干乳前期的管理

干乳期处于妊娠后期，管理的重点是做好保胎工作。同时，要尽量缩短干乳时间，预防乳房炎的发生，维持奶牛较理想的体况，维护奶牛健康。在管理上，除要做好妊娠后期的管理外，还应做好以下工作。

1. 科学干乳

干乳是干乳期最重要的一环，处理不好会严重影响干乳期的效果，引发乳房炎。因而必须严格按照技术规程操作。

（1）乳房炎检查　干乳期前是治疗乳房炎的最佳时期。因此，在预定干乳日的前 10 ~ 15 天应对奶牛进行隐性乳房炎检查。对于患有乳房炎的牛及时进行治疗，治愈后再进行干乳。

（2）干乳的方法　奶牛在接近干乳期时，乳腺的分泌活动仍在进行，高产奶牛甚至每天还能产乳 10 ~ 20 千克。但不论泌乳量多少，到了预定干乳日后，均应采取果断措施实行干乳，否则会严重影响下一个泌乳期的泌乳量。

（3）干乳期的长短　应视奶牛的年龄、体况和泌乳性能等具体情况而定。原则上，对头胎、年老体弱和高产牛以及产犊间隔较短的牛，宜适当延长干乳期，但最长不宜超过 70 天，否则容易使奶牛过于肥胖；而对于体况良好、泌乳量低的奶牛，可以适当缩短干乳期，但最短不宜少于 40 天，否则乳腺组织没有足够的时间得到更新和修复。干乳期少于 35 天，会显著影响下一个泌乳期的泌乳量。

2. 分群管理

在体重基本相同的情况下，与日产乳量 13 ~ 14 千克的泌乳牛相比，干乳牛所需的营养要少。例如，粗蛋白只相当于泌乳牛需要量的一半，能量、钙、磷需要量也只相当于 50% ~ 60%。因此，应及时将干乳牛从泌乳牛群中分出，单独或组群饲养。否则，较难控制干乳牛的营养水平，极易导致干乳牛过肥。而且，经产怀孕牛在生理状态、生活习性等方面比较相似，单群、单舍饲养也便于重点护理。对于没有条件对干乳牛分群饲养的牛场，应对干乳牛的上、下槽适当照应，采取"晚上槽、早下槽"的管理方法，即上槽时等泌乳牛各就各位后再放干乳牛上槽，下槽时等干乳牛下槽后再让泌乳牛下槽，可明显减少撞伤和流产事故。

3. 加强户外运动，多晒太阳

维生素 D 对奶牛钙、磷的正常吸收和代谢具有重要作用。牛体内含有丰富的 7 - 脱氢胆固醇，经阳光照射后能转化为维生素 D_3。青干草中含有的麦角固醇经阳光照射后也可转化为维生素 D_2。因此，多饲喂经阳光照射晒制的青干草可有效预防干乳牛维生素 D 的缺乏。

二、干乳后期奶牛的饲养管理

干乳后期即围产前期，之所以将围产期单独划分出来是由于此期的饲养管理具有不同于其他饲养阶段的特殊性和重要性。围产前期饲养管理的好坏直接关系到犊牛的正常分娩、母牛分娩后的健康及产后生产性能的发挥和繁殖表现。

（一）干乳后期奶牛的饲养

奶牛在干乳后期临近分娩，这一阶段除应注意干乳期的一般饲养要求外，还应视母牛的体况和乳房肿胀程度等情况灵活把握，做好一些特殊的饲养工作。

1. 对营养状况不良的母牛，应增加精料喂量

产前 7 ~ 10 天因子宫和胎儿压迫消化道，加上血液中雌激素和皮质醇浓度升高，使奶牛采食量大幅度下降（20% ~ 40%）。因此，要增加日粮营养浓度，以保证奶牛营养需要。但产前精料的最大喂量不宜超过体重的 1%。

2. 母牛临产前应尽量避免乳房肿胀的发生

母牛临产前一周会发生乳房肿胀。如果情况严重，应减少糟渣类饲料的喂量。临产前 2 ~ 3 天，日粮中适量添加小麦麸以增加饲料的轻泻性，防止便秘。如果乳房水肿严重，应降低精料喂量，同时减少食盐喂量。

3. 日粮的改变或过渡

日粮粗饲料应以优质饲草为主，以增进奶牛对粗饲料的食欲。日粮同时逐步向产后日粮过渡，每天饲喂一定量的玉米青贮，可有效避免产后因日粮变动过大而影响奶牛食欲。

4. 补充维生素和微量元素

在围产前期奶牛的日粮中添加足量的维生素 A、维生素 D、维生素 E 和微量元素，使奶牛机体在产前对维生素和微量元素产生相应的贮备，对产后子宫的恢复、提高产后配种受胎率、降低乳房炎发病率、提高产奶量具有良好作用。

5. 预防奶牛产后酮病的发生

根据母牛体况，采取相应措施，预防奶牛产后酮病的发生，是这一阶段饲养的主要任务之一。在分娩前 7 ~ 10 天一次灌服 320 克丙烯乙二醇，可有效降低体脂肪的分解代谢，减少产后酮病的发生。在分娩前 2 周和产后最初 10 天内，每天饲喂 6 ~ 12 克烟酸，可有效降低血酮的含量。

6. 适当降低日粮钙含量

研究表明，在围产前期采用低钙日粮，围产后期采用高钙日粮，能有效防止产后瘫痪的发生。一般将钙含量由占日粮干物质的 0.6% 降低到 0.2%。采用此法的原理是根据牛体内的血钙水平受甲状旁腺释放甲状旁腺素的调节。当日粮中钙供应不足时，甲状旁腺分泌加强，奶牛动用骨钙以维持正常血钙水平。奶牛分娩后，采食高钙日粮，外源钙摄入大幅度增加，从而可有效弥补产后由于大量泌乳导致的钙损失，减少产后瘫痪的发生。

7. 在日粮中添加阴离子矿物盐

在围产前期奶牛日粮中添加阴离子盐使阴阳离子平衡，可有效降低血液和尿液 pH 值，促进分娩后日粮钙的吸收和代谢，提高血钙水平，减少乳热症的发生。常用阴离子矿物盐有氯化铵、硫酸铵、硫酸镁、氯化镁、氯化钙和硫酸钙等。其中，硫酸盐适口性较好，氯化物适口性差。但总的来说，阴离子矿物盐适口性差，为避免影响奶牛采食量，最好将阴离子盐与其他饲料混合制成 TMR 饲喂。没有应用 TMR 条件的，也要将精料与阴离子矿物盐充分混合后饲喂。

（二）干乳后期奶牛的管理

干乳后期即围产前期，管理的重点是做好保健工作，预防生殖道和乳腺的感染，减少代谢性疾病的发生。管理可参考青年牛妊娠后期的管理方法。

1. 奶牛产前处理

奶牛在产前 7~10 天母牛后躯及四肢用 2%~3% 来苏尔溶液洗刷消毒后，方可转入产房，并办理好转群记录登记和移交工作。产前检查后，由专人护理，随时注意观察奶牛的变化。天气晴朗时，要驱牛出产房做逍遥运动。

奶牛到达预产期前 1~2 天，应密切观察临产征候，并提前做好接产和助产准备。

2. 产房处理

产房门口最好设单独的消毒池或消毒间。产房应预先用 2% 火碱水喷洒消毒，冲洗干净后铺上清洁干燥的垫草，并建立和坚持日常清洁消毒制度。要保持牛床清洁，勤换垫草。

3. 工作人员

产房工作人员要求责任心较强，同时具备一定的接助产技术。工作人员进入产房要穿工作服，用消毒液洗手。

第六节　高产奶牛的饲养管理

高产奶牛是指那些泌乳量高（7 500千克以上）、乳脂优良，乳脂率（3.4%~3.5%）和乳蛋白含量（3.0%~3.2%）高的奶牛群体。高产奶牛必须同时具有健康的体况，旺盛的食欲，发达的消化系统和泌乳器官。因泌乳量高，高产奶牛代谢旺盛，易患代谢疾病和生殖疾病。因此，除应采取一般奶牛饲养管理措施外，还应根据高产奶牛的生理特点，采取特殊的饲养管理措施。

一、高产奶牛的饲养

高产奶牛典型的特点是采食量大，对营养物质的需求量高，虽然精饲料喂量大，但营养负平衡仍较严重。因此，饲养的重点是尽量降低营养负平衡，保证瘤胃机能的正常，维护奶牛健康，获得稳定高产

（一）保持饲料营养平衡，严格控制精粗饲料比例

在配制高产奶牛饲料配方时，必须严格按照奶牛饲养标准来制定，以满足各生理阶段高产奶牛的营养需要。尤其要注意干物质的采食量，能量、蛋白质、纤维、矿物质和多种维生素的营养平衡。

严格控制精粗饲料的比例。高产奶牛为了维持高的泌乳量，需要大量能量，而增加能量最简单有效的途径就是提高日粮中精料的比例，这就极易导致精粗比失衡。精料比例过高，会导致奶牛消化机能障碍、瘤胃角化不全、瘤胃酸中毒、酮病和蹄叶炎的发生率大幅度提高。因此，在整个泌乳盛期，尽量将精饲料比例控制在50%～60%。即使在泌乳高峰期，精料比例也不宜超过60%。

（二）确保优质粗饲料的供给

对于高产奶牛，保证优质粗饲料的供给比精饲料的供给更为重要。这是由于优质粗饲料可以维护高产奶牛的健康，而精饲料虽然可以增加泌乳量，但过量饲喂会影响奶牛健康。

发达国家在高产奶牛饲养中粗饲料普遍使用优质豆科干草、优质禾本科干草或优质带穗玉米青贮，较少使用糟渣类等高水分饲料，整个日粮干物质中粗纤维的比例为15%～17%。这样不仅能满足高产奶牛稳定高产的营养需要，还能使日粮精粗比控制在50：50左右，有利于奶牛健康。因国内优质干草数量少，粗饲料多为质量中等的羊草和普通玉米青贮。为了维持高产必然需要加大精料比例，大量使用糟渣类和青绿多汁饲料，这就导致日粮中粗纤维低（一般

只有14%～15%），不利于高产奶牛的健康。

因而，种草养牛、生产使用优质牧草、玉米整株带穗青贮以提高粗饲料品质是维护奶牛健康高产的有效途径。

（三）使用过瘤胃蛋白质和过瘤胃脂肪酸

研究表明，蛋白质的可溶性和可消化性非常重要。瘤胃微生物每天约能提供2.5～3.0千克蛋白质，如果合成牛奶需要的蛋白质超过此量，就必须由在瘤胃内没有降解的日粮蛋白质在小肠中消化吸收来补充，这些在瘤胃内没有降解的蛋白质就是过瘤胃蛋白质。高产奶牛需要大量的过瘤胃蛋白，而我国奶牛饲养中所用的蛋白质饲料主要是饼粕类和糟渣类饲料，粗饲料中豆科牧草较少，较难满足过瘤胃蛋白质的需要。因此，需要在高产奶牛日粮中大量添加过瘤胃蛋白质。目前，应用较多的过瘤胃蛋白质有保护性氨基酸或蛋白质、全脂膨化大豆和整粒棉籽等。

高产奶牛对能量的需要量也高于中低产奶牛。发达国家高产奶牛的能量饲料以压扁或简单破碎的高水分玉米和大麦为主，加上全脂大豆和整粒棉籽中含有大量油脂。粗饲料多为优质青干草或牧草，虽然仍不能满足泌乳盛期能量的需要，但可有效降低能量负平衡的程度，保证高产奶牛泌乳潜力的发挥，有利于奶牛健康。因此，需要在日粮中添加一定量的油脂以提高日粮能量浓度，减轻高产奶牛的能量负平衡。常用的油脂有植物油、保护性过瘤胃脂肪酸（脂肪酸钙、棕榈酸钙等）和全脂膨化大豆、整粒棉籽或菜籽等。在添加油脂时应注意添加量，由于添加油脂会影响奶牛瘤胃微生物的发酵活力。因此，添加量不宜过高，以日粮脂肪增加3%为宜。

（四）满足矿物质和维生素的需要

高产奶牛对矿物质和维生素的需要量也高于中低产奶牛，仅通过精料和粗料较难满足需要，必须在日粮中额外添加适量的矿物质和维生素。添加量要根据饲养标准，同时结合当地的实际情况、环境条件确定。日粮中一般不需要额外添加胡萝卜素，但在高产奶牛分娩前 30 天和分娩后 92 天在口粮中添加胡萝卜素制剂，可将整个泌乳期泌乳量提高 200 千克。在高产奶牛日粮中添加较高的硫酸钠（0.8%）可提高泌乳量和饲料利用率。高温季节应增加日粮中氯化钾的添加量，可有效缓解热应激对高产奶牛造成的影响。

（五）使用非常规饲料添加剂

1. 缓冲剂

高产奶牛由于在整个泌乳期精饲料采食量均较大，需要在日粮中始终添加适量的小苏打、氧化镁等缓冲剂，以改善高产奶牛的进食量、产乳量和牛乳成分，维护奶牛健康，减少瘤胃酸中毒的发生，调节和改善瘤胃微生物发酵效果。小苏打喂量一般占混合精料的 1.5%，氧化镁喂量占混合精料的 0.6% ~ 0.8%。

2. 其他添加物

（1）丙二醇类　在高产奶牛日粮中添加或直接灌服丙二醇类物质，可以有效减少和预防酮病发生。这类物质有丙二醇、乙烯丙二醇、异丙二醇等。

（2）异位酸类　在高产奶牛精料中添加 1% 的异味酸类添加剂，可显著提高泌乳量。还有提高乳脂率和饲料转化效率的作用。这类物质主要包括异戊酸、异丁酸和异己酸等。

（3）沸石　在奶牛精料中添加 4% ~ 5% 的沸石，可提高泌乳量 8%。

（4）稀土　添加稀土可将泌乳量提高 10% 以上，乳脂率也有所提高。稀土的有效添加量为 40 ~ 45 毫克/千克（按精料计）。

（5）膨润土　膨润土含有多种营养元素，具有一定的吸附作用。研究表明，在高产奶牛日粮中添加一定量的膨润土，不仅可提高产奶量，同时具有优化奶牛生产环境等作用。

二、高产奶牛的管理

高产奶牛新陈代谢特别旺盛，饲料采食量大，日粮营养转化率高，易患各种疾病。因此，在普通奶牛管理的基础上，还应重点注意以下事项。

（一）适当延长干乳期

为了维持高产，高产奶牛必须采食大量精料，这就使瘤胃代谢长期处于紧张状态。这种特殊状态只有在干乳期才有可能得到有效缓解。如果干乳期时间短，不能得到有效缓解，瘤胃机能不能恢复正常，将影响下一个泌乳期的泌乳量和奶牛健康。近几年，随着人们对高产奶牛生理研究的深入，加之饲养实践，认为将高产奶牛的干乳期延长到 60 天以上，可以使瘤胃有充足的时间恢复正常机能，有利于下一个泌乳周期的高产和奶牛健康

（二）适当延长挤奶时间

高产奶牛的日产乳量比中低产牛高 30% ~ 50%。虽然高产奶牛泌乳速度快，但泌乳所需要的时间也比中低产奶牛长。因此，如果采用机械挤奶，应适当延长挤奶时间；如果采用手工挤奶，可采用双人挤奶，能有效提高泌乳量，保证挤奶时间。

（三）延长采食时间、增加采食次数

传统的奶牛饲养一般精料在挤奶时供给，日喂 3 次，粗饲料和糟渣类饲料随同精料饲喂或自由采食。据测定，高产奶牛吃足定量饲料，每天至少要有 8 小时的采食时间。因此，采用传统饲养方法，高产奶牛采食时间一般不够，导致干物质采食量不足，影响奶牛健康和泌乳潜力的发挥。同时，精料多次饲喂更有利于高产奶牛瘤胃的健康。因此，对于高产奶牛应延长饲喂时间，增加饲喂次数。一般要求高产奶牛每天能自由接触日粮的时间不少于 20 小时，每天饲喂 5 ~ 6 次。

（四）加强发情观察，适当推迟产后配种时间

高产奶牛在泌乳盛期的发情表现往往不明显，必须密切观察发情表现，以免错过发情，延误配种。

与中低产奶牛相比，高产奶牛的繁殖性能较低，产后配种的受胎率较低。产后适当延迟配种，可有效提高配种的受胎率，避免多次配种造成的生殖道感染。适宜的初次配种时间为产后60天以上。延迟配种虽然会延长产犊间隔，但有利于提高整个利用年限内的总泌乳量。

（五）实行全天候的自由饮水

高产奶牛的需水量大，一头日产50千克乳、采食25千克干物质的奶牛每天需要45千克水来补充泌乳损失的水，需要75～125千克水来代谢饲料。所以，每天水的基础需要就高达120～170千克，热天的需要量更多。因此，必须保证充足的饮水，否则会影响奶牛干物质采食量和泌乳量。有条件的牛场最好安装自动饮水器；不具备条件的牛场，每天饮水要在5次以上。在运动场设置饮水槽，供其自由饮用，并及时更换，使高产奶牛随时饮用到清洁、新鲜的饮水。同时保证水质优良，符合国家畜禽养殖场饮用水质标准。

（六）控制日粮水分含量

虽然高产奶牛要保证充足的饮水，但日粮中的水分含量不宜太高。如果水分太高，会降低总干物质的摄入量。如饲喂高水分（水分大于50%）青贮料或多汁饲料时，水分每增加1%，预期干物质摄入量将降低奶牛体重的0.02%。这主要是由于较湿的饲料发酵所需的时间长，瘤胃排空速度慢。但日粮水分也不是越少越好。日粮水分过少会影响适口性和采食量。应尽量控制总日粮干物质含量在50%～75%。

（七）建立稳定可靠的优质青粗饲料供应体系

高产奶牛发挥高产泌乳潜力的关键是摄入足量的优质青粗饲料。高质量的青粗饲料包括全株玉米青贮、早期刈割的黑麦草、苜蓿鲜草或干草以及适期刈割收获的其他优质牧草。每头成年奶牛每年约需相当于4 500千克青干草的优质青粗饲料。如果用精饲料代替优质青粗饲料，短期内虽然效果好，但对奶牛的健康影响大，会导致瘤胃酸中毒，缩短奶牛利用年限等后果。因此，必须建立稳定、可靠的优质青粗饲料生产供应体系，保证青粗饲料全年的稳定、均衡供应。

（八）合理贮存青粗饲料

青粗饲料必须在适宜的条件下贮存。如果以干草形式贮存，必须早期刈割，采取快速烘干或晾干，使水分降到15%以下再贮存到阴凉、干燥的地方。水分过高，会使干草品质快速下降，容易引起发霉、变质。在多雨季节或其他因素使得晾制干草困难或不可能的地区，可以采用塑料裹包半干青贮法制成青贮饲料保存，效果良好。

（九）采取更为细致的分群饲养

高产奶牛各个时期的泌乳量差异很大，对日粮营养的需求变化也大。如果采用混群饲养，较难做到根据泌乳量调整饲料喂量和日粮营养浓度。因此，只要条件具备，应尽可能把牛群分得更细。首先将泌乳牛、干乳牛和围产牛分开，再根据泌乳量的高低和泌乳期的不同阶段将泌乳牛分群，根据体况把干乳牛、围产牛分群。因头胎牛需要比经产牛多花 10% ~ 15% 的时间采食，因此，还应该把头胎牛与经产牛分开。

（十）做好高温季节的防暑降温工作和寒冷地区的防寒保暖工作

高产奶牛对气候的变化要比中低产奶牛敏感，因此，夏季要做好防暑降温工作。可以采用在牛舍安装喷雾装置，结合纵向正压通风，降低温度，减轻奶牛的热应激，同时提供足量的清洁饮水。冬季做好防寒保暖工作，特别要避免寒风直接吹袭乳房，以保证奶牛的稳定高产。

第七节　奶牛饲养与饲草

种草养牛，已成为农业产业结构调整的战略性措施。而草有草的特性，牛有牛的特点，如何草牛对应，是提高种草养牛效益的中心议题。

牛的营养需要取决于牛的年龄、体重、生育期以及增重和牛的生产水平及目标。对栽培牧草的需要量也因特定牛群而不同。针对性地利用优质栽培牧草，以最大限度地平衡日粮，满足奶牛的生长与生产需要，是健康、高效生产的关键。

一、2周龄~3月龄犊牛

原则上2周龄前以初乳、常母乳为食。可在周龄后训练犊牛采食优质牧草，及早促进瘤胃发育。犊牛通常从2周龄开始采食少量苜蓿干草。8周龄以后对苜蓿的采食量将大幅度增加。8~12周龄，犊牛瘤胃机能尚未发育完全，瘤胃容积有限，饲料中的纤维素含量也要限量。而优质苜蓿是犊牛好的蛋白质、矿物质、维生素及易溶碳水化合物（糖及淀粉）来源。可由苜蓿提供日粮多于18%的粗蛋白及低于42%的中性洗涤纤维。苜蓿喂犊牛可以加工成干草或低水分青贮（水分含量低于55%）。尽量避免高水分青贮，因为高水分含量会限制犊牛的进食量，并影响蛋白质的质量。此期间应以优质青干草为主要日粮，可适当饲喂部分青草。以干物质计，日进食量应达到4~5千克。

二、3~12月龄育成牛

此阶段育成牛已具备充足的瘤胃机能及容积，可以采食大量的粗纤维。满足其部分营养需要。本阶段的蛋白质需要量较犊牛期略低。可利用含粗纤维多、蛋白质含量偏低的苜蓿草、三叶草、红豆草、小冠花等豆科青干草等，喂前配制成含粗蛋白质16%~18%及含中性洗涤纤维41%~46%（酸性洗涤纤维33%~38%）的混合牧草，添加少量浓缩饲料即可满足育成牛最佳的生长发育需要。前期以青干草为主，适当搭配青草，使干物质进食量达到 5~8 千克；后期可利用青刈饲草与青干草各半搭配饲养，使干物质进食量达到 5~8 千克。对可利用牧草进行营养成分分析，日进食蛋白质量应达到 450~600 克。

三、12~18 月龄育成牛

12~18 月龄，育成牛已经具备了较大的消化道容积，在其日粮中可利用更多的青刈饲草。育成牛体重在 250~450 千克，可以从含粗蛋白质 14%~16%、中性洗涤纤维 45%~48%的混合牧草日粮中，获取或满足各种营养成分的需要。而此阶段的前期，牛的瘤胃容积仍然有限，以青刈饲草养牛，则应适量补饲部分青干草，以满足干物质的需要。干物质的日进食量应达到 8~12 千克，其中，粗蛋白质应达到 600~750 克。

四、19~24 月龄育成牛及干奶牛

可以利用比其他牛群要求质量略差的混合牧草日粮。其含粗蛋白质 12%~14%、中性洗涤纤维 48%~52%的混生牧草日粮，即可满足其营养需要。此阶段多为妊娠期，考虑到胎儿的着床与生长发育，若青刈牧草的水分含量过高，会对子宫膨大产生挤压，同时影响到干物质的进食量，可选用水分含量较低的青刈牧草或补喂青干草进行调整，控制日粮营养浓度和体积。日进食干物质应达 15 千克左右，其中粗蛋白质应达到 750~900 克。

对妊娠后期母牛，虽然混生牧草即可满足营养需要，但必须控制日粮体积和营养浓度。要适量饲喂高质量的苜蓿草，因为优质苜蓿草中含钙量高，可以预防奶牛分娩时出现的产褥热及围产期综合征。

五、泌乳早期奶牛

泌乳早期（泌乳期的前 100 天），奶牛开产后产奶量迅速上升，

营养需要量高，要采用高蛋白质、低纤维素浓度的日粮。优质苜蓿草则成为泌乳早期奶牛最理想的饲草。产后 100 天以前的泌乳牛，应饲喂含粗蛋白质 19%~24%、中性洗涤纤维 38%~42% 的苜蓿草日粮。若使用含较低粗蛋白质及较高中性洗涤纤维含量的混生牧草时，日粮中要增加一定数量的浓缩饲料，方可满足泌乳早期奶牛高效生产的营养需求，维持奶牛的高产水平。若使用中性洗涤纤维较低的苜蓿草日粮，或许不能提供足量的纤维素，以维持奶牛瘤胃的正常机能。因而，在泌乳早期，不仅要选用优质的青干草，还应适量搭配混合精饲料，一般情况下，干物质进食量应达到 20 千克左右，优质青干草可占一半以上。

六、泌乳中后期奶牛

泌乳中后期（即泌乳期的后 200 天），这时期泌乳牛的产奶量逐渐下降，对能量和蛋白质的需求量也随之下降。因而比泌乳早期奶牛对牧草的质量要求降低，可利用质量偏低的混生苜蓿草日粮或以羊草以及青刈饲草为主要日粮，根据产奶量，适量添加部分配合精料，即可满足其营养需要。

第八章 标准化奶牛场经营管理

标准化奶牛场经营管理的好坏直接关系到奶牛场的成败兴衰，管理者应当由德才兼备、具有广泛专业知识和技能的优秀人才担任。其管理原则是：经营目标明确，尊重知识，尊重人才，将企业的发展与员工的发展相统一；要善于进行成本分析，并不断谋求成本最小化。经营管理要充分利用一切可利用的资源和条件，以科技为动力，以优质为品牌，以管理求效益，以创新求发展，并最终以最少的投入获取最大的经济效益、社会效益和生态效益。

第一节 奶牛场的责任制管理

一、机构设置与职责

奶牛场或奶牛养殖园区的机构可按照图 8-1 设置。根据实际情况可以增减，有产品加工、草料种植的奶牛养殖场（区）根据实际情况应做适当调整。

奶牛场实行场长（经理）负责制，其作用主要表现在 3 个方面：一是指挥，场长根据计划，对下级和员工进行指挥，从而使生产活动中的每一个具体过程得到统一调度，及时地解决生产中存在的矛盾，使生产正常进行。二是协调，主要是调节和处理好生产经营活动中上下左右各方面的关系，解决他们之间出现的矛盾和分歧，达到协调一致，实现共同目标。三是激励，对各部门及员工的工作进行评定，对成绩突出者实行奖励。对奶牛场的经营效益和员工的劳动收入负责，宗旨是要使奶牛场有好的经济效益，员工的收入水平日益增长。

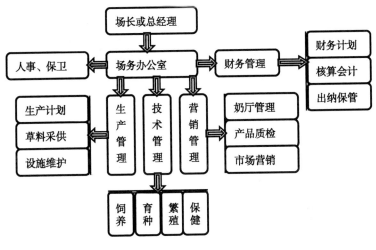

图 8 - 1 奶牛物组织架构

奶牛场的职能机构包括场务办公室、计划财务室、生产管理部、技术管理部、质检营销部等。生产部门的职责主要包括制订生产计划、草料生产、采供、加工与配送等；技术管理部的主要职责是奶牛的饲养管理、繁殖配种、遗传改良以及动物保健、安全生产等；质检营销部的主要工作任务是管理挤奶厅生产、质量检验、鲜奶的冷却保管以及运销等。

各部门根据岗位的工作性质，明确各自的职责，相互配合，齐心协力。奶牛场的经营效益来自于各部门管理人员以及全体员工的共同努力。

对规模较小的养牛场或养牛专业户，在管理机构设置上不能配备各种专职人员，但各项工作必须有人负责和管理，以保证养牛生产的正常运行。

二、制度管理

（一）养牛生产责任制

建立健全养牛生产责任制，是加强牛场经营管理，提高生产管理水平，调动职工生产积极性的有效措施，是办好牛场的重要环节。建立生产责任制，就是对牛场的各个工种按性质不同，确定需要配备的人数和每个饲养管理人员的生产任务，做到分工明确，责任到人，奖惩兑现，达到充分合理地利用劳力、物力，不断提高劳动生产率的目的。

每个饲养人员负担的工作必须与其技术水平、体力状况相适应，并保持相对稳定，以便逐步走向专业化。

工作定额要合理，做到责、权、利相结合，贯彻按劳分配原则，完成任务好坏与个人经济利益直接挂钩。

每个工种、饲管人员的职责要分明，同时也要注意各工种彼此间的密切联系和相互配合。

牛场生产责任制的形式可因地制宜，可以承包到人、到户、到组，实行大包干；也可以实行定额管理，超产奖励。如"五定、一奖"责任制，一定饲养量，根据牛的种类、产量等，固定每人饲管牛的头数，做到定牛、定栏；二定产量，确定每组牛的产乳、产犊、犊牛成活率、后备牛增重指标；三定饲料，确定每组牛的饲料供应额度；四定肥料，确定每组牛垫草和积肥数量；五定报酬，根据饲养量、劳动强度和完成包产指标，确定合理的劳动报酬，超产奖励和减产赔偿。一奖，超产重奖。实践证明，在奶牛生产中，推行超额奖励制优于承包责任制。

（二）健全规章制度

养牛场常见的规章制度一般有以下几种：一是岗位责任制度，每个工作人员都明确其职责范围，有利于生产任务的完成；二是建立分级管理、分级核算的经济体制，充分发挥各级组织特别是基层班组的主动性，有利于增产节约，降低生产成本；三是制定简明的养牛生产技术操作规程，保证各项工作有章可循，有利于相互监督，检查评比；四是建立奖惩制度，赏罚分明。这里应强调的养牛生产技术操作规程是核心。

养牛生产技术操作规程主要分以下各项。

奶牛饲养管理操作规程包括日粮配方、饲喂方法和次数，挤奶及乳房按摩，乳具的消毒处理，干乳方法和干乳牛的饲养管理及奶牛产前产后护理等。

犊牛及育成牛的饲养管理操作规程包括初生犊牛的处理，初乳哺饮的时间和方法，哺乳量与哺乳期，精、粗饲料的给量，称重与运动，分群管理，不同阶段育成牛的饲养管理特点及初配年龄等。

牛奶处理室的操作规程包括牛乳的消毒、冷却、保存与用具的洗刷和消毒等。

饲料加工间的操作规程包括各种饲料粉碎加工的要求，饲料原料中异物的清除，饲料质量的检测，配合，分发饲料方法，饲料供应及保管等。

防疫卫生的操作规程包括预防、检疫报告制度、定期消毒和清洁卫生等工作。

（三）奶牛场制度举例

为了不断提高经营管理水平，充分调动职工的积极性，奶牛场必须建立一套简明扼要的规章制度。举例如下。

1. 考勤制度

即对员工出勤情况，如迟到、早退、旷工、休假等进行登记，并作为发放工资、奖金的重要依据。

2. 绩效考评与奖惩制度

即根据各工种劳动特点制定目标责任，定期不定期对员工的工作业绩进行考评，对工作业绩突出者进行奖励，鼓励先进，鞭策后进。强化员工责任感和危机感。

3. 安全生产制度

制定安全生产条例，使员工树立安全生产和防患意识、劳动保护意识。确保人畜安全，杜绝不安全因素及工伤事故，防患于未然。

4. 岗位责任制度

对奶牛生产的各个环节，制定目标要求和技术操作规程。要求职工共同遵守执行，实行人、牛固定的岗位目标责任制。

5. 卫生防疫制度

建立着装上岗以及岗前岗后消毒制度，增强员工自身保护以及消毒防疫意识。按期发放劳保用品以及保健费。并对全场职工定期进行职业病检查，对患病者进行及时治疗。

6. 技术培训与员工学习制度

为了提高职工的技术水平，定期开展经验交流和技能竞赛，激励员工学习技术、掌握业务技巧。根据业务需要，定期对员工进行技术培训以及派出学习。

第二节　奶牛场生产管理

一、牛群结构管理

奶牛场的生产经营中，根据生产目标，随时调整牛群结构，制定科学的淘汰与更新比例，使牛群结构逐渐趋于合理，对于提高奶牛场经济效益十分重要。奶牛生产是一个长期的过程，要兼顾当前效益与长远发展目标，其成年母牛在群体中的比例应占 60% ~ 65%，过高或过低均会影响奶牛场的经济效益。但发展中的奶牛场，成年牛和后备牛的比例暂时失调也是合理的。为了使母牛群逐年更新而不中断，成年母牛中牛龄、胎次都应有合适的比例，在一般情况下，1 ~ 2 胎占 35% ~ 40%，3 ~ 4 胎占 40% ~ 50%，5 胎以上占 15% ~ 20%。牛群的淘汰、更新率每年应保持在 15% ~ 20%，对于要求高产且有良好的技术管理措施保证的牛群，其淘汰更新率可提高到 25%。降低 5 胎以上的成年母牛比例，使牛群青年化、壮龄化。

奶牛的牛群结构，是以保证成年奶牛的应有头数为中心安排的，而成年奶牛头数的减少，主要由年老淘汰引起，能否及时补充和扩大，又与后备牛的成熟与头数相关联。因而，挤奶牛头数的维持与增加，与母牛的使用年限、后备母牛的饲养量和成熟期直接关联。

二、饲料消耗与成本定额管理

饲料消耗定额的制定方法：牛维持和生产产品需要从饲料中摄取营养。由于奶牛种类和品种、年龄、生长发育阶段、体重和生产阶段的不同，其饲料的种类和需要也不同，即不同牛有不同的饲养标准。因此，制定不同类型牛饲料的消耗定额所遵循的方法时，首先应查找其对应饲养标准中对各种营养成分的需要量，参照不同饲料原料的营养价值，确定日粮的配给量；再以日粮的配给量为基础，计算不同饲料在日粮中的占有量；最后再根据占有量和牛的年饲养日数，计算出饲料的消耗定额。由于各种饲料在实际饲喂时都有一定的损耗，尚需要加上一定损耗量。

（一）饲料消耗定额

一般情况下，奶牛每天平均需 7 千克优质干草，24.5 千克玉米青贮；育成牛每天平均需干草 4.5 千克，玉米青贮 14 千克。成母牛的精饲料除按每产 3 千克鲜奶给 1 千克精饲料外，还需加基础料 2 千克／（头·天）；青年母牛精饲料量平均 3.5 千克／（头·天）；犊牛需精饲料量 1.5 千克／（头·天）。若使用的是收获籽实后的玉米秸秆黄贮饲料，则须根据黄贮质量，适当增加精饲料供给定额量。

（二）成本定额

成本定额是奶牛场财务定额的组成部分，奶牛场成本分产品总成本和产品单位成本。成本定额通常指的是成本控制指标，是生产某种产品或某种作业所消耗的生产资料和所付的劳动报酬的总和。奶牛业成本，主要是各龄母牛群的饲养日成本和鲜奶单位成本。

牛群饲养日成本等于牛群的日饲养费用除以牛群饲养头数。牛群饲养费定额，即构成饲养日成本各项费用定额之和。牛群和产品的成本项目包括：工资和福利费、饲料费、燃料费和动力费、牛医药费、固定资产折旧费、固定资产修理费、低值易耗品费、其他直接费用、共同生产费及企业管理费等。这些费用定额的制定，可参照历年的费用实际消耗、当年的生产条件和计划来确定。

鲜奶单位成本 = （牛群饲养费 - 副产品价值）/ 鲜奶生产总量

（三）工作日程制定

正确的工作日程能保证奶牛按科学的饲养管理制度喂养，使奶牛发挥最高的产乳潜力，犊牛和育成牛得到正常的生长发育，并能保证工作人员的正常工作、学习和生活。牛场工作日程的制定，应根据饲养方式、挤乳次数、饲喂次数等要求规定各项作业在一天中的起止时间，并确定各项工作先后顺序和操作规程。工作日程可随着季节和饲养方式的变化而变动。目前，国内牛场和专业户采用的饲养日程和挤奶次数大致有以下几种：两次上槽，两次挤奶；两次上槽，三次挤奶；三次上槽，三次挤奶；三次上槽，四次挤奶等。前两种适合于低产牛群，牛对营养需求量较少，有利于牛只的休息；三次上槽，三次挤乳制，有利于高产牛的营养需求，且能提高产奶量。三次挤奶，根据挤奶间隔时间，有均衡和不均衡两种。应根据奶牛的泌乳生理，灵活掌握。

三、牛场劳动力管理

奶牛的管理定额一般是：挤奶员兼管理员，电气化挤奶，每人管理 15～20 头奶牛；人工挤奶或小型挤奶机挤奶，每人管理 8～12 头。育成牛每人管理 30～50 头；犊牛每人管理 20～25 头。根据机械化程度和饲养条件，在具体的牛场中可以适当增减。

牛场的劳动组织，分一班制和两班制两种。前者是牛的饲喂、挤奶、刷拭及清除粪便工作，全由一名饲养员包干；管理的奶牛头数，根据生产条件和机械化程度确定，一般每人管 8～12 头；工作时间长，责任明确，适宜于每天挤奶 2～3 次的小型奶牛场或专业户小规模生产。后者是将牛舍内一昼夜工作由 2 名饲养管理人员共同管理，可管理 50 ~ 100 头奶牛，而在挤奶厅有专职挤奶工进行挤奶，饲喂与挤奶两班人马，专业性更强，劳动生产效率更高。适用于机械化程度高的大中型奶牛场。

在各种体制的奶牛场中，劳动报酬必须贯彻"按劳分配"的原则，使劳动报酬与工作人员完成任务的质量紧密结合起来，使劳动者的物质利益与劳动成果紧密结合起来。对于完成奶牛产奶量、母牛受胎率、犊牛成活、育成牛增重、饲料供应和牛病防治等有功人员，应给予精神和物质鼓励。决不能"吃大锅饭"。对公务、技术人员也应有相应的奖罚制度。

第三节　奶牛场计划管理

奶牛场的生产计划主要包括：牛群周转计划、配种产犊计划、饲养计划和产奶计划等。

一、牛群周转计划

牛群的周转计划实际上是用以反映牛群再生产的计划，是牛自然再生产和经济再生产的统一。在一年内，由于小牛出生，老牛淘汰、死亡，青年牛的转群，牛群不断地发生变动，为了更好地做好计划生产，牛场应在编制繁殖计划的基础上编制牛群的周转计划。牛群周转计划是奶牛厂生产的最主要计划之一。它直接反映年终的牛群结构状况，表明生产任务完成情况；它是产品计划的基础；他是制定饲料生产计划、贮备计划、牛场建筑计划、劳动力计划的依据。通过牛群周转计划的实施，使牛群结构更加合理，增加投入产出比，提高经济效益。

编制牛群周转计划时，应首先规定发展头数，然后安排各类牛的比例，并确定更新补充各类牛的头数与淘汰出售头数。一般以自繁自养为主的奶牛群，牛群组成比例应为：繁殖母牛 60% ~ 65%，育成后备牛 20% ~ 30%，犊牛 8%。

（一）编制牛群周转计划

必须掌握以下材料：计划年初各类牛的存栏数；计划年终各类牛按计划任务要求达到的头数和生产水平；上年度 7～12 月各月出生的犊母牛头数以及本年度配种产犊计划，计划年淘汰出售各类牛的头数。

例如：某奶牛场计划经常拥有各类牛 200 头，其牛群比例为：成年母牛 63%，育成母牛 30%，犊母牛 7%。已知计划年度年初有犊母牛 18 头，育成母牛 70 头，成年母牛 100 头，另知上年 7～12 月份各月所生犊母牛头数及本年度配种产犊计划，试编制本年度牛群周转计划。

（二）编制方法及步骤

第一步：将年初各类牛的头数分别填入牛群周转计划中，计算各类牛年末应达到的比例头数，分别填入年终数栏内。

第二步：按本年配种计划，把各月将要繁殖产犊的犊牛头数（计划产犊数 ×50%× 成活率%）相应填入犊牛栏繁殖项目中。

第三步：年满 6 个月的犊母牛应转入育成母牛群中，查出上年 7～12 月各月所生母犊牛的头数，分别填入转出栏的 1～6 月项目中，（一般这 6 个月所生犊牛头数之和等于年初犊母牛头数），而本年度 1～6 月所生的犊母牛，分别填入转出栏 7～12 月项目中。

第四步：将各月转出的犊母牛头数对应地填入育成母牛"转入"栏中。

第五步：根据本年配种产犊计划，查出各月份分娩的育成母牛头数，对应地填入育成母牛"转出"及成年母牛"转入"栏中。

第六步：合计犊母牛"繁殖"与"转出"总数。要想使年末达 14 头，期初头数与"增加"头数之和应等于"减少"头数与期末头数之和。则通过计划：（18＋44）－（40＋14）＝8，表明本年度犊母牛可出售或淘汰 8 头。为此，可根据其母牛生长发育情况及该场饲养管理条件等，适当安排出售和淘汰时间。最后汇总各月份期初与期末头数，"犊母牛"一栏的周转计划即编制完成。

第七步：合计育成母牛和成年母牛"转入"与"转出"栏总头数，方法同上。根据年末要求达到的头数，确定全年应出售和淘汰的头数。在确定出售、淘汰月份分布时，应根据市场对鲜乳和奶牛的需要及本场饲养管理条件等情况确定。汇总各月期初及期末头数，即完成该场本年度牛群周转计划（表 8 - 1）。

表 8 - 1　牛群月份、年度周转计划

项目	期初数	增加				减少				期末数
		繁殖	购入	转入	其他	转出	出售	死亡	其他	
母牛 后备母牛 育成牛 犊牛										
合计										

注：计算各类牛的平均饲养头数，可将年初数与年终数相加后除以 2。计算年饲养头日数，以年各类牛平均饲养头数乘 365 天即可。

编制全年周转计划，一般是先将各龄牛的年初头数填入上表栏中，根据牛群中成年母牛的全年繁殖率进行填写，并应考虑到当年可能发生的情况。初生犊牛的增加，犊母牛、育成牛、后备牛的转群，一般要以全年中犊牛、育成牛的成活率及成年母牛、后备母牛的死亡率等情况为依据填写。调入、转入的奶牛头数要根据奶牛场落实的计划填写。

各类牛减少栏内，对淘汰和出售奶牛必须经详细调查和分析之后进行填写。淘汰和出售牛头数，一定要根据牛群发展和改良规划，对老、弱、病牛及低产牛及时淘汰，以保证牛群不断更新、提高产奶量、降低成本、增加盈利。生产场的犊公牛，除个别优秀者留做种用外，一般均应淘汰或作育肥用。

二、配种产犊计划

（一）繁殖技术指标

编制繁殖计划，首先要确定繁殖指标。最理想的繁殖率应达100%，产犊间隔为12个月，但这是理论指标，实践中难以做到。所以，经营管理良好的奶牛场，实际生产中繁殖率不低于85%，产犊间隔不超过13个月。常用的衡量繁殖力的指标如下。

年总受胎率≥85%，计算公式：

年总受胎率（%）=年受胎母牛数/年配种母牛数×100

年情期受胎率≥50%，计算公式：

年情期受胎率（%）=年受胎母牛数/年输精总情期数×100

年平均胎间距≤400天，计算公式：

年平均胎间距=∑胎间距/头数

年繁殖率≥85%，计算公式：

年繁殖率（%）=年产犊母牛数/年可繁殖母牛数×100

（二）制订执行繁殖配种计划

繁殖是奶牛生产中联系各个环节的枢纽。繁殖与产奶关系极为密切，为了增加产奶收入和增殖犊牛的收入，必须做好繁殖计划。

牛群繁殖计划是按预期要求，使母牛适时配种、分娩的一项措施，又是编制牛群周转计划的重要依据。编制配种分娩计划，不能单从自然生产规律出发，配种多少就分娩多少。而应在全面研究牛群生产规律和经济要求的基础上，搞好选种选配，根据开始繁殖年龄、妊娠期、产犊间隔、生产方向、生产任务、饲料供应、畜舍设备以及饲养管理水平等条件，确定牛只的大批配种分娩时间和头数，才能编制配种分娩计划。母牛的繁殖特点为全年散发性交配和分娩，季节性特点不明显。所谓的按计划控制产犊，就是把母牛的分娩时间安排到最适宜产奶的季节，有利于提高生产性能。

（三）饲料计划

饲料费用的支出是奶牛场生产经营中支出最重要的一个项目，如以舍饲为主的奶牛场来计算，该费用占全部费用的50%以上，在户养奶牛的基础上可占到总开支的70%以上。其管理得好坏不仅影响到饲养成本，并且对牛群的质量和产奶量均有影响。

1. 管理原则

对于饲料的计划管理，要注意质和量并重的原则，不能随意偏重任一方面，根据生产要求，尽量发挥当地饲料资源的优势，扩大来源渠道，既要满足生产需要，又力求降低饲料成本。

饲料供给要注意合理日粮的要求，做到均衡供应，各类饲料合理配给，避免单一性。为了保证配合日粮的质量，对于各种精、粗料，要定期做营养成分的测定。

2. 科学计划

按照全年的需要量，对所需各种饲料提出计划贮备量。在制定下一年的饲料计划时，先需知道牛群的发展情况，主要是牛群中的产奶牛数，测算出每头牛的日粮需要及组成（营养需要量），再累计到月、年需要量。编制计划时，要注意在理论计算值的基础上对实际采食量可适当提高10%～15%。

3. 信息调研

了解市场的供求信息，熟悉产地和掌握当前的市场产销情况，联系采购点，把握好价格、质量、数量验收和运输，对季节性强的饲料、饲草，要做好收购后的贮藏工作，以保证不受损失。

4. 加工和贮藏

精饲料要科学加工配制，贮藏要严防虫蚀和变质。青贮玉米的制备要按规定要求，保证质量。青贮窖要防止漏水、漏气，不然易发生霉烂。精料加工需符合生产工艺规定，混合均匀，自加工为成品后应在10天内喂完，每次发1～2天的量，潮湿的季节要注意防止霉变。干草、秸秆本身要求干燥无泥，堆码整齐，顶不能漏水，否则会引起霉烂，还要注意防止火灾。青绿多汁料，要逐日按次序将其堆好，堆码得不能过厚过宽，尤其是返销青菜，否则易发生中毒。另外，大头菜、胡萝卜等也可利用青贮方法延长其保存时间，同时也可保持原有的营养水平。

（四）产奶计划

奶牛场年产奶量，尤其是头均产奶量是衡量生产管理与经营水平的重要指标，因而做好产奶计划十分重要。

奶牛场的产奶计划计算起来比较复杂，因为奶牛场的牛奶产量不仅决定于产奶牛的头数，而且决定于奶牛的品质、年龄和饲养管理的条件，同时和奶牛的产犊时间、泌乳月份也有关系。

一般奶牛的使用年限为 10 年，产 8 胎次，即 8 个泌乳期。大体上是随着奶牛乳腺发育而增长，正常情况下，青壮年阶段，产奶量随着产犊胎次增加而增加，到第 5 胎次达到泌乳高峰，此后随奶牛逐渐衰老而下降。当然，有些奶牛因品种和饲养条件不同，也有出现推迟或提早的情况。一个泌乳期内的各个月份的泌乳量也不均匀，一般从奶牛产犊后泌乳量逐渐增加，到第 2 个月后达到高峰，高峰后又逐渐下降，直到停奶。这种变化若绘制成坐标图，就是一个泌乳期的泌乳曲线图。奶牛的品种和饲养管理条件不同，其泌乳曲线也不同。从泌乳曲线上可分析出奶牛的泌乳潜力、饲养管理状况以及产奶规律，作为以后制订完善饲养管理和产奶计划的依据。因此，绘制泌乳曲线很有必要。

编制产奶计划时必须掌握以下资料：计划年初泌乳奶牛的头数和上年奶牛产犊的时间；计划年内奶牛和后备奶牛分娩的头数和时间；每头奶牛泌乳期各月的产奶量即泌乳曲线图。

因奶牛的产奶量受多种因素影响，显然用平均计算方法不够精确，较精确的方法是按各个奶牛分别计算，然后汇总成全场的产奶量，采用个别计算方法时，必须确定每头产奶牛在计划年内 1 个泌乳期的产奶量和泌乳期各月的产奶量。确定某奶牛 1 个泌乳期的产乳量，是根据该头奶牛在上一个泌乳期及以前几个泌乳期的产奶量，和计划年度由于饲养管理条件的改善可能提高的产奶量等因素综合考虑。确定泌乳期各月份产奶量，是根据该奶牛以前的泌乳曲线，计算出泌乳期各月产奶量的百分比，乘以泌乳期的产奶量所得。至于第一次产犊的奶牛产奶量，可以根据它们母系的产奶量记录及其父系的特征进行估算。根据每头奶牛的产奶量汇总起来就是计划年度产奶量计划。测算结果填入产奶量计划表（表8－2）

表8－2 奶牛场年度产奶量计划

项目		奶牛编号								
合计										
体重/千克										
胎次										
上一泌乳期	产奶量/千克（305天）									
	最高日产（千克）									
	营养状况									
	产犊日期									
	泌乳期所在月份									
本年度产奶计划	配种日期									
	预计分娩期									
	预计干奶期									
	预计产奶量									
	第1泌乳月									
	第2泌乳月									
	第3泌乳月									
	第4泌乳月									
	第5泌乳月									
	第6泌乳月									
	第7泌乳月									
	第8泌乳月									
	第9泌乳月									
	第10泌乳月									
	合计									

产奶量具体计算步骤如下。

第一步：将奶牛场的每头成年母牛的年龄、胎次、上胎的产奶量、最近一次的配种、受孕、预期干奶和预期产犊日期等，用卡片进行逐头登记。

第二步：根据每头成年母牛的上胎产奶量（头胎成年母牛可按本场以往的头胎牛年单产进行估测）与本场调查统计所得的成年母牛泌乳期的泌乳曲线来拟订各泌乳月的产奶计划，其内容见表 8 – 3。

表 8 – 3 奶牛泌乳期平均日产奶量参考

年产奶量/千克 \ 泌乳月	各泌乳月平均日产奶量										泌乳期内平均日产奶量/千克
	1	2	3	4	5	6	7	8	9	10	
4 200	17	19	17	16	15	14	13	12	10	8	14
4 500	18	20	19	17	16	14	13	12	10	9	15
4 800	19	22	20	19	17	15	14	13	11	9	16
5 100	20	23	21	20	18	16	15	14	12	10	17
5 400	21	24	22	21	19	18	16	15	13	11	18
5 700	23	25	22	22	20	19	17	16	14	12	19
6 000	24	27	25	23	21	20	18	17	15	13	20
6 300	25	27	26	24	22	21	19	17	15	13	21
6 600	26	28	27	25	23	22	20	18	16	14	22
6 900	27	29	28	26	25	23	21	19	17	14	23
7 200	28	30	29	27	27	24	22	20	18	15	24
7 500	29	31	30	29	28	25	23	21	18	16	25

在拟订月泌乳计划时，还必须考虑到成年母牛的健康状况、产犊季节、胎次、饲料供应情况等做适当调整。

第三步：在拟订出全群每头成年母牛的月产奶量计划以后，计算出全年的产奶计划，其内容见表 8 – 4。

表 8 - 4　年度产奶计划

项目　　月份	1	2	3	4	5	6	7	8	9	10	11	12	全年合计
总饲养头日													
总产奶量													
平均头日产奶量													
牛群日产奶量													

注：1. 总饲养头日 = 饲养成母牛头数 × 饲养天数；

2. 平均头日产奶量 = 总产奶量 ÷ 总饲养头日数；

3. 牛群日产奶量 = 总产奶量 ÷ 饲养天数

（五）奶牛育种计划

搞好奶牛的育种工作是提高牛群质量及扩大牛群数量，增加奶牛场经济效益的重要措施之一。只有搞好育种工作，才能使奶牛的生产性能、体形外貌及适应性均有所提高。为此，奶牛场必须编制好适合本场的育种方案。

1. 品种选择

选择适合本地区饲养的优良品种。奶牛场往往选择黑白花奶牛作为主要品种，其原因是黑白花奶牛的产奶量高，生产每单位牛奶所消耗的饲料费用低，经济效益较好。

2. 种公牛精液选择

选择适合本地区的优良种公牛精液，一般采用经过后裔鉴定及外貌鉴定的优良种公牛的精液。可在国内外的种公牛站广泛地进行挑选，这是进一步提高奶牛群的产奶量、改进体形外貌的主要途径之一。

在选购精液时，要根据牛群规模和选配计划，适量引进精液数量。一头种公牛的精液一次购入量不能太多。严格档案记录，严防近亲交配。

3. 牛群鉴定

按照国内统一的鉴定标准，聘用专门技术人员定期对牛群进行鉴定。通过鉴定，选择出良种母牛群，作为育种的基础。鉴定还能明确本场奶牛群所存在的优缺点，可作为今后育种改良的重点。

4. 制订选配计划

对于牛群所存在的缺点，选择有此方面优点的种公牛精液进行配种，逐步加以纠正。严格执行选种选配原则，对一些特别优秀的种母牛和种公牛，可进行适当的亲缘关系选配，以使其优良的品质遗传给后代。

5. 严格执行选留、淘汰制度

建立严格的选留、淘汰制度，制定出留种的标准，并按此标准进行选留。对有明确缺陷的犊牛要及时淘汰。如仅仅体重较轻，可采取增加喂奶量等措施，根据发育情况再做决策。对于无胎无奶的优良成年母牛要及时查明原因进行治疗，治疗无效者立即淘汰。对于年老、有胎或尚有一定经济效益的成年母牛，如对本场成年母牛年单产有影响时，要及时加以调整。

6. 根据上述材料编制出本场的育种方案

第四节　奶牛场的财务管理

奶牛场的财务管理是经营管理中的重要内容，是对奶牛业生产资金的形成、分配和使用等各种财务活动进行核算、监督和管理的方法与制度。

财务管理活动要保证生产的正常进行，具体说是要从物质、资金上保证生产，以利于生产的发展

一、奶牛场的经济核算

经济核算工作是对奶牛场经营过程中劳动、消耗和经营结果进行记载、计算、对比和分析的一种经营管理方法。经济核算包括两个方面，一是基本建设中的经济核算，也就是对每一个建设项目、建设方案的投资效果实行核算；二是生产活动中的经济核算。

在生产活动中的核算分为资金核算（固定资产和流动资产）、生

产成本核算（产品、质量、数量、成本、利润和劳动生产率）和盈利核算。

（一）资金核算

资金核算包括两个方面的内容，即固定资金和流动资金的核算。

1. 固定资金的核算

固定资金是固定资产的货币表现。它主要包括：房屋、圈舍建筑物、林木、机械设备文化卫生和生活设施等。固定资产的特点：一是使用年限较长，以完整的实物形态参加多次生产过程，在生产过程中保持固有的物质形态，而随着它们本身的磨损，其价值逐渐转移到新的产品中去。二是固定资产一般根据使用年限和单位价值的大小来决定。我国牧场固定资产的标准是使用年限一年以上，单项价值为 500 元人民币以上。此标准可依据牧场规模的大小进行归类：大中型牛场可以将不足 500 元的固定资产（指逐年添加的）计入活动资产中，而较小的牛场可以计入固定资产中。

固定资产的核算可根据具体的利用情况及折旧率计算，即基本折旧费和大修理折旧费；计算公式如下：

每年基本折旧费 =（固定资产原值 – 残值 + 修理费）÷使用年限

每年大修理折旧费 = 使用年限大修理次数 × 每次大修理费用 ÷使用年限

而衡量固定资产利用效果的经济指标多采用固定资金产值率、固定资产利润率，即每百元固定资金能有多少产值，或多少利润。

固定资金产值率(%) = 全年总产值 ÷ 年平均固定资金占用额 ×100

固定资产利润率(%) = 全年总利润 ÷ 年平均固定资金占用额 ×100

2. 流动资金的核算

流动资金是企业在生产过程和流通过程中使用的周转金，即只参加一次生产过程即被消耗，在生产过程中完全改变其物质形态的资金。

（1）流动资金的存在形式　流动资金在生产过程中依次经过供

应、生产、销售 3 个阶段，表现为 3 种不同的形式。

生产贮备：其实物形式主要体现为饲料、燃料、药品等，此时的流动资金准备投入生产，是生产准备阶段的资金形式。

在产品：其实物形式为犊牛、育成牛、成年母牛等，是介入流动资金投入生产后和取得完整形态产品之前的资金形式，是为生产过程的资金。

产成品：即一个生产过程结束后的最终产品。

（2）流动资金的利用率评价　流动资金只有在流动的过程中才能体现其价值。从生产开始投入的流动资金到取得产品售出后所得资金的流转过程即为流动资金的周期。流动资产的周转速度是指流动资金的投入到产品售出后投入下一生产过程之前所需的时间。它的评价指标有以下几种。

年周转次数 = 年销售收入/年流动资金平均占用额

周转一次所需的天数 = 360 ÷ 年周转的次数

每百元收入的流动资金进额 = 年流动资金平均占用额 ÷ 年销售收入总额 × 100

（二）成本核算

简单地说奶牛场生产过程中所消耗的全部费用称为成本，通常可分为总成本和单位成本。总成本分为固定成本和变动成本，固定成本是指不随产量变化而变化的成本，如固定资产折旧费、共同生产费和企业管理费等项目，而变动成本指随产量变化而变化的成本，如饲料费、医药费、动力燃料费等。单位成本细分为单位产品成本、单位固定成本、单位变动成本。它们分别是总成本、固定成本、变动成本与产量之间的比值。这里有两组动态的关系存在；就单位固定成本而言，产量愈高，则单位固定成本就愈低；就单位变动成本而言，产量愈增加，则单位变动成本愈接近单位产品成本。

成本核算包括 3 个方面：一是完整的归集与成本计算对象有关的消耗费用。二是正确计算生产资料中应计入本期成本的费用份额。三是科学确定成本计算的对象、项目、限期以及产品成本计算方法和配用方法，保证各产品成本的准确性。

1. 奶牛生产成本核算的相关项目

（1）直接生产费用　直接生产费可直接计入成本，主要包括以下几项。

工资和福利费：指直接从事畜牧业生产人员的工资和福利费。

饲料费：指生产过程中所消耗的各种饲料的费用，其中包括外购饲料的运杂费等。

另外还有燃料动力费、兽医治疗费、人工授精配种工本费等。

产畜摊销费：即动物的折旧费。母牛从产犊开始计算。公式为：

产畜摊销费（元/年）=（产畜原值−残值）/使用年限

固定资产折旧费计算公式如下。

固定资产折旧费（元/年）= 固定资产原值×年综合折旧率（%）

固定资产修理费：包括大修理折旧费和日常修理费。

低值易耗品费：指能直接计入的工具、器具和劳保用品等低值易耗品。

（2）间接生产费　指由于生产几种产品共同使用的费用，又称为"分摊费用"、"间接成本"，是需用一定比例分摊到生产成本中去。包括以下几项。

共同生产费=共同生产费总额×某群牛直接生产工人数（或工资总额）/全牛舍（车间）直接生产工人数（或工资总额）

畜群应摊企业管理费=企业管理费用总额×〔牛群直接生产工人数/全牛舍（车间）直接生产工人数〕。

2. 成本核算的方法（日成本核算）

（1）牛群饲养日成本和主产品单位成本的计算公式

牛群饲养日成本=该牛群饲养费用/该牛群饲养头日数

主产品单位成本=（该牛群饲养费用−副产品价值）/该牛群产品总产量

（2）按各龄母牛群组分别计算方法

成年母牛组：

总产值＝总产奶量×每千克牛奶收购价

计划总成本＝计划总产奶量×计划每千克牛奶成本

实际总成本＝固定开支＋各种饲料费用＋其他费用

计划日成本，根据计划总饲养费用和当年的生产条件计算确定：

实际日成本＝实际总成本÷饲养日

实际千克成本＝实际总成本（减去副产品价值）÷实际总产奶量

计划总利润＝（牛奶每千克收购价－每千克计划价）×计划总产奶量，或计划总产值－计划总成本

实际总利润＝完成总产值－实际总成本

固定开支＝计划总产奶量（千克）×每千克牛奶分摊的（工资＋福利＋燃料和动力＋维修＋共同生产费＋管理费）

饲料费＝饲料消耗量×每千克饲料价格

其他费用包括当日实际消耗的药物费、配种费、水电费和物品费。因每月末结算，采取将上月实际费用平均摊入当月各天中。

产房组：

产房组只核算分娩母牛饲养日成本完成情况。

青年母牛和育成母牛组：

计划总成本＝饲养日×计划日成本

固定开支＝饲养日×（平均分摊给青年母牛和育成母牛的工资和福利费、燃料和动力费、固定资产折旧费、固定资产修理费、共同生产费和企业管理费）

犊牛组：

计划总成本＝饲养日×计划日成本

固定开支＝饲养日×（平均分摊给犊牛的工资和福利费、燃料和动力费、固定资产折旧费、固定资产修理费、共同生产费和企业管理费）

根据奶牛养殖的特点，不仅要做好牛场建设管理等方面的总成本、单位成本的核算，还要做好饲养日成本核算，这样才能较为全面和准确地考核、检验整个生产的经济效益。在做好日成本核算表

和报告表的前提下可以从几个方面考虑日成本核算的方法。

3. 盈利核算

盈利核算是反映企业在一定时期内生产经营成果的重要指标。盈利是指企业的产品销售收入减去销售总成本的纯收入。衡量企业运作好差可采用以下几个指标。

成本利润率（%）＝销售利润/销售产品成本×100

销售利润率（%）＝销售利润/销售收入×100

产值利润率（%）＝总利润/总产值×100

资金利润率（%）＝总利润/资金占用总额×100

二、总资产回报率

随着科学技术的发展，奶牛场的生产经营以往是大量投入劳动力，而现在劳动力的成本增高，逐步提高了机械化的程度，劳动力相应减少，因此，提高劳动生产率是奶牛场节支增收的关键措施，提高劳动生产率靠的是机械化作业，机械化、自动化程度的提高。机械化生产来自于固定资产的高投入，这也促使我们要核算大量的资产投入（固定资产）究竟能带来多少效益，投入这些资产的回报能有多少。因此，现在一些奶牛场在经济核算中首先提出的是用总资产的回报率来衡量资产的利用程度。

总资产回报率（%）＝（牧场净收＋付出的利息）/牧场总资产×100

如果用此来评定企业的业绩，那些高投入低效率的奶牛场将面临着如何整改，才能转变为高投入高回报的局面。

三、计算机在奶牛生产中的应用

随着计算机技术的迅速发展，在现代奶牛场的生产管理中，已越来越广泛地运用计算机对有关数据和生产情况进行分析判断。

（一）计算机在奶牛繁育方面的应用

1.9 分制奶牛体形外貌线形鉴定

性状鉴定完毕，通过计算机处理有关数据，现已有专门用于 9 分制奶牛体形外貌线性鉴定的硬、软件设备。计算机有掌上电脑或手提式电脑，软件为 Pctype。用掌上电脑要有（Windows CE，掌上电脑操作系统）支持，用手提式电脑或普通电脑可在 Windows 环境下运作。

处理数据时，首先输入牛号、生日、鉴定日、胎次以及乳房空（E）、满（F）、半满（I）。注意：输入的生日、分娩日、鉴定日要准确，若它们之间有逻辑上的矛盾，计算机会自动找出，并拒绝继续运作，直至输入合理的时间、日期。

然后输入 5 大部分各个性状的线性分，并在每一部分相应的缺陷性状栏打钩，缺陷非常明显的要打两个钩，以示双倍扣除缺陷分。

完成全部的数据输入后，计算机将会自动对年龄，胎次，乳房的空、满等处于不同阶段的性状分进行校正，并扣除缺陷分，最后打出每个性状的总分及全体总分（均为功能分），鉴定员根据总分对鉴定母牛进行分级。选种者可依据母牛的等级评分以及各个性状的总分并结合母牛的产奶性能与各个体形性状的遗传相关综合考虑，最终选出优质、高产母牛。

2. 使用动物模型 BLUP 法估算公牛的育种值

BLUP 法即最优线性无偏估计法，是由美国提出的一种评定种公牛育种值的方法。该方法之所以称其"最优"，是指估计值与真实值之间的方差最小，即精确度最好；所谓"无偏"是指估计值数学期望值等于真实值的期望值；所谓"线性"，说明估计育种值与观察值为线性函数关系。

BLUP 法的基础是线性混合模型，它将所有重要的系统环境影响，即随机效应和遗传分组的固定效应都加以考虑，通过混合模型方程组求解，得到准确、可靠的个体育种值的预测值。由于混合模型方程组的解与 BLUP 估值等价，所以在家畜实际育种中，混合模型方程组法已成为 BLUP 法的同义词。当一个混合模型中随机遗传效应为该个体本身的加性遗传值，即育种值时，该模型为个体动物模型，也称为加性遗传值模型。

BLUP 法的动物模型公式为：

$$Y = Xb + Za + e$$

式中：Y—某动物的表型观察值；X—与固定效应有关的个体数矩阵；B—固定效应的估计值（包括场、年、季、胎次等）；Z—与加性遗传效应有关的个体数矩阵；a—需估计的某动物的育种值（加性遗传效应）；e—随机误差。

动物模型 BLUP 法计算过程复杂，必须在大容量的电子计算机中，通过专用软件实现。目前，在开发利用 BLUP 法软件方面已达到了通用程序化程度。我国已用 BLUP 法估计了多次全国后测公牛的育种值，对奶牛育种工作做出了很大贡献。

3. 预测奶牛的发情

根据奶牛发情期活动量明显增加的特点，设计了奶牛计步器来采集奶牛的活动信息，计步器采集信息后通过无线传输的形式传输给上位管理机进行分析处理，帮助牧工监测奶牛的发情期，以便于奶牛及时受孕。低功耗是计步器设计的关键，采取了多种措施来降低系统功耗。使计步器的微处理器和无线通信模块平时置于低功耗模式，信息采集与无线通信通过中断方式实现，振荡电路辅助通信模块完成无线信息传输，通过实验室及奶牛场现场实验，计步器计数正确率在99%以上。应用计步器，通过计算机分析决策奶牛的配种适期，有效提高了发情奶牛的检出率和配种受胎率。

（二）计算机决策奶牛日粮配方

目前，国内外饲料配方软件较多，为制定科学、高效、低成本的饲料配方提供了方便。

1. 饲料配方软件应用的数学模型

无论是在 DOS 下运行，还是在 Windows 下运行的饲料配方软件，基本上都依据线形规划原理进行。

2. 饲料和营养标准数据库管理系统

无论哪一种支持环境，都要建立饲料营养成分与价值数据库管理系统（简称原料库）、营养标准数据库管理系统（简称标准库）。

（1）原料库

待选原料库：原料窗中显示的原料。

基准原料库：提供饲料营养含量的数据。

当前原料库：提供一个当前饲料营养成分库。

参配原料库：显示在原料窗中的参加本次日粮配制的原料。

（2）标准库

参配营养素框：用于显示和编辑配方的标准。

待选营养素框：所有营养素都显示在该框中。

基准标准：收集了各种牛只国内外标准，将基准标准调到参配营养框中即可应用。

营养素名称管理：给营养素排序、修改或增加营养素。

3. 优化计算配方系统

系统可以在确保配方满足营养标准的前提下，需求最低成本饲料配方。优化计算后还可以进行原料价值评估和影响成本因素分析等。

4. 饲料配方软件使用范围

多数饲料配方软件对于猪、牛、禽、经济动物的全价混合料、浓缩料和预混料的配方设计均适用。

（三）在奶牛场管理中的应用

目前，在国内已有奶牛生产管理决策支持系统，为奶牛场和有关管理部门提供了奶牛生产管理、信息和决策参考依据。该软件包括生产管理信息和生产管理决策支持两个系统。

1. 管理信息系统

设有世界各国养牛生产信息库。

奶牛繁育库：包括奶牛系谱档案管理、配种记录、冻精使用记录、母牛产犊记录、核心群母牛胎次产奶量登记等栏目。

牛场生产管理库：包括牛群日记、产奶记录、饲料消耗记录、生产情况月报等栏目。

规范化饲养库：包括高产奶牛饲养管理规范、阶段饲养操作规程、典型日粮配方等栏目。

具有信息查询、数据输入与更新、统计计算、贮存、输出打印等功能。

2. 奶牛生产管理决策支持系统（CPMDSS）

设有信息查询库。奶牛生产分析模块包括奶牛生产函数建立、数据的统计、生产消长趋势图形分析、奶牛生产诊断等子模块；生产预测模块包括奶牛发展规模、牛群结构、产奶量等的预测；生产决策模块包括生产区划布局、牛群结构优化、牛群周转、牛群发展规模、饲料配方、经济分析等决策过程。CPMDSS 的核心在于构造和选择奶牛生产管理决策支持系统的任务和所要进行的决策要求，模型系统由以下几部分组成。

分析判断模型：包括模糊分类、灰色关联分析、层次分析模型，主要用于奶牛生产区划和诊断。

生产函数模型：一元线性模型、指数模型、对数模型、幂函数模型、S 形曲线模型、二次函数模型、二元线性函数模型。

综合平衡模型：线性规划模型。

经济分析模型：成本分析模型、投入产出模型。

预测模型：灰色 GM（1，1）模型、多元回归模型、指数平滑预测模型、马尔可夫预测模型。GM 表示灰色理论的灰微分方程模型，GM（1，1）即一阶一个变量的灰微分方程模型，是最常用的一种灰色动态预测模型。

决策模型：确定型决策模型、不完全确定模型、风险性决策模型。

第九章 奶牛场防疫制度化

第一节　牛场防疫体系的建立

随着奶牛业的不断发展，尤其是养牛场数量和规模的不断扩大，牛场需要不断地引入牛种，购入原料，与外界有经常的、广泛的、多渠道的交往，为疾病的传入提供了可能。病原体一旦传入就会造成疾病的流行，给奶牛生产带来损失。任何一种疾病的发生和流行都非单一因素引起，除致病病原体外，还与营养、环境和管理等有密切的联系，单一方法不能有效控制疾病发生。所以，养牛场应从场址选择、牛舍建设、免疫、防疫消毒制度和体内外寄生虫驱除制度的建立、疫病检验检疫、粪便处理和病死牛无害化处理等方面采取综合性措施，预防疾病发生。从而，有效降低疾病的危害。

一、坚持以预防为主

根据本场的实际情况和周围的疫病流行情况有计划地进行预防免疫接种，做到有的放矢，防止外来疾病侵入牛群，提高牛群整体健康水平。如受到疾病的威胁，要进行紧急免疫接种，迅速控制和扑灭疾病的传播与流行。

二、加强饲养管理

任何一种疫病的发生除有病原体外，还与环境、营养和管理有关。良好的环境、全价平衡饲料的供给及科学的管理方法，是牛群健康的保证，无论哪个因素出现问题，都会导致牛群健康受到损害，引起疾病的发生。

第二节 严格科学的卫生防疫制度

一、坚持自繁自养

牛场或养牛户要有计划地实行本场繁殖本场饲养，尽量避免从外地买牛带进传染病。

二、引进牛时要检疫

牛场和养牛户必须买牛时，一定要从非疫区购买。购买前须经当地兽医部门检疫，签发检疫证明书。对购入的牛进行全身消毒和驱虫，进场后，仍应隔离于 200～300 米以外的地方，继续观察至少 1 个月，进一步确认健康后，再并群饲养。

检疫可按国家颁发的《家畜家禽防疫条例》中有关规定执行。即引入种牛和奶牛时，必须对口蹄疫、结核病、布氏杆菌病、蓝舌病、地方流行型牛白血病、副结核病、牛传染性胸膜肺炎、牛传染性鼻气管炎和黏膜病进行检疫。

三、建立系统的防疫制度

（一）牛场谢绝参观

谢绝无关人员进入养牛场，必须进入者，需换鞋和穿戴工作服、帽。场外车辆、用具等不准进入场内。出售牛、奶一律在场外进行。不从疫区和自由市场上购买草料。本场工作人员进入生产区，也必须更换工作服和鞋帽。饲养人员不得串牛舍，不得借用其他牛舍的用具和设备。场内职工不得私自饲养牲畜或鸡、鸭、鹅、猫、狗等动物。患有结核病和布氏杆菌病的人不得饲养牲畜。不允许在生产区内宰杀或解剖牛，不准把生肉带入生产区或牛舍，不得用未经煮沸的残羹剩饭喂牛。

（二）严格执行消毒制度

在传染病和寄生虫病的防疫措施中，通过消毒杀灭病原体，是预防和控制疫病的重要手段。因各种传染病的传播途径不同，所采取的措施也不尽一致。通过消化道传播的疫病，以对饲料、饮水及饲养管理用具进行消毒为主；通过呼吸道传播的疫病，则以对空气消毒为主；由节肢或啮齿动物传播的疫病，应以杀虫灭鼠来达到切断传播途径的目的。

（三）建立定期消毒制度

每年春、秋结合转饲、转场，对牛舍、场地和用具进行一次全面大清扫、大消毒；以后牛舍每月小消毒1次，厩床每天用清水冲洗，土面厩床要清粪、勤垫圈。产房每次产犊都要消毒。消毒池的消毒药水要定期更换，保持有效浓度，一切人员进出门口时，必须从消毒池上通过。

（四）消灭老鼠和蚊蝇等吸血昆虫

老鼠和蝇、蚊、虻、蠓、蚋、螨等吸血昆虫，可能传播牛的多种传染病和寄生虫病。所以，应结合日常卫生工作，使灭鼠、灭蝇、灭虫工作常态化，尽量减少和阻断疫病的传播。

（五）制定科学有效的免疫程序

有计划地给健康牛群进行预防接种，可以有效地抵抗传染病侵害。为使预防接种取得预期的效果，必须掌握本地区传染病的种类及其发生季节、流行规律，了解牛群的生产、饲养、管理和流动等情况，以便根据需要制订相应的免疫计划，适时地进行预防接种。此外，在引入或输出牛群、施行外科手术之前，应进行临时性预防注射。对疫区内尚未发病的动物，必要时可做紧急预防接种，但要注意观察，及时发现被激化的病牛。

第三节　疫苗的注射

一、口蹄疫免疫

可能流行口蹄疫的地区，每年春、秋两季用同型的口蹄疫弱毒疫苗接种 1 次，肌肉或皮下注射，1~2 岁牛 1 毫升，2 岁以上牛 2 毫升。注射后 14 天产生免疫力，免疫期 4~6 个月。本疫苗残余毒力较强，能引起一些幼牛发病，因此 1 岁以下的小牛不接种。对猪也有致病力，故不得使用本苗给猪免疫。接种本苗的牛、羊和骆驼也不得与猪接触。

二、狂犬病免疫

对被疯狗咬伤的牛，应立即接种狂犬病疫苗，颈部皮下注射 2 次，每次 25~50 毫升，间隔 3~5 天，免疫期 6 个月。在狂犬病多发地区，也可用来进行定期预防接种。

三、伪狂犬病免疫

疫区内的牛，每年秋季接种牛羊伪狂犬病氢氧化铝甲醛苗 1 次，颈部皮下注射，成年牛 10 毫升，犊牛 8 毫升。必要时 6~7 天后加强注射 1 次，免疫期 1 年。

四、牛痘免疫

牛痘常发地区，每年冬季给断奶后的犊牛接种牛痘苗 1 次，皮内注射 0.2~0.3 毫升，免疫期 1 年。

五、牛瘟免疫

用于受牛瘟威胁地区的牛。牛瘟疫苗有多种，我国普遍使用的是牛瘟绵羊化兔化弱毒疫苗，适用于朝鲜牛和牦牛以外所有品种的牛。本苗按制造和检验规程应就地制造使用。以制苗兔血液或淋巴、脾脏组织制备的湿苗（1：100），无论大小牛一律肌内注射2毫升，冻干苗按瓶签规定的方法使用，接种后14天产生免疫力，免疫期1年以上。

六、炭疽免疫

经常发生炭疽和受该病威胁地区的牛，每年春季应作炭疽菌苗预防接种1次。炭疽菌苗有3种，使用时，任选1种。

无毒炭疽芽孢苗1岁以上的牛皮下注射1毫升，1岁以下的0.5毫升。

第二号炭疽芽孢苗大小牛一律皮下注射1毫升。

炭疽芽孢氢氧化铝佐剂苗或称浓缩芽孢苗，为上两种芽孢苗的10倍浓缩制品，使用时以1份浓缩苗加9份20%氢氧化铝胶稀释后，按无毒炭疽芽孢苗或第二号炭疽芽孢苗的用法、用量使用。以上各苗均在接种后14天产生免疫力，免疫期1年。

七、气肿疽免疫

对近3年内曾发生过气肿疽的地区，每年春季接种气肿疽明矾菌苗1次，大小牛一律皮下接种5毫升，小牛长到6个月时，加强免疫1次。接种后14天产生免疫力，免疫期约6个月。

八、肉毒梭菌中毒症免疫

常发生肉毒梭菌中毒症地区的牛，应每年在发病季节前，使用同型毒素的肉毒梭菌苗预防接种1次。如C型菌苗，每牛皮下注射10毫升，免疫期可达1年。

九、破伤风免疫

多发生破伤风的地区，应每年定期接种精制破伤风类毒素1次，大牛1毫升，小牛0.5毫升，皮下注射，接种后1个月产生免疫力。免疫期1年。当发生创伤或手术（特别是阉割术）有感染危险时，可临时再接种1次。

十、牛巴氏杆菌病免疫

历年发生牛巴氏杆菌病的地区，在春季或秋季定期预防接种 1 次。在长途运输前随时加强免疫 1 次。我国当前使用的是牛出血性败血病氢氧化铝菌苗，体重在 100 千克以下的牛 4 毫升，100 千克以上的 6 毫升，均皮下或肌内注射，注射后 21 天产生免疫力，免疫期 9 个月。怀孕后期的牛不宜使用。

十一、布氏杆菌病免疫

在布氏杆菌病常发生的地区，每年要定期对检疫为阴性的牛进行预防接种。我国现有 3 种菌苗。一种是流产布氏杆菌 19 号弱毒菌苗。只用于处女犊牛，即 6～8 月龄时免疫 1 次，必要时在怀孕前加强免疫 1 次，每次颈部皮下注射 5 毫升（含 600 亿～800 亿活菌），免疫期可达 7 年。另一种是布氏杆菌羊型 5 号冻干弱毒菌苗。用于 3～8 月龄的犊牛，可皮下注射（用菌 500 亿/头），也可气雾吸入（室内气雾时用菌 250 亿/头，室外用菌 400 亿/头），免疫期 1 年。以上两种菌苗，公牛、成年母牛和孕牛均不宜使用。第三种是布氏杆菌猪型 2 号冻干弱毒菌苗，公、母牛均可用，孕牛不宜使用，以免引起流产。可供皮下注射、气雾吸入和口服接种，皮下注射和口服时用菌数为 500 亿/头，室内气雾吸入为 250 亿/头，免疫期 2 年以上。因此每隔 1 年免疫 1 次，达到国家规定的"消灭区"指标时停止免疫接种。

气雾免疫是将稀释的菌苗装入特制的雾化器内，通过压缩空气的喷射，将液体菌苗雾化成直径 10 微米左右的粒子，被牛吸入而免疫。室内气雾免疫时，将喷头由门窗缝伸入室内，保持与牛头同高，向四面均匀喷射，喷完后，让牛在室内停留 20～30 分钟。室外气雾免疫时，须将牛群赶进四周有矮墙的圈内，对准牛头喷射，同时驱赶牛群，保证每头牛有均等机会吸入菌苗。喷完后，让牛在圈内停留 20～30 分钟。口服时，先用适量冷水拌湿精料，再拌入稀释好的菌苗，充分拌匀，让牛采食，或者掺入少量饮水中，让牛饮服。喂菌苗前，牛应停食或停饮半天，喂完菌苗半小时后，方可按常规饲喂。用菌苗前后 1 周不得使用抗生素药物或含抗生素的饲料。人对羊型 5 号弱毒菌苗有感染力，使用时应加强防护。

第四节　消毒的方法与实施

消毒的目的是消灭被传染源散播于外界环境中的病原体，以切断传播途径，阻止疫病继续蔓延。

一、机械性消除

主要是通过清扫、洗刷、通风、过滤等机械方法消除病原体，是一种普通而又常用的方法，但不能达到彻底消毒的目的，作为一种辅助方法，须与其他消毒方法配合进行。

二、物理消毒法

采用阳光、紫外线、干燥、高温等方法，杀灭细菌和病毒。

三、化学消毒法

用化学药物杀灭病原体的方法，在防疫工作中最为常用。选用消毒药应考虑杀菌谱广，有效浓度低，作用快，效果好；对人畜无毒、无害；性质稳定，易溶于水，不易受有机物和其他理化因素影响；使用方便，价格低廉，易于推广；无味、无臭，不损坏被消毒物品；使用后残留量少或副作用小等。

根据消毒药的化学成分可分为以下几类。

① 酚类消毒药，如石炭酸、来苏尔、克辽林、菌毒敌、农福等。

② 醛类消毒药，如甲醛溶液、戊二醛等。

③ 碱类消毒药，如氢氧化钠、生石灰（氧化钙）、草木灰水等。

④ 含氯消毒药，如漂白粉、次氯酸钙、二氯异氰尿酸钠、氯胺（氯亚明）等。

⑤ 过氧化物消毒药，如过氧化氢、过氧乙酸、高锰酸钾、臭

氧等。

⑥ 季铵盐类消毒药，如新洁尔灭、洗必泰、杜火分、消毒净等。

四、生物消毒法

在兽医防疫实践中，常用将被污染的粪便堆积发酵，利用嗜热细菌繁殖时产生高达 70℃ 以上的高温，经过 1~2 个月可将病毒、细菌（芽孢除外）、寄生虫卵等病原体杀死，既达到消毒的目的，又保持了肥效。但本法不适用于炭疽、气肿疽等芽孢病原体引起的疫病，这类疫病的粪便应焚烧或深埋。

五、消毒的实施

（一）定期性消毒

一年内进行 2~4 次，至少春秋两季各 1 次。奶牛舍内一切用具每月应消毒 1 次。

对牛舍地面及粪尿沟可选用下列药物进行消毒：5%~10% 热碱水、3% 苛性钠、3%~5% 来苏尔或臭药水溶液等喷雾消毒，用 20% 生石灰乳粉刷墙壁。

饲养管理用具、牛栏、牛床等以 5%~10% 热碱水或 3% 苛性钠溶液或 3%~5% 来苏尔或臭药水溶液进行洗刷消毒，消毒后 2~6 小时，在放入牛只前对饲槽及牛床用清水冲洗。奶具以 1% 热碱水洗刷消毒。

运动场应及时清扫，除去杂草后，用 5%~10% 热碱水或撒布生石灰进行消毒。

（二）临时性消毒

牛群中检出并剔出结核病、布氏杆菌病或其他疫病牛后，有关牛舍、用具及运动场须进行临时性消毒。

布氏杆菌病牛发生流产时，必须对流产物及污染的地点和用具进行彻底消毒。病牛的粪尿应堆积在距离牛舍较远的地方，进行生物热发酵后，方可充任肥料。

产房每月进行 1 次大消毒，分娩室在临产牛生产前及分娩后各进行 1 次消毒。

凡属患有布氏杆菌病、结核病等疫病死亡或淘汰的牛，必须在兽医防疫人员指导下，在指定的地点剖解或屠宰，尸体应按国家的有关规定处理。处理完毕后，对在场的工作人员、场地及用具彻底消毒。怀疑为因炭疽病等死亡的牛只，则严禁解剖，按国家有关规定处理。

第十章 奶牛常见病防治

第一节　奶牛主要传染病

一、口蹄疫

口蹄疫俗称"口疮"、"蹄癀"，是由口蹄疫病毒引起的一种人和偶蹄动物的急性发热性、高度接触性传染病。主要临床症状表现为口腔黏膜、唇、蹄部和乳房皮肤发生水疱和溃烂。

（一）病因

该病由口蹄疫病毒引起。口蹄疫病毒是动物 RNA 病毒，呈圆形，该病毒具有多型性、变异性等特点。目前，全世界有 7 个主型：A、O、C、南非 1、南非 2、南非 3 和亚洲 I 型。各型之间不能互相免疫，即感染了此型病毒的动物，仍可感染其他型病毒。各型的临床表现相同。该病毒对动物致病力强，1 克新鲜的牛舌皮毒，捣碎成糊状，稀释 107 ~ 108 倍后，取 1 毫升舌面接种牛，还能使牛发病。病毒存在于病牛的水疱、唾液、血液、粪、尿及乳汁中。病毒对外界抵抗力强，不怕干燥，但对日光、热、酸、碱均敏感。

（二）诊断

1. 流行病学

不同地区发病表现为不同的季节性，牧区一般从秋末开始，冬季加剧，春季减轻，夏季平息。在农区，季节性不明显。病牛是传染源，传播途径是通过直接或间接接触，经消化道、损伤的黏膜、皮肤和呼吸道传播。口蹄疫病毒传染性强，一旦发病呈流行性，且每隔一两年或三五年就流行一次，有一定的周期性。

2. 症状

潜伏期平均为 2~4 天，长者可达一周。病牛体温升高至 40~41℃，精神不振，食欲减退，流涎。1~2 天后，唇内面、齿龈、舌面和颊部黏膜出现 1~3 厘米见方的白色水疱，大量流涎，水疱破裂形成糜烂，病牛因口腔疼痛采食困难，进食减少或不进食。水疱破裂后，体温下降至正常，糜烂部位逐渐愈合。与水疱出现的同时或稍后，蹄部的趾间、蹄冠的皮肤也出现水疱，并很快破裂，病畜不愿意行走，严重者蹄匣脱落。在牛的鼻部和乳头上也出现水疱，之后破裂，形成粗糙的、有出血的颗粒状糜烂面。感染的怀孕母牛经常出现流产。病程约为一周，病变部位恢复快，全身症状也渐好转。如果发生在蹄部，病程较长，2~3 周，死亡率低，不超过 1%~3%。若病毒侵害心肌，可使病情恶化，导致心脏出现麻痹而突然倒地死亡。

3. 病理变化

主要在口腔黏膜、蹄部、乳房皮肤出现水疱及糜烂面。病毒毒素侵害心肌而死亡的牛，心肌变性和出血及在心肌上可看到许多大小不等、形态不整齐的灰白色或灰黄色混浊无光泽的条纹样病灶，称为"虎斑心"。

4. 鉴别诊断

本病应与牛黏膜病、牛恶性卡他热、水疱性口炎相区别。牛黏膜病口腔黏膜虽有糜烂，但无水疱形成；牛恶性卡他热散发性发生，全身症状重，有角膜混浊，死亡率高；水疱性口炎流行范围小，发病率低。

（三）防治

该病发生后一般经过 10 天左右能自愈。为了防止继发性感染，缩短病程，应对病牛进行隔离及加强护理，用 0.1% 高锰酸钾或 3% 硼酸水对病变部位实施清洗、消毒、敷以收敛剂并适当应用抗生素。

还可用同型高免血清或病愈后 10～20 天的良性口蹄疫病牛的血清进行皮下注射，用量为每千克体重 1 毫升。

发生口蹄疫时，对疫区和受威胁区内的健康牛，采用与当地流行的相同病毒型、亚型的减毒活苗和灭活苗进行接种。

二、牛流行热

牛流行热，全称牛流行性感冒，又称三日热或暂时热，是一种急性、热性、高度接触性牛传染病。临床症状表现为：突发高热、流泪、流涎、呼吸迫促，四肢关节障碍及精神抑郁。

（一）病因

由流行热病毒引起，病毒粒子呈子弹状或圆锥状，尖端直径 16.6 纳米，底部直径 70～80 纳米，高 145～176 纳米。病毒抵抗力不强，对酸、碱、热、紫外线照射均敏感。

（二）诊断

1. 流行病学

病牛是传染源，病毒主要存在于高热期病牛血液和呼吸道分泌物中。自然条件下，本病毒传播媒介为吸血昆虫，经叮咬皮肤感染。多雨潮湿的季节容易造成本病毒流行。本病毒传播迅速，短期内可使很多牛感染发病，不同品种、性别、年龄的牛均可感染发病，呈流行性或大流行，3～5 年流行一次。

2. 症状

潜伏期 2～10 天，常突然发病，迅速波及全群，体温升高到 40℃以上，持续 2～3 天，病牛精神不振，鼻镜干燥发热，反刍停止，奶产量急剧下降。全身肌肉和四肢关节疼痛，步态不稳，又称"僵直病"。高热时，呼吸急促，呼吸次数每分钟可达 80 次以上，肺部听诊肺泡音高亢，支气管音粗糙。眼结膜充血、流泪、流鼻漏、流涎，口边粘有泡沫。病牛尿量减少，孕牛易流产。病程为 2～5 天，有时可达 1 周，多数能够恢复。

3. 病理变化

主要病变在呼吸道,有明显肺间质性气肿,部分病例可见肺充血及水肿,肺体积增大。严重病例全肺膨胀充满胸腔。在肺的心叶、尖叶、隔叶出现局限性暗红色乃至红褐色小叶肝变区。气管和支气管泡沫状液体。全身淋巴结呈不同程度的肿大、充血和水肿。实质器官多呈现明显的浑浊肿胀。此外,还发现关节、腱鞘、肌膜的炎症变化。

4. 鉴别诊断

应与类蓝舌病、牛呼吸道合孢体病毒感染及牛传染性鼻气管炎区别:类蓝舌病不出现全身肌肉和四肢关节疼痛症状;牛呼吸道合孢体病毒感染流行季节在晚秋,症状以支气管肺炎为主,病程长;牛传染性鼻气管炎多发生在寒冷季节,症状以呼吸道症状为主,少见全身性症状。

(三) 防治

本病为良性经过,应对症治疗及加强护理,如解热、补糖、补液等,数日后可恢复。严重病例,在加强护理的同时,应采取解热、消炎、强心等。此外,可静脉放血(1 500~2 500毫升),以改善小循环,防止过度水肿。对瘫痪的奶牛,在卧地初期,可应用安乃近、水杨酸、葡萄糖酸钙等静脉注射。在流行季节到来之前,接种牛流行热亚单位疫苗或灭活疫苗。在吸血昆虫滋生前1个月接种,间隔3周后进行第2次接种,部分牛有接种反应,奶牛接种后3~5天产奶量会有轻微下降。对假定健康牛和附近受威胁地区牛群,可用高免血清进行紧急预防。吸血昆虫是媒介,因此,消灭吸血昆虫及防止叮咬,也是一项重要措施。

三、布氏杆菌病

本病也称传染性流产,是由布氏杆菌引起的人畜共患的一种接触性传染病,特征为流产和不孕。

（一）病因

由布氏杆菌引起，该菌微小，近似球状的杆菌，（1~5）微米×0.5微米，不形成芽孢、无荚膜，革兰氏染色阴性，需氧兼性厌氧菌。布氏杆菌不耐热，60℃，30分钟即可杀死，对干燥抵抗力强，在干燥的土壤中，可生存2个月以上，在毛、皮中可生存3~4个月。一般消毒剂也可杀死。病菌从损伤的皮肤、黏膜侵入机体，致使发病。

（二）诊断

1. 流行病学

春、夏容易发病，病畜为传染源，病菌存在于流产的胎儿、胎衣、羊水、流产母畜阴道分泌物及公畜的精液内。传染途径是直接接触性传染，受伤的皮肤、交配、消化道等均可传染。呈地方性流行。发病后可出现母畜流产，在老疫区出现关节炎、子宫内膜炎、胎衣不下、屡配不孕、睾丸炎。犊牛有抵抗力，母畜易感。

2. 症状

流产是最主要的症状，流产多发生在妊娠后第5~8个月，产出死胎或弱胎、胎衣不下，流产后阴道内继续排出褐色恶臭液体，母牛流产后很少发生再次流产。公畜常发生睾丸炎或副睾丸炎。病牛发生关节炎时，多发生在膝关节及腕关节。

3. 病理变化

病牛除流产外，在绒毛叶上有多数出血点和淡灰色不洁渗出物，并覆有坏死组织，胎膜粗糙、水肿、严重充血或有出血点，并覆盖一层纤维蛋白质。胎盘有些地方呈现淡黄色或覆盖有灰色脓性物。子宫内膜呈卡他性炎或化脓性内膜炎。流产胎儿的肝、脾和淋巴结呈现程度不同的肿胀，甚至有时可见散布着炎性坏死小病灶。母牛常有输卵管炎、卵巢炎或乳房炎。公牛精囊常有出血和坏死病灶，睾丸和附睾坏死，呈灰黄色。

4. 鉴别诊断

本病应与其他病因引起的流产相区别，如机械性流产、滴虫性流产、弯曲菌性流产、变动性流产等。

（三）防治

首先进行隔离，对流产伴有子宫内膜炎的母畜，可用0.1%高锰酸钾溶液冲洗子宫和阴道，每日各一次，然后注入抗生素。免疫方面，应用19号活菌苗，犊牛6个月接种一次，18个月再接种一次，免疫效果持续数年。预防上要定期检疫，消毒。

四、结核病

结核病是由结核分枝杆菌引起的人畜共患的一种慢性传染病。特征是在机体组织中形成结核结节性肉芽肿和干酪样、钙化的坏死病变。

（一）病因

本病由结核分枝杆菌引起，病菌分三型：牛型、人型、禽型。病菌长1.5～5微米、宽0.2～0.5微米，菌体形态为两端钝圆、平直或稍弯曲的纤细杆菌，无芽孢和荚膜、鞭毛，没有运动性，需氧菌，革兰氏阳性。对外界抵抗力强，对干燥和湿冷更强。对热抵抗力差，60℃，30分钟可死亡，100℃沸水中立即死亡。一般消毒药，如5%来苏尔、3%～5%甲醛、70%酒精、10%漂白粉溶液等可杀灭病菌。

（二）诊断

1. 流行病学

患牛是本病的传染源，不同类型的结核杆菌对人和畜有交叉感染性。病菌存在于鼻液、唾液、痰液、粪尿、乳汁和生殖器官的分泌物中，这些东西能污染饲料、饮用水和空气、周围环境。可通过呼吸道和消化道感染，环境潮湿、通风不好、牛群拥挤、饲料缺乏维生素和矿物质等均可诱发本病。

2. 症状

潜伏期一般为 10～45 天，呈慢性经过。有以下几种类型。

（1）肺结核　长期干咳，之后变为湿咳，早晨和饮水后较明显，咳嗽逐渐加重，呼吸次数增加，且有淡黄色黏液或黏性鼻液流出。食欲下降、消瘦、贫血，产奶量减少，体表淋巴结肿大，体温一般正常或稍高。

（2）淋巴结核　肩前、股前、腹股沟、颌下、咽及颈部等淋巴结肿大，有时可能破裂形成溃疡。

（3）乳房结核　乳房淋巴结肿大，常在后方乳腺区发生结核，乳房肿大，有硬块，产奶量减少，乳汁稀薄。

（4）肠结核　多发生于犊牛，下痢与便秘交替，之后发展为顽固性下痢，粪便带血、腥臭，消化不良，渐渐消瘦。

3. 病理变化

剖检特征为结核结节，肺部及其所属淋巴结核为首，其次为胸膜、乳房、肝和子宫、脾、肠结核等。肉眼可发现脏器有白色或黄色结节，切面呈干酪样坏死，呈钙化或形成空洞。胃肠道黏膜有大小不等的结核结节或溃疡。乳房结核，在病灶内含干酪样物质。

4. 鉴别诊断

本病应与牛肺炎、牛副结核相区别，牛肺炎在我国已扑灭，牛副结核症状表现以持续性下痢为主，并伴有水肿。

（三）防治

应用链霉素、异烟肼、对氨基水杨酸钠及利福平等药治疗本病，在初期有疗效，但不能彻底根治。因此，一旦发现病牛，应立即淘汰。采取严格的检疫、隔离、消毒措施，加强饲养管理，培养健康牛群。

五、牛巴氏杆菌病

巴氏杆菌病是由多杀性巴氏杆菌感染引起的各种家畜、家禽和野生动物传染病的总称。牛巴氏杆菌病又称牛出血性败血症，是牛的急性传染病之一，临床上以高热、肺炎和内脏广泛出血为主要症状。

（一）病原及流行病学特点

多杀性巴氏杆菌是两端钝圆、中央略凸的短杆菌，革兰氏染色阴性，用瑞氏、姬姆萨氏法或美蓝染色、镜检，菌体两端着色深、中央着色浅，像两个并列球菌，故又叫两极杆菌。本菌对外界抵抗力弱，在血液和粪便中可存活 10 天，在干燥环境中存活 2～3 天，在腐尸内可存活 1～3 个月。阳光直射、高温和常用消毒药可灭活本菌。患病牛或健康带菌牛是主要的传染源，病菌可随分泌物与排泄物排出体外，污染环境。该病可经消化道和呼吸道等途径传播。

（二）临床症状与病理变化

本病潜伏期为 2～5 天。根据临床症状可将本病分为两个类型。

1. 急性败血型

病牛体温突然升高，可达 40～42℃，精神不振，拒食，呼吸困难，可视黏膜紫绀。有的病例从鼻孔流出带血泡沫。有的病例发生腹泻，粪便带血，一般于发病 24 小时内因衰竭而死亡。没有特征性的剖检变化，只见黏膜和内脏表面点状出血。

2. 肺炎型

患牛呼吸困难，痛性干咳，鼻孔流出无色泡沫，听诊有支气管啰音或胸膜摩擦音，叩诊胸部出现浊音区。严重病例头颈伸直，张口伸舌，呼吸高度困难，颌下、喉头及颈下方出现水肿，颈部与背部皮下出现气肿，常死于窒息。2 岁以下的牛常伴有剧烈腹泻，粪便带血。剖检可见胸腔内有大量蛋花样液体，肺、胸膜及心包发生粘连，出现纤维素性肺炎，肺组织肝样变，切面呈红色、灰黄色或灰白色，有散在的小坏死灶。腹泻病牛的胃肠黏膜严重出血。

（三）诊断

根据流行病学材料、临床症状和病理变化可对该病做出诊断。

也可进行实验室诊断，如病原形态观察或细菌分离鉴定，或进行小鼠试验感染。在临床上注意本病与炭疽、气肿疽、恶性水肿与牛肺疫的鉴别诊断。

（四）防治

加强饲养管理，增强牛抗病能力，注意环境卫生消毒工作，消除应激因素。在疫区，用牛出血性败血症氢氧化铝菌苗对牛群进行免疫接种。对病牛和疑似病牛，应进行严格隔离，积极治疗。对污染的厩舍和用具用5%漂白粉液或10%石灰乳消毒。

对病牛可用恩诺沙星、环丙沙星等抗菌药大剂量静脉注射。如环丙沙星，肌内注射量2.5~5毫克/千克体重，静脉注射量2毫克/千克体重，1天2次。四环素、青霉素、链霉素、庆大霉素及磺胺类药物对该病也有很好疗效。如配合使用抗出血性败血症多价血清，成年奶牛60~100毫升，犊牛30~50毫升，一次注入，效果更好。对有窒息危险的病牛，可作气管切开术。

六、犊牛大肠杆菌病

（一）病原与流行病学特点

犊牛大肠杆菌病又称犊牛白痢，是由大肠杆菌感染引起的急性传染病。气候变化、饲养管理不当、环境卫生不良、初乳不及时或发生消化道障碍等可促发新生犊牛患病，主要经消化道途径感染，也可在子宫内感染。2周龄以内的新生犊牛多发。

（二）临床症状

根据犊牛大肠杆菌病的临床症状可分为3种类型。

1. 肠炎型

患病犊牛最初排出粥样粪便，淡黄色，恶臭，不久排水样粪便，呈浅灰白色，粪便内含有凝血块、血丝和气泡。严重病例卧地不起，机体虚弱、脱水，常衰竭死亡。自愈的病例发育迟缓。

2. 中毒型

也称肠血型，急性病例临床症状不明显，常突然死亡。慢性病例出现中毒性神经症状，表现不安、兴奋或沉郁、昏迷，最终死亡。

3. 败血型

也称脓毒型，产后 3 天内的犊牛多发，潜伏期很短，发病急，病程短，精神不振，不吃奶，体温升高，多数病例腹泻，排稀薄粪便，呈淡灰白色。大多数病例四肢无力，卧地不起，于发病 1 天内死亡。

（三）诊断

根据流行病学、临床症状和病理变化可对本病做出初步诊断。确诊需进行细菌学检查，对分离出的大肠杆菌应进行生化反应、血清学鉴定与肠毒素测定。目前，核酸探针技术和 PCR 也被用来进行大肠杆菌的鉴定。

（四）防治

加强妊娠母牛的饲养管理，饲喂营养丰富的饲料，保证初乳的质量和免疫球蛋白含量。彻底消毒产房及接产用具，做好接产准备。使犊牛在出生后尽快吃上初乳。也可制备自家大肠杆菌灭活疫苗，在产前 4～10 周对母牛进行免疫接种，可显著提高初乳抗体含量，可预防犊牛大肠杆菌病。

本病以消炎、抗菌、补液、调节胃肠功能和调节肠道微生态平衡为治疗原则。消炎抗菌可用土霉素、庆大霉素或链霉素内服。补液纠正水、电解质平衡紊乱与酸中毒，可用 0.9% 氯化钠注射液、复方氯化钠注射液、5% 糖盐水、5% 碳酸氢钠注射液 100～150 毫升。强心可应用 10% 安钠咖注射液，也可应用维生素 C 增强动物抵抗力。将乳酸 2 克、鱼石脂 20 克，加水 90 毫升混匀，灌服，以调节胃肠功能；也可内服次硝酸铋、白陶土或活性炭等保护剂和吸附剂以保护肠黏膜。

七、放线菌病

（一）病原及流行病学特点

牛放线菌病由牛放线菌、林氏放线杆菌感染牛引起，以色列放线菌、金黄色葡萄球菌与化脓性棒状杆菌也可引起本病。放线菌随植物的芒刺损伤口腔黏膜或窜入唾液腺导管开口处而感染奶牛。年轻奶牛更换永久齿，可经破损的齿龈黏膜感染放线菌。深部的软组织感染后，放线菌可经血管或淋巴管侵入远处器官。

（二）临床症状

有的病例下颌骨表现化脓性骨化性骨膜炎或骨髓炎。随病程的发展，骨层板和骨小管遭到破坏，出现骨疽性病变，下颌骨肿大，呈粗糙海绵样多孔状，甚至局部形成瘘管，有脓汁排出。有的病例呈现上颌骨放线菌病，病变扩展到上颌窦，在窦腔有放线菌增生物，在面部形成瘘管口。有的病牛咽部与喉部出现放线菌病灶呈蕈状增生物。软组织放线菌病，在病灶中心有大量多形核白细胞，周围有新生肉芽组织，外层为成纤维细胞形成包膜。在这些结节性病灶周围，可不断生出新的结节，被结缔组织围绕，持续扩大，形成大型球状肉芽肿——放线菌肿。有时放线菌肿包内有大量白细胞浸润，并使组织崩解，形成脓肿和瘘管，向外排脓。

（三）治疗

外科手术是治疗本病的主要方法。

1. 保定与麻醉

对小肉芽肿病例可施行站立保定。对大型肉芽肿且根蒂较深者，可采用右侧侧卧保定。常用局部浸润麻醉。

2. 手术方法

肉芽肿及瘘管在急性感染早期，可先给以抗感染治疗。如已形成脓肿须切开排脓，待急性炎症完全消退后，再择期手术。

手术时，在病变基部皮下作浸润麻醉。在球状肉芽肿底部两侧，沿被毛方向作一大于肉芽肿纵径的梭形皮肤切口。切开两侧皮肤后，用组织钳或止血钳牵引两侧皮瓣，用刀或剪分离肉芽肿的周围组织。再用双股粗丝线或锐齿拉钩将肉芽肿组织提起，并继续分离。向深部分离时，如处在颈静脉分叉处，必须注意避免损伤血管。沿肉芽肿分离周围组织时，不要紧贴索状根蒂，而应多带一些周围组织，以防剥破管壁，造成术部污染。显露肉芽肿根蒂部，仔细分离并向上追踪至腮腺或颌下腺甚至咽喉部病灶中心部。用止血钳夹住根蒂部，再用缝线结扎并切除根蒂。有时为了单纯追求深度，可能严重损伤腺体造成与咽喉腔相通。在术部操作时，要善于识别唾液腺体、大血管及神经。唾液腺被误切或损伤后，应作两层连续内翻包埋缝合，以防术后形成唾瘘。创内充分止血后，缝合皮肤并作引流。对于单纯性放线菌脓肿，待脓肿成熟后，切开排脓，而不做完整摘除，很多病例也因此痊愈。术后使用抗生素预防切口感染，8～10天后拆除皮肤缝线。

第二节　牛主要寄生虫病

一、泰勒虫病

泰勒虫病以高热稽留、贫血和体表淋巴结肿大为特征。

（一）病原体及生活史

红细胞内的虫体，以环形虫体较多，大小为 0.75～1.4 微米。在单核巨噬细胞内形成多核的虫体，即裂殖体（称为石榴体或柯赫兰氏体）。

（二）流行病学

环形泰勒虫在北方流行。本病由残缘璃眼蜱传播，主要在舍词条件下发生。多发于 1～3 岁牛，患过本病的牛可获得 2.5 年的免疫力。

（三）临床症状

多呈急性经过，潜伏期 14～20 天。初期高热稽留，精神沉郁。淋巴结肿大，有痛感。食欲废绝，可视黏膜、肛门周围、尾根等皮薄处有出血斑，贫血。产奶量下降。

剖检全身皮下、肌间、黏膜和浆膜上均有大量的出血点和出血斑，全身淋巴结肿大，切面多汁。皱胃黏膜肿胀，有许多溃疡病灶；脾肿大，脾髓质软呈黑色泥糊状。肾脏肿大、质软。肝脏肿大，质脆。

（四）诊断

淋巴结穿刺涂片镜检，可发现石榴体。耳静脉采血涂片镜检，可在红细胞内找到虫体。

（五）防治

1. 对症治疗

对症治疗和支持疗法包括强心、补液、止血、健胃、缓泻、输血等。

2. 药物治疗

药物同双芽巴贝斯虫病。还可用磷酸伯氨喹啉（PMQ），0.75～1.5 毫克/千克体重，每天口服 1 次，连用 3 天。

3. 预防

残缘璃眼蜱在圈舍内的土地上产卵。3～4 月和 9～11 月用水泥等将圈舍内离地面 1 米高范围内的缝隙堵死，将蜱闷死在洞穴内。

二、牛球虫病

牛球虫病以出血性肠炎为特征，主要发生于犊牛。

（一）病原体及生活史

寄生于牛体的球虫有14种之多，其中，致病力最强、最常见的是邱氏艾美耳球虫。牛艾美耳球虫卵囊27.7微米×20.3微米。

牛球虫入侵小肠下段和大肠上皮细胞。发育过程有子孢子、裂殖子、配子、卵囊，卵囊随粪便排出体外，经过孢子生殖阶段之后，形成感染性卵囊。牛吞食了感染性卵囊而发病。

（二）流行病学

2岁以内的犊牛发病率高，易死亡。成年带虫牛及临床治愈的牛，不断排出卵囊。卵囊对外界环境的抵抗力特别强，在土壤中可存活半年以上。放牧在潮湿、多沼泽的牧场时最易发病，潮湿有利于球虫发育。突然换料，容易诱发本病。

（三）临床症状

犊牛一般呈急性经过。病初精神沉郁，被毛松乱，粪便稀。母牛产奶量减少。约1周后，精神更加沉郁，喜躺卧。前胃迟缓，排带血的稀便，其中混有纤维性薄膜，有恶臭。后期，粪便呈黑色，几乎全为血液，衰弱、死亡。慢性型的病牛一般在发病后3~5天逐渐好转，持续腹泻和贫血，病程数月，也可能因高度贫血和消瘦而死亡。

剖检可见尸体消瘦，贫血；肛门敞开，外翻，后肢和肛门周围为血粪污染；直肠黏膜肥厚，出血；淋巴滤胞肿大突出，有白色和灰色的小病灶，直径为4~15毫米的溃疡。直肠内容物呈褐色，带恶臭，有纤维性薄膜和黏膜碎片。肠系膜淋巴结肿大和发炎。

（四）诊断

粪便用显微镜检查，发现大量卵囊时即可确诊。

（五）防治

1. 药物治疗

（1）氨丙啉　25 毫克/千克体重口服，每天 1 次，连用 5 天。

（2）莫能菌素或盐霉素　按 20～30 毫克/千克饲料添加混饲。

2. 预防

换料要逐步过渡。也可用药物进行预防：① 氨丙啉，按每千克体重 5 毫克混入饲料，连用 21 天；② 莫能菌素，按每千克体重 1 毫克混入饲料，连用 33 天。

三、胃肠线虫病

胃肠线虫病是牛、羊等反刍动物的多发性寄生虫病，在皱胃及肠道内，经常见到的有血矛线虫、仰口属线虫、食道口线虫、毛首属线虫等四种，并可引起不同程度的胃肠炎、消化机能障碍，患畜消瘦、贫血，严重者可造成畜群的大批死亡。

（一）病原体及生活史

血矛线虫，雄虫长 10～20 毫米，雌虫长 18～30 毫米，呈细线状，寄生于宿主的皱胃及小肠。仰口属线虫，雄虫长 12～17 毫米，体末端有发达的交合伞，两根等长的交合刺，雌虫长 19～26 毫米，寄生于牛的小肠。食道口线虫，雄虫长 12～15 毫米，交合伞发达，有一对等长的交合刺，雌虫长 16～20 毫米，虫卵较大。毛首属线虫，虫体长 35～80 毫米，寄生于宿主的大肠（盲肠）内，虫体前部（占全长的 2/3～4/5）呈细长毛发状，体后部粗短。

（二）流行病学

牛的各种消化道线虫均系土源性发育，不需中间宿主参加，牛感染系因吞食了被虫卵所污染的饲草、饲料及饮水所致，幼虫在外界的发育难以控制，从而造成了几乎所有反刍动物不同程度感染发病的状况。上述各种线虫的虫卵随粪便排出体外，在外界适宜的条件下，绝大部分种类线虫的虫卵孵化出第一期幼虫，经过两次蜕化后发育成具有感染宿主能力的第三期幼虫，被牛吞食后在消化道里经半个月发育成为成虫，被幼虫污染的土壤和牧草是传染源，在春秋季节感染。

（三）临床症状

牛感染消化道线虫后，主要症状表现为消化紊乱、胃肠道发炎、腹泻、消瘦、眼结膜苍白、贫血。严重病例下颌间隙水肿，犊牛发育受阻。少数病例体温升高，呼吸、脉搏频数，心音减弱，最终可因极度衰竭发生死亡。

剖检可见皱胃黏膜水肿，小肠和盲肠有卡他性炎症，大肠可见到黄色小点状的结节或化脓性结节以及肠壁上遗留下来的一些瘢痕性斑点，大网膜、肠系膜胶样浸润，胸、腹腔有淡黄色渗出液，尸体消瘦、贫血。

实验室检查可用直接涂片法或饱和盐水漂浮法进行虫卵检查，镜检时各种线虫虫卵一般不做分类计数，当虫卵总数达到每克粪便中含 300~600 个时，即可诊断。

（四）防治

治疗用药：① 噻苯咪唑，50~100 毫克/（千克体重·次），口服，1 日 1 次，连用 3 日。② 左旋咪唑，8 毫克/（千克体重·次），首次用药后再用药 1 次，本药也可注射，肌肉或皮下注射，用量 7.5 毫克/（千克体重·次）。

在线虫易感地区，每年春季放牧前和秋季收牧后分别进行 1 次定期驱除虫卵。可用左旋咪唑肌肉或皮下注射较方便。平时注意粪便堆积发酵处理，以杀死虫卵及幼虫。保持牧场、圈舍等处环境与饮水清洁。

四、皮蝇蛆病

本病是慢性牛皮寄生虫病，在我国被列为牛的三类疫病之一。

（一）病原体及生活史

病原体为牛皮蝇及蚊皮蝇两种蝇的幼虫（蛆），两种蝇相似，长13～15毫米，体表密生绒毛，呈黄绿色至深棕色，近似蜜蜂。雄蝇交配后死亡，雌蝇侵袭牛体，将卵产于牛的皮薄处（如四肢、股内侧、腹两侧）的被毛上，产卵后雌蝇死亡，虫卵经4～7天孵出第一期幼虫，并沿着毛孔钻入皮内。第二期幼虫，牛皮蝇幼虫直接向背部移行；蚊皮蝇幼虫移行到体内深部组织，然后顺着膈肌向背部移行。此时，两种蝇的第三期幼虫（蛆）寄生于背部皮下，形成瘤状凸起。然后经凸起的小孔钻出，落地变成蛹，蛹再羽化为蝇。

（二）流行病学

正常年份，蚊皮蝇出现于4～6月，牛皮蝇出现于6～8月，在晴朗无风的白天侵袭牛体，并在牛毛上产卵。我国主要流行于西北、东北和内蒙古牧区，尤其是少数民族聚集的西部地区，其感染率甚高，感染强度最高达到200条/头。

（三）临床症状

雌蝇飞翔产卵时，引起牛只惊恐、喷鼻、踢蹴，甚至狂奔（俗称跑蜂），常引起流产和外伤，影响采食。幼虫钻入皮肤时引起痒痛；在深部组织移行时，造成组织损伤；当移行到背部皮下时，引起结缔组织增生、皮肤穿孔、疼痛、肿胀、流出血液或脓汁、病牛消瘦、贫血。当幼虫移行至中枢神经系统时，引起神经紊乱。由于幼虫能分泌毒素，可致血管壁损伤，出现呼吸急促，产奶量下降。

剖检时，病初在病牛的背部皮肤上，可以摸到圆形的硬节，继后可出现肿瘤样隆起，在隆起的皮肤上有小孔，小孔周围堆积着干涸的脓痂，孔内通结缔组织囊，其中有一条幼虫。

（四）防治

1. 治疗

① 发现牛背上刚刚出现尚未穿孔的硬结时，涂擦 2% 敌百虫溶液，20 天涂 1 次。

② 对皮肤已经穿孔的幼虫，可用针刺死，或用手挤出后踩死，伤口涂碘酊。

③ 用皮蝇磷，一次内服量 100 毫克/千克体重或每日内服 15 ~ 25 毫克/千克体重，连用 6 ~ 7 日，能有效杀死各期牛皮蝇蚴。奶牛禁用，肉牛屠宰上市前 10 天停药。

④ 伊维菌素，每次 0.2 毫克/千克体重，皮下注射，7 天 1 次，连用 2 次。

2. 预防

① 5 ~ 7 月，在皮蝇活跃的地方，每隔半个月向牛体喷洒 1 次 0.5% 敌百虫溶液，防止皮蝇产卵，对牛舍、运动场定期用除虫菊酯喷雾灭蝇。

② 11 ~ 12 月，臀部肌内注射倍硫磷 50 乳油，每次剂量为 0.4 ~ 0.6 毫升/头，相当于 5 ~ 7 毫升/千克体重，间隔 3 个月后，再用药 1 次，对一二期幼虫杀虫率达 100%，可防止幼虫第三期成熟，达到预防的目的。

五、螨病

螨病又称疥癣病、癞皮病，是一种牛的皮肤寄生虫病。

（一）病原体及生活史

病原是螨虫，又叫疥虫，主要有两种。① 穿孔疥虫（疥螨），体形呈龟性，大小为 0.2 ~ 0.5 毫米，在表皮深层钻洞，以角质层组织和淋巴液为食，在洞内发育和繁殖。② 吸吮疥虫（痒螨），体形呈椭圆形，大小为 0.5 ~ 0.8 毫米，寄生于皮肤表面繁殖，吸取渗出液为食。

（二）流行病学

螨病除主要由病牛直接接触健康牛传染外，还可通过狗、猫、鼠等污染的圈舍间接传播，在秋冬和早春，拥挤、潮湿可使螨病多发。牛体不刷拭，牛舍卫生条件差都是本病流行的诱因，潜伏期2～4周。

（三）临床症状

引起牛体剧痒，病牛不停地啃咬患部或在其他物体上摩擦，使局部皮肤脱毛，破伤出血，甚至感染产生炎症，同时还向周围散布病原。皮肤肥厚、结痂、失去弹性，甚至形成许多皱纹、龟裂，严重时流出恶臭分泌物。病牛长期不安，影响休息，消瘦，产奶量下降，甚至影响正常繁殖。

根据临床症状、流行病学调查等可确诊，症状不明显时，可采取健康与患部交界处的体表皮部位的痂皮，检查有无虫体，给予确诊。将刮下的干燥皮屑，放于培养皿或黑纸上在日光下暴晒，或加温至40～50℃，经30～50分钟后，移去皮屑，用肉眼观察，可见白色虫体的移动，此法适用于体形较大的螨（如痒螨）。

本病应与湿疹、秃毛癣、虱和毛虱相区别。湿疹痒觉不剧烈，且不受环境、温度影响，无传染性，皮屑内无虫体。秃毛癣患部呈圆形或椭圆形，界限明显，其上覆盖的浅黄色干痂易于剥落，痒觉不明显，镜检经10%氢氧化钾溶液处理的毛根或皮屑，可发现癣菌的孢子或菌丝。虱和毛虱所致的症状有时与螨病相似，但皮肤炎症、落屑及形成痂皮程度较轻，容易发现虱与虱卵，病料中找不到螨虫。

（四）防治

1. 治疗

①可选用伊维菌素或阿维菌素，此类药物不仅对螨病，且对其他的节肢动物疾病和大部分线虫病均有良好的疗效，剂量按每千克体重0.2毫克，口服或皮下注射。

② 溴氢菊酯（倍特）按每千克体重 500 毫克，喷淋。双甲脒，按每千克体重 500 毫克涂擦。

③ 对于数量多的牛，应进行药浴，在气候温暖的季节，可选用 0.05％辛硫磷乳油水溶液、0.05％双甲脒溶液等。

2. 预防

流行地区每年定期药浴，可取得预防与治疗的效果，加强检疫工作，对引进的牛隔离检查。保持牛舍卫生、干燥和通风，定期清扫和消毒。

第三节　内科病

一、瘤胃臌胀

本病又称瘤胃臌气，是一种气体排泄障碍性疾病，因气体在瘤胃内大量积聚，致使瘤胃容积增大，压力增高，胃壁扩张，影响心、肺功能而危及生命。分为急性和慢性两种。

（一）病因

急性瘤胃臌胀是由于牛采食了大量易发酵的饲料和饮用了大量的水，胃内迅速产生大量气体而引起瘤胃急剧膨胀，如带露水的幼嫩多汁青草或豆科牧草、酒糟和冰冻的多汁饲料或腐败变质的饲料等。慢性瘤胃臌胀大多继发于食道、前胃、真胃和肠道的各种疾病。

（二）症状

急性瘤胃臌胀：病牛多于采食中或采食后不久突然发病，表现不安、回头顾腹、后肢踢腹、背腰拱起、腹部迅速膨大、肷窝凸起，左侧更明显，可高至髋关节或背中线，反刍和嗳气停止，触诊凸出部紧张有弹性，叩诊呈鼓音，听诊瘤胃蠕动音减弱。高度呼吸困难，心跳加快，可视黏膜呈蓝紫色。后期病牛张口呼吸，站立不稳或卧地不起，如不及时救治，很快因窒息或心脏麻痹而死。

慢性瘤胃臌胀：病牛的左腹部反复膨大，症状时好时坏，消瘦、衰弱。瘤胃蠕动和反刍机能减退，往往持续数周乃至数月。

（三）诊断

依据临床症状和病因分析可以及时做出诊断，病牛由于吃了大量的幼嫩多汁饲料或开花前的苜蓿、三叶草、发酵的啤酒糟等。

（四）防治

1. 治疗

（1）急性病例的治疗方法

① 首先是对腹围显著膨大危及生命的病牛应该进行瘤胃穿刺，投入防腐止酵剂。

② 民间偏方：牛吃豆类喝水后出现瘤胃臌气时，可将牛头放低，用树棍刺激口腔咽喉部位，使牛产生恶逆呕吐动作，排出气体，达到消胀的目的。

③ 缓泻止酵：成年牛用石蜡油或熟豆油1 500～2 000毫升，加入松节油50毫升，1次胃管投服或灌服。1日1次，连用2次。

④ 对于因采食碳水化合物过多引起的急性酸性瘤胃臌胀，可用氧化镁100克，常水适量，一次灌服。

（2）慢性瘤胃臌胀的治疗方法

① 缓泻止酵：石蜡油或熟豆油1 000～2 000毫升，灌服，1日1次，连用2日。

② 熟豆油1 000～2 000毫升，硫酸钠300克（孕牛忌用，孕牛可单用熟豆油加量灌服），用热水把硫酸钠溶化后，一起灌服。1日1次，连用2日。

③ 民间偏方：可用涂有松节油或大酱的木棒衔于口中，木棒两端用细绳系于牛头后方，使牛不断咀嚼，促进嗳气，达到消气止胀的目的。

④ 止酵处方：稀盐酸20毫升，酒精50毫升，煤酚皂溶液10毫升混合后，用水50～100倍稀释，胃管灌服，1日1次。

⑤ 抗菌消炎：静脉注射金霉素每日 5～10 毫克/千克体重，用等渗糖溶解，连用 3～5 日。

2. 预防

（1）预饲干草　在夜间或临放牧前，预先饲喂含纤维素多的干草（苏旦草、燕麦干草、稻草、干玉米秸等）。

（2）割草饲喂　对于发生膨胀危险的牧草，应该先割了，晾晒至蔫后再喂。在放牧时，应该避开幼嫩豆科牧草和雨后放牧的危险因素。

（3）防止采食过多的精料。

二、创伤性网胃炎、心包炎

本病系因金属异物混杂在饲料中，刺伤网胃和心包而发生的疾病。

（一）病因

牛在采食时，不经过细嚼即吞下，而且口腔黏膜对机械性刺激敏感性差，这样如果食物中混杂有金属异物（如铁钉、铁丝、尖锐的针等）就会被牛吞下，进入瘤胃，进而刺伤网胃，并从网胃刺入心包而发生化脓性或腐败性炎症。由于金属异物刺伤网胃的不同方向，而继发腹膜炎、肺炎、胸膜炎及脓肿等，个别病例也有因刺伤内脏血管而引起内出血死亡的情况。

（二）症状

创伤性网胃炎：食欲不振，反刍次数减少，瘤胃蠕动音减弱或消失，产奶量降低，病情严重时，除出现前胃弛缓的症状外，病牛弓背、呻吟。站立时肘关节开张，肘肌震颤，转弯、走路、卧地时表现小心。站立时多先起前肢（在正常情况下牛起后肢）表现疝痛症状。随着病情的发展，因心衰而出现发绀、水肿、颈静脉怒张和蛋白尿等，最终陷于恶病症。数周后，往往出现心包炎。

创伤性心包炎：全身症状严重，病牛呆立，前肢向前伸张，后肢集于腹下，头颈伸展，往往出现局部肌肉震颤。

病初，病牛体温升高，脉搏加快，而后体温降低，但脉搏数仍多，体温与脉搏呈交叉现象。

（三）诊断

网胃部（剑状软骨的左后部腹壁）叩诊或用拳头顶网胃部，或按压鬐甲部，病牛表现疼痛不安、呻吟、躲闪人，并常见肘肌震颤，个别牛表现不明显。

听诊心区，发病初心跳脉搏增强，并有心包摩擦音，尔后因心包积液（炎性渗出物），心包摩擦音消失，心跳脉搏弱。如有积气，则有心包拍水音。用手按压心区，病牛表现有疼痛现象。

外表看，体表静脉怒张，尤以颈静脉明显，呈索条状。下颌间隙，胸垂及眼睑等处，往往发生水肿。黏膜瘀血，呼吸加快，轻微运动即可出现呼吸加快、急促。

胸膜炎出现的胸膜摩擦音，与呼吸运动相配合，在鼻孔闭锁时，摩擦音消失。心包炎时出现的心包摩擦音则与心脏有关，局限于心区。采用此方法即可进行二者的诊断。在诊断时，可以借助于 X 线机器透视或摄影进行确诊。

（四）防治

1. 治疗

药物治疗效果不大，一旦确诊，应进行瘤胃切开手术，取出金属异物，之后，再施以药物治疗，防止感染。

2. 预防

应加强饲养管理，检查牛的饲料中的混杂物，可应用吸铁石进行检查，把金属异物和尖锐的硬物检出来。

三、瓣胃阻塞

本病是前胃疾病的一种，也叫瓣胃积食，是瓣胃运动机能减弱，食糜向皱胃排空困难甚至停滞的疾病。

（一）病因

牛吃了坚硬的粗纤维饲料，特别是半干山芋藤、花生藤、豆秸等，以及长期饲喂麸糠和大量的柔软而细碎的饲料（酒糟、粉渣等）或带有泥土的饲草，使这些东西积聚瓣胃，使之收缩力降低，引起瓣胃停滞，之后由于水分丧失，内容物干燥，导致瓣胃小叶压迫性坏死和胃肌麻痹。

（二）症状

病初食欲不振，反刍减少，空嚼磨牙，鼻镜干燥，口腔潮红，眼结膜充血。病重时，饮食废绝，鼻镜龟裂，结膜发绀，眼窝凹陷，呻吟，四肢乏力，全身肌肉震颤，卧地不起，排粪减少且呈胶冻状，恶臭，后变为顽固性便秘，粪干呈球状或扁硬块状，分层且外附白色黏液。嗳气减少，瘤胃蠕动音减弱，瘤胃内容物柔软，瓣胃蠕动减弱或消失。瓣胃触诊，病牛疼痛不安，抗拒触压。进行瓣胃穿刺，可感到瓣胃内容物硬固，不会流出瓣胃内液体。

（三）诊断

本病是前胃弛缓的一项病症，临床上较难确诊，可根据瓣胃区听诊蠕动音消失，深部冲击性触诊有硬感，病牛表现敏感以及叩诊浊音区扩大等。另有直肠检查时，直肠紧缩、空虚，肠壁干涩，当触摸到增粗、变大的患病肠管时，应与肠秘结相区别。

（四）防治

治疗原则以增强瓣胃蠕动、促进瓣胃内容物软化和排出，恢复前胃机能为主。

1. 治疗

（1）轻症　可以内服泻剂和促进前胃蠕动的药物。如硫酸镁500～800克，加水6 000～8 000毫升；或液体石蜡1 000～2 000毫升。也可以用硫酸钠300～500克，番木鳖酊10～20毫升，大蒜酊

60毫升，槟榔末30克，大黄末40克，水6 000～10 000毫升，一次内服。为了促进前胃蠕动，可用10%氯化钠300～500毫升，10%氯化钙100～200毫升，20%安钠咖液10～20毫升，一次静脉注射。

（2）重症 对瓣胃进行注射，将牛进行保定，术部剪毛消毒，用15～20厘米长的穿刺针，在右侧肩关节线第8～10肋间隙与皮肤垂直稍向前下方刺入9～13厘米。药物可用硫酸钠300克，甘油500毫升，水1 500～2 000毫升；也可以用硫酸镁400克，普鲁卡因2克，呋喃唑酮3克，甘油200毫升，水3 000毫升，一次内服。

2. 预防

加强饲养管理，减少粗硬饲料，增加多汁和青绿饲料，防止长期单纯饲喂麸皮、谷糠类饲料，保证饮水，适当运动。

四、真胃移位

本病是指真胃从正常的生理位置发生改变的疾病，有左方变位和右方变位两种。真胃通过瘤胃下方移到左侧腹腔，置于瘤胃和左侧腹壁间的位置，称为左方移位；右方变位又叫真胃扭转，进一步分为前方变位和后方变位。前方变位是真胃或大部分向前方移位（逆时针扭转），移到网胃和膈肌之间的位置；后方变位是真胃向后方（顺时针）扭转移位，移到了右侧腹壁与圆盘状结肠之间的位置。在极其严重的情况下，左方变位可使真胃伸展到后方的骨盆。据统计，左方移位病例可达右方移位的20倍，因此，临床上习惯把左方移位称为真胃移位。

（一）病因

一般认为是由于真胃弛缓和真胃机械性转移引起。

（二）症状

1. 左方移位

病牛精神沉郁、食欲减退、间断性厌食，吃草不吃料，偶尔有不吃干草的情况。反刍和嗳气减少或停止，瘤胃蠕动音减弱或消失，有的呈现腹痛和瘤胃臌胀，排粪迟滞或腹泻。随着病程的发展，表现为左腹肋弓部膨大，在该区域内听诊可以听到与瘤胃蠕动不一致的真胃蠕动音。在左侧最后 3 个肋骨的上 1/3 处叩诊，同时听诊，可听到真胃内气体通过液面时的叮咚声。产奶量降低，因瘤胃被挤于内侧，在左侧腹壁出现扁平隆起，左肷部下陷。病牛呈渐进性衰竭，喜卧而不愿走动，常呈右侧卧姿势。冲击式触诊可听到液体振荡音，在左侧膨大部穿刺，穿刺液为酸性反应，pH 值 1～4，无纤毛虫。直肠检查，瘤胃背囊右移，瘤胃与左腹壁之间出现间隙，有时瘤胃的左侧可摸到膨胀真胃。

前方移位的症状与左侧移位有些相似。

2. 右方移位

多为急性发作，突然发生腹痛，呻吟不安，后肢踢腹，背腰下沉或呈蹲伏姿势。心跳加快，体温正常或偏低，拒食贪饮，瘤胃蠕动音消失，粪软色暗，乃至黑色，混有血液，有时腹泻。右腹肋弓部膨大，经常发生中等程度的膨胀。严重病例，常伴发脱水、休克和碱中毒。轻者 10～14 日、重者 2～4 日即可引起死亡。

（三）诊断

1. 症状观察和检查

（1）发病情况分析　左方移位，多发生于 4～5 胎次分娩后的母牛或产褥期的母牛；右方移位，似乎与分娩无特别关系，分娩后 1 个月内容易发生，且本病不仅限于母牛，公牛和犊牛也易发生。

（2）左方移位的检查　正常情况下，左侧腹壁听不到真胃音，而本病在左侧第 10～12 肋间的上 1/3 处可以听到清晰的钢管音。仔细听诊，还可听到真胃内气体通过液面时的叮咚声。在左侧膨大部（9～11 肋间的中 1/3 处）用 18 号长针头穿刺，可以采取真胃液，真胃液不同于瘤胃液，真胃液中无原虫，pH 值为 2.0～4.0（正常瘤胃液 pH 值 6.0～7.0）。直肠检查，瘤胃背囊右移，瘤胃与左腹壁之间出现间隙，有时在瘤胃的左侧可摸到膨胀的真胃。

（3）前方移位的检查　除去和左方移位的一些症状类似外，瘤胃蠕动音的听取位置和声音性质正常。在两侧胸部、心脏的上部能听到具有真胃特征的拍水音。切开瘤胃进行探诊，可在网胃和膈肌之间触到膨胀的真胃。

（4）右方移位的检查 冲击式触诊右腹肋弓部膨大（右侧后部肋骨与欣区前部，向外突出）处，可以听到液体振荡音，把听诊器放在右欣窝内，同时叩打最后两个肋骨，可听到钢管音。直肠检查，在右侧腹部可摸到膨满而又紧张的真胃，直肠内粪便呈柏油状，有腥臭味，难以清除。严重病例伴发有脱水、休克和碱中毒。

真胃移位，经过以上观察和检查，一般都可以做出诊断，对经上述检查不能确诊者，需做剖腹探诊。

2. 鉴别诊断

本病要与酮血病、创伤性网胃炎和迷走神经消化不良相区别。

（1）酮血病 虽然本病与酮血病在尿检中都可见到酮体，但酮血病在治疗时多半有效，且以低血糖为其特征。

（2）创伤性网胃炎 瘤胃蠕动停止，中等发热和触诊腹部有痛感。

（3）迷走神经性消化不良 多发生在分娩前，其腹部膨胀比真胃扩大明显。

（四）防治

1. 治疗

（1）翻转复位法 本病一旦得到确诊，应立即采用本法进行治疗。首先将病牛禁饮 1~2 日，使瘤胃容积缩小。把病牛的四蹄绑住，左侧横卧，再转成仰卧，随后以背脊为轴心，先向左翻转 45℃回到正中，再向右翻转 45℃回到正中（左右 90℃ 摆幅），左右翻转几次后，在向右翻转过程中突然停止转动，使其复位。可以重复进行上述操作，但是应注意翻转时间不能超过半小时。然后，恢复左侧横卧，转成俯卧，最后站立，检查复位情况。如未复位，第二天可进行第二次翻转治疗，对于未见效者，可考虑进行手术。

注意：此法不能用于前方移位和右方移位。

（2）保守疗法

① 调整真胃运动功能，可用消气灵 20～30 毫升，硫酸钠 300～500 克，温水适量，1 次灌服。皮下注射比赛可灵 10～20 毫升。停喂精料和糟渣类饲料，仅喂给青干草和青贮，正常饮水。经过 2～3 天后，肋间"金属音"消失，食欲明显改善。一周后可逐渐恢复正常饲养。

② 使用腹腔输液法，可在右侧腹壁肷窝中上部位剪毛消毒，用 20 号针头刺入腹腔，将含有 400 万单位青霉素的糖盐水 3 000 毫升（加温至体温温度）1 次输入。然后牵牛运动 0.5～1 小时，利用漂浮原理使真胃复位。如无疗效，可考虑进行手术。

（3）手术疗法　左方移位和右方移位可采用手术疗法。

2. 预防

应注意牛的精料结构，减少粗硬饲料，增加青饲料和多汁饲料，防止长期单纯饲喂麸皮、谷糠类饲料，保证饮水，加强运动。

第四节　外科病

一、腐蹄病

本病是指蹄真皮和角质层组织发生化脓性病理，临床特征为角质层溶解，真皮组织坏死，使蹄底部化脓、疼痛。

（一）病因

有营养方面、饲养管理和继发感染方面的因素。

（1）营养方面　日粮中钙、磷比例不当，造成角质层疏松。

（2）饲养管理方面　运动场泥泞、有铁丝、碎石块等，这些都会造成牛蹄部的受伤，引起发炎；牛舍潮湿，粪尿浸泡牛蹄，使蹄软化，之后遇到坚硬的东西，就易受伤。不定期修蹄，使蹄变形，易导致细菌进入引起感染。

（3）继发性感染　冠关节、球关节或全身其他部位的炎症继发感染形成。

本病全年均可发生，7月、8月、9月，这时天气炎热、潮湿，最易发生。

（二）症状

病初表现提举病肢，用蹄击打地面，喜卧，跛行。食欲减退，吃草少，不吃精料。局部检查见趾间皮肤红肿，敏感；蹄冠呈红色、暗紫色、肿胀、疼痛，轻者蹄叉或蹄冠局部腐烂化脓。重者深部组织腱、韧带及相邻关节受到影响而感染，形成组织坏死化脓，瘘管流出微黄、灰白色恶臭脓液。此时全身症状明显，体温升高到40～41℃，举步维艰，疼痛加重，食欲废绝，消瘦，产奶能力丧失，蹄冠脱落或腐烂变形。

（三）诊断

对牛保定进行仔细检查可确诊，诊断时要与蹄底穿刺伤、趾间损伤、蹄叶炎、趾间增生性皮炎相区别。

（四）防治

1. 治疗

① 用1%高锰酸钾溶液或双氧水洗净病蹄，削除腐烂组织，烧络止血，如发现深部化脓，用尖刀割开将脓排出，冲洗化脓部位，之后，撒布高锰酸钾粉，或用松节油棉球填塞，缠绷带。

② 全身症状严重、体温升高时，可用磺胺嘧啶，首次按0.1克/千克体重，静脉注射，维持量每次按0.05克/千克体重，1日2次。解热镇痛可肌内注射安乃近3～10克/次，1日2次。

③ 解除酸中毒，用糖盐水1 000毫升，5%碳酸氢钠注射液500毫升，静脉注射。

2. 预防

要合理搭配牛饲料，防止出现钙磷不平衡，保证粗饲料供应，在日粮中添加尿素或硫酸锌；防腐浴蹄，用4%硫酸铜溶液浴蹄，

5~7日1次；注意牛的运动场和牛舍的环境卫生，不能太潮湿，不能有铁丝等易伤害牛的东西存在；定期修蹄，平时发现及时治疗。

二、脓肿

脓肿是指组织或器官内由于化脓性炎症引起病变组织、坏死物、溶解物积聚在组织内，并形成完整的腔壁，成为充满脓汁的腔体。

（一）病因

其主要病原体是葡萄球菌、大肠杆菌及化脓性棒状杆菌等，漏于皮下的刺激性注射液（氯化钙、黄色素、水合氯醛等）也可引起脓肿。脓肿的形成有个过程，最初由急性炎症开始，以后炎症灶内白细胞死亡，组织坏死，溶解液化，形成脓汁，脓汁周围由肉芽组织形成脓肿膜，它将脓汁与周围组织隔开，阻止脓汁向四周扩散。

（二）症状

有急性脓肿和慢性脓肿。

1. 急性脓肿

如浅部脓肿，病初呈急性炎症，即出现热、肿、痛症状，数天后，肿胀开始局限化，与正常健康组织界限逐渐明显。之后，肿胀的中间发软，触诊有波动。多数脓肿由于炎性渗出物不断通过脓肿膜上的新生毛细血管渗入脓腔内，脓腔内的压力逐渐升高，到一定的程度时，即破裂向外流脓，脓腔明显减少，一般没有全身症状。但当脓肿较大或排脓不畅，破口自行闭合，内部又形成脓肿或化脓性窦道时，出现全身症状，如体温升高，食欲不振，精神沉郁，瘤胃蠕动减弱等。深部脓肿，外观不表现异样，但一般有全身症状，而且在仔细检查时，发现皮下或皮下组织轻度肿胀。压诊时可发现脓肿上侧的肌肉强直、疼痛。如果局部炎症加重，脓肿延伸到表面时，出现和浅部脓肿相同的症状。

2. 慢性脓肿

多数由感染结核菌、化脓菌、真菌、霉菌等病原菌引起，表现为脓肿的发展较缓慢，缺乏急性症状，脓肿腔内表面已有新生肉芽组织形成，但内腔有浓稠的稍黄白色的脓汁及细菌，有时可形成长期不能愈合的瘘管。

（三）诊断

根据临床症状及触诊有波动感，皮下和皮下结缔组织有水肿等加以初步诊断，也可用穿刺排出脓汁而进行确诊。

（四）防治

病初，用冷敷，促进肿胀消退，如无法控制炎症，可用温热疗法及药物刺激（如3%鱼石脂软膏等）促使其早日成熟。对于成熟后的脓肿，应切开排脓，切开后不宜粗暴挤压，以防误伤脓肿膜及脓肿壁，排脓后，要仔细对脓腔进行检查，发现有异物或坏死组织时，应小心避开较大的血管或神经而将其排尽。如果脓腔过大或腔内呈多房性而排脓不畅时，需切开隔膜或开反对孔，同时，要避开大动脉、神经、腱等，逐层切开皮肤、皮下组织、肌肉、筋膜等，用止血钳将囊腔壁充分暴露于外。切开脓腔，排脓时要防止二次感染。位于四肢关节处的小脓肿，由于肢体频繁活动，切开口不易愈合，一般用注射器排脓，再用消毒液（如0.02%雷佛奴尔溶液、0.1%高锰酸钾溶液、2%～3%过氧化氢溶液等）反复冲洗，然后注入抗生素，经多次反复治疗也可痊愈。另外，当出现全身症状时，需对症治疗，及时地应用抗生素、补液、补糖、强心等方法，使其早日恢复。

三、创伤

创伤是指机体组织或器官受到某些锐利物体的刺激，使皮肤、黏膜及深部软组织发生破裂的机械性损伤。

出现创伤后，要及时治疗，防止感染。

1. 新鲜创伤

要防止感染，首先清除创口的被毛、草、土等异物和坏死组织，止血。然后，用生理盐水或消毒液（0.1%高锰酸钾溶液、0.01%～0.05%新洁尔灭溶液等）反复冲洗，最后用消毒的纱布块和棉球吸干，敷药。创面大时，应缝合。每日或隔日进行处理。

2. 化脓感染创伤

防止扩散，尽量排出脓汁，促进新生组织生长，结痂而治愈。首先清洁创面周围的皮肤及去痂，用消毒液如0.1%高锰酸钾溶液反复冲洗脓腔，如有化脓瘘管，应切除。有异物，要取出，之后敷药。当创腔内的肉芽组织生长较好时，用刺激性小、促进上皮组织生长的药物，如10%磺胺类软膏、3%龙胆紫溶液等涂擦。

第五节　产科病

一、持久黄体

在排卵（未受精）后，黄体超过正常时间而不消失，叫做持久黄体。由于持久黄体持续分泌助孕素，抑制卵泡的发育，致使母牛久不发情，引起不孕。

（一）病因

饲养管理不当（饲料单纯、缺乏维生素和无机盐、运动不足等），子宫疾病（子宫内膜炎、子宫内积液或积脓、产后子宫复旧不全、子宫内有死胎或肿瘤等）均可影响黄体的退缩和吸收，而成为持久黄体。

（二）症状

母牛发情周期停止，长时间不发情，直肠检查时可触到一侧卵巢增大，比卵巢实质稍硬。如果超过了应当发情的时间而不发情，需间隔5～7天，进行2～3次直肠检查。若黄体位置、大小、形状及硬度均无变化，即可确诊为持久黄体。但为了与怀孕黄体加以区别，必须仔细检查子宫。

（三）诊断

直肠检查：一侧（有时为两侧）卵巢较大，卵巢内有持久黄体。有的持久黄体一小部分突出于卵巢表面，而大部分包埋于卵巢实质中，也有的呈蘑菇状突出在卵巢表面，使卵巢体积增大。有的在同一个卵巢内或另一个卵巢中有一个或几个不大的滤泡。子宫松软、增大，往往垂入腹腔，触摸子宫反应微弱或无。

临床上持久黄体的诊断主要是根据直肠检查的结果而定。性周期黄体和持久黄体的区别，须经过两次直肠检查才能作出准确诊断。第一次检查应摸清一侧卵巢的位置、大小、形状和质地以及另一侧卵巢的大小及变化情况。隔25～30天再进行直检，若卵巢状态无变化，可确诊为持久黄体。必要时对产后90天以上不发情或发情屡配不孕牛，从静脉采血测定其孕酮含量变化，一般持久黄体的孕酮含量为（5.77±0.96）纳克/毫升，变化范围为4.1～7.1纳克/毫升。

（四）防治

1. 治疗

应消除病因，以促使黄体自行消退。为此，必须根据具体情况改进饲养管理，或首先治疗子宫疾病。为了使持久黄体迅速退缩，可使用前列腺素（PG）及其合成类似物，它是疗效确实的黄体溶解剂。应用前列腺素，一般在用药后2～3天发情，配种即能受孕。前列腺素F2a 5～10毫克，肌内注射。也可应用氟前列烯醇或氯前列烯醇0.5～1毫克，肌内注射。注射1次后，一般在1周内奏效，如无效时可间隔7～10天重复1次。

2. 预防

平时应加强饲养管理，增加运动。产后的子宫处理应及时彻底。

二、卵巢囊肿

本病分为卵泡囊肿和黄体囊肿，卵泡囊肿是因为卵泡上皮变性，卵泡壁结缔组织增生变厚，卵细胞死亡，卵泡液未吸收或增加而形成；黄体囊肿是因为未排卵的卵泡壁上皮黄体化而形成的，或者是正常排卵后由于某种原因黄体不足，在黄体内形成空腔，腔内积聚液体而形成。

（一）病因

有营养也有使用激素造成体内激素分泌紊乱而致病。牛长期运动不足，精饲料饲喂过多，肥胖；营养失调，矿物质和维生素不足；大量使用雌激素制剂及孕马血清，可引起卵泡壁发生囊肿；脑下垂体前叶机能失调，激素分泌紊乱，促黄体生成素不足，不能排卵；也有的是由于继发于卵巢、输卵管、子宫或其他部分的炎症。

（二）症状

卵泡囊肿的主要表现特征是无规律的频繁发情或者持续发情，甚至出现慕雄狂。黄体囊肿则是致使母牛长期不表现发情。

直肠检查可以发现卵巢上有数个或一个壁紧张而有波动的囊泡，直径超过 2 厘米，大的可达 5~7 厘米，有的牛有许多的小卵泡。正常的卵泡，再次检查时，卵泡已消失；囊肿的卵泡则持续不消失，也不排卵，囊壁较薄，子宫角松软不收缩。黄体囊肿通常只在一侧卵巢上有一个囊状其壁较厚的结构。

还可以进行孕酮的测定，卵泡囊肿的母牛，外周血浆雌二醇水平高达 50~100 皮克/毫升，脱脂乳孕酮水平低于 1.0 纳克/毫升；黄体囊肿的母牛，外周血浆孕酮水平保持在 1.2 纳克/毫升以上，脱脂乳孕酮水平含量在 1.0 纳克/毫升以上。

（三）防治

1. 促性腺激素释放激素（GnRH）、前列腺素 F2a（PGF2a）及其类似物

无论哪种类型的囊肿都可单独应用 GnRH 及其类似物或与其他激素配合应用。肌肉或静脉注射 GnRH 100~250 微克或 LRH-A3，注射后 18~23 天发情。如果确诊为黄体囊肿，可单独使用 PGF2a 或类

似物。

2. 促黄体素（LH）或绒膜素（HCG）

LH 或 HCG 静脉、肌内、皮下或腹腔注射均可，常用量是
2 500 ~ 5 000 国际单位。注射后每周进行一次直肠检查，一般囊肿在
半个月左右逐渐萎缩，母牛开始出现正常发情。经过药物处理后的
牛在前 3 个月容易流产，为防止流产，可在配种后的第 4 天注射黄
体酮 100 毫克，隔日 1 次，连续 5 次。

3. 孕酮（P4）

主要治疗卵泡囊肿及慕雄狂，奶牛一般一次肌内注射 800 ~
1 000 毫克，在注射后病牛的性兴奋及慕雄狂的症状即消失，半个月
可恢复正常发情，且能配种受孕。

4. 地塞米松（氟美松）

肌内注射地塞米松 10 ~ 20 毫克，也可静脉注射 10 毫克，隔日 1
次，连用 3 次。对卵泡囊肿应用其他激素治疗无效的病例，有明显
的效果。

5. 前列腺素 F2a（PGF）或催产素（OT）

对于黄体囊肿有理想的疗效。

对于卵泡囊肿也可用手术法进行治疗，用手挤破，也可进行穿
刺，即用一只手从直肠将囊肿的卵巢固定，另一只手从阴道伸入，
手持带有保护套的针头进行穿刺。

三、乳房水肿

乳房水肿有生理性或病理性。生理性的乳房水肿主要是在产犊
前几周，初产母牛多见。妊娠造成的乳房水肿，症状轻，可自然消
失。而病理性的乳房水肿，面积大，不易消失。

（一）病因

在秋季和冬季产犊的母牛，因饲喂块茎、糟渣类饲料多、运动
少，影响水分代谢；分娩前后乳房血流量明显增加，淋巴生成增多，
母牛的心、肾功能衰弱，不能全部排出淋巴液，从而造成乳房静脉

血流滞缓，渗透性增高，使血液中水分渗入组织间隙，造成水肿；血浆蛋白浓度降低，破坏了血液和组织的生理动态平衡，出现水肿；日粮中氯化钙含量的增加会加重乳房水肿。

（二）症状

生理性乳房水肿从乳房后部、前部、左半部、右半部开始，成四部分对称出现，后部和底部突出。严重者可向胸部延伸出现腹侧水肿。这种水肿可在产后 1 周后逐渐消退。病理性水肿比生理性水肿持续时间长，可能会持续数月或整个泌乳期，乳房的支撑结构破坏，严重影响了奶牛的寿命和牛奶的品质。

乳房水肿在按压水肿处时有痕迹，特别是在乳房底部，严重时整个乳房有压痕的水肿，并伴有腹部水肿。

（三）诊断

根据临床症状，可进行诊断。

（四）防治

1. 治疗

西药疗法，产前治疗用速尿 0.5 ~ 1 毫克/千克体重，以后可减量，每日 1 ~ 2 次，连用 2 ~ 4 天，肌内注射或皮下注射；10% 的安钠咖 20 ~ 30 毫升肌内注射；限制食盐的喂量。如果是乳房炎引起的水肿，须先行消炎。在产前水肿的奶牛发现有漏奶时，可提前挤奶，这时必须考虑犊牛要有其他奶牛的初乳。

对于产后的乳房水肿，可口服速尿或地塞米松 - 利尿合剂；人工盐 120 克，常水适量，灌服，每日 1 次，连用 3 ~ 5 天。随着病程的发展，可选用下列药物：一是 5% 氯化钙注射液 100 毫升，50% 的葡萄糖注射液 100 毫升，15% 的安纳咖注射液 20 毫升，静脉注射，每日 1 次，连用数日；二是 10% 葡萄糖酸钙液 500 毫升，或 5% 的氯化钙溶液 300 ~ 500 毫升，静脉注射。外敷：20% ~ 50% 的鱼石脂软膏适量，乳房皮肤涂敷。

2. 预防

应注意母牛的日粮中蛋白质含量及矿物质添加剂的补充量，适当减少食盐的摄入。增加运动，控制多汁饲料和饮水，淘汰袋形乳房的奶牛。

四、子宫内膜炎

本病是牛产科疾病中的一种常见病。根据炎症的性质可分为卡他性、黏液性、脓性子宫内膜炎，也可按病程分为急性、慢性和隐性。

（一）病因

大多发生于母牛分娩过程和产后，在分娩胎儿时，黏膜有大面积创伤；胎衣滞留在子宫内；子宫脱出，使细菌等病原体侵入；助产时，消毒不严格，或配种时人工授精感染；牛舍不干净，造成阴道感染。

（二）症状

1. 急性子宫内膜炎

病牛体温升高，食欲减退，精神沉郁，有时拱背、努责，常作排尿姿势。阴门中排出黏液性或黏液脓性渗出物，有时带有血液，有腥臭。子宫颈外口黏膜充血、肿胀，颈口稍开张，阴道底部积有炎性分泌物。直肠检查时可感到体温升高，子宫角粗大而肥厚、下沉，收缩反应微弱，触摸子宫有波动感。急性炎症，只要治疗及时，多在半个月内痊愈。如病程延长，可转为慢性。

2. 慢性黏液性子宫内膜炎

发情周期不正常，或虽正常但屡配不孕，或发生隐性流产。病牛发情时，阴道排出混浊带有絮状物黏液，有时虽排出透明黏液，但含有小点絮状物。阴道及子宫颈外口黏膜充血、肿胀。子宫角变粗，壁厚粗糙，收缩反应微弱。

3. 慢性黏液脓性子宫内膜炎

阴道排出灰白色或黄褐色较稀薄的脓液。发情周期不正常，阴道黏膜和子宫颈充血，有脓性分泌物，子宫颈稍开张。直肠检查时，子宫角增大，子宫壁肥厚。冲洗时回流液混浊，其中夹有脓性絮状物。

4. 隐性子宫内膜炎

生殖器官无异常，发情周期正常，屡配不孕，发情时流出黏液略带混浊。

（三）诊断

根据阴道排出的黏液性质以及发情周期，配种情况，结合阴道、直肠检查，可以作出诊断。

（四）防治

1. 治疗

主要是控制感染、消除炎症和促进子宫腔内病理分泌物的排出，对有全身症状的进行对症治疗。如果子宫颈尚未开张，可肌注雌激素制剂促进颈口开张。开张后肌注催产素或静注 10% 氯化钙液 100～200 毫升，促进子宫收缩，提高子宫张力，诱导子宫内分泌物排出。也可用 0.1% 高锰酸钾液、0.02% 呋喃西林液、0.02% 新洁尔灭液等冲洗子宫。充分冲洗后，子宫腔内灌注青链霉素合剂，每日或隔日 1 次，连续 3～4 次。

2. 预防

加强母牛的饲养管理，增强机体的抗病能力。配种、助产、剥离胎衣时必须按操作要求进行，产后子宫的冲洗与治疗要及时，对流产母牛的子宫必须及时处理。要注意牛舍的卫生，抓好消毒工作。

五、胎衣不下

母牛分娩后一般在 12 小时内排出胎衣，如果超过上述时间，就可认为是胎衣不下。

（一）病因

母牛在妊娠后期运动不足，营养失调，缺少矿物质或日粮中钙、磷的比例不当，维生素、微量元素不足等，母牛瘦弱或过肥，胎水过多，双胎、胎儿过大、难产和助产过程中的操作不当等都可以引起子宫弛缓、收缩乏力，引起胎衣不下。因感染病原体引起胎儿胎盘和母体胎盘或母体子宫发炎，致使胎儿胎盘绒毛组织不能与母牛子宫宫阜的腺窝分开，造成胎衣不下。

（二）症状

母牛分娩后，阴门外垂有少量胎衣，持续时间超过 12 小时以上。有时虽有少量胎衣排出，但大半仍滞留在子宫内不能排出。也有少数母牛产后在阴门外无胎衣露出，只是从阴门流出血水，卧下时阴门张开，才能见到内有胎衣。胎衣在子宫内腐败、分解和被吸收，从阴门排出红褐色黏液状恶露，混有腐败的胎衣或脱落的胎盘子叶碎块。少数病牛由于吸收了腐败的胎衣及感染细菌而引起中毒，出现全身症状，体温升高，精神不振，食欲下降或废绝，甚至转为脓毒败血症。少数病牛不表现全身症状，待胎衣等恶露排出后则恢复正常。大多数牛转化为子宫内膜炎，影响母牛怀孕。

（三）诊断

一般根据牛的分娩时间及流出的胎衣可诊断，对于未流出的胎衣，可进行阴道检查。

（四）防治

1. 治疗

可进行药物、手术及辅助疗法。

（1）西药疗法　10% 葡萄糖酸钙注射液、25% 的葡萄糖注射液各 500 毫升，1 次静脉注射，每日 2 次，连用 2 日；催产素 100 单位，1 次肌内注射；氢化可的松 125～150 毫克，1 次肌内注射，隔

24 小时再注射 1 次，共注射 2 次。

土霉素 5 ~ 10 克，蒸馏水 500 毫升，子宫内灌注，每日或隔日 1次，连用 4 ~ 5 次，让其胎衣自行排出。

10% 的高渗氯化钠 500 毫升，子宫灌注，隔日 1 次，连用 4 ~ 5次，使胎衣自行排出。

增强子宫收缩，用垂体后叶素 100 单位或新斯的明 20 ~ 30 毫克肌内注射，促使子宫收缩排出胎衣。

（2）手术剥离　首先把阴道外部洗净，左手握住外露胎衣，右手沿胎衣与子宫黏膜之间，触摸到胎盘，食指与中指夹住胎盘基部的绒毛膜，用拇指剥离子叶周缘，扭转绒毛膜，使绒毛从肉阜中拔出，逐个剥离。然后向子宫内灌注消炎药，如土霉素粉 5 ~ 10 克，蒸馏水 500 毫升，每日 1 次，连用数天。也可用青霉素 320 万单位，链霉素 4 克，肌内注射，每日两次，连用 4 ~ 5 天。

2. 预防

应注意营养供给，合理调配，矿物质不能缺乏，特别是钙、磷的比例要适当。产前不能多喂精饲料，要增加光照和运动。如果分娩 8 ~ 10 小时后不见胎衣排出，可肌内注射催产素 100 单位，静脉注射 10% ~ 15% 的葡萄糖酸钙 500 毫升。

六、乳房炎

乳房炎是母牛常见的一种乳腺疾病，多发生于哺乳期。病牛的产奶量减少，其乳汁对人有危害。

（一）病因

有机械、物理、生物和化学等原因，通过乳导管、乳头损伤或血管，使病因微生物侵入而引起。挤奶员操作不当使乳头黏膜损伤；机器挤奶，时间过长，负压过高等使乳头黏膜损伤；消毒不严，卫生条件差，感染细菌等微生物。

微生物主要是无乳链球菌、停乳链球菌、金黄色链球菌、乳房链球菌、大肠杆菌、克雷伯氏菌、化脓性放线菌、牛棒状杆菌等。

产前饲喂过多的高蛋白饲料，产后喂给大量的多汁饲料，也会引起乳房炎。

（二）症状

乳房炎一般分为临床型和隐性型。临床型乳房炎，患区红、肿、热、痛，乳汁或多或少减少并变质，有时有全身症状，如食欲减退或消失，瘤胃蠕动和反刍停止；体温上升达 41～42℃，呼吸和心跳加快，眼结膜潮红，严重时眼球下陷，精神萎靡。临床型乳房炎挤奶时容易被发现，但发病率仅占乳房炎的 1/4 以下。隐性乳房炎乳房无症状，乳汁无明显异常，但产奶量受到一定影响，占乳房炎的 3/4 以上。

（三）诊断

临床型乳房炎的表现根据致病菌进行区别。

（1）链球菌　乳区膨胀明显，在靠近腹壁的上部乳区有带状硬肿，或在乳区内形成 1～3 个圆形硬块，出现絮状变质乳，无全身症状，体温正常。

（2）葡萄球菌　乳区内有两个硬块，红、肿、热、痛明显，挤出黄色黏稠的变质乳，全身症状重而不剧烈，体温逐渐升高。

（3）大肠杆菌　乳区坚硬如石，没有柔软的空隙，挤出带血水的变质乳，病势迅猛，体温升高 41℃以上，出现全身症状。

临床型乳房炎主要是通过实验室细菌学检验，确诊病原体。

隐性乳房炎一般采用 CMT 试剂检验法（加利福尼亚隐性乳房炎检验法），用以测定牛奶中体细胞（白细胞和乳腺细胞）的数目，其原理是使用阴离子表面活性剂——烷基或羟基硫酸盐，破坏乳中的体细胞，释放其中的蛋白质，蛋白质与试剂结合生成沉淀或凝胶。细胞中聚合的脱氧核糖核酸（DNA）是 CMT 产生反应的主要成分，乳中的体细胞越多，释放的 DNA 越多，产生的凝胶就越多。根据乳中的体细胞数量确定奶的质量，正常的奶体细胞不超过 50 万个/毫升，超过此数即可诊断为乳房炎。

（四）防治

1. 治疗

（1）临床型乳房炎　在治疗期间，首先对精料、多汁饲料或饮水加以适当控制，以期减轻负担。然后对红、肿、热、痛采用冷湿敷的辅助法治疗，用2%硼酸水或5%明矾水，浸泡纱布，之后将布敷在乳房上。在没有确诊病原体的情况下，可试用青霉素治疗，确诊的情况下采用以下措施治疗。① 链球菌乳房炎：采用青霉素1万~2万单位/千克体重，链霉素10毫克/千克体重，用生理盐水50毫升稀释肌内注射，1天2次；② 葡萄球菌乳房炎，使用红霉素，用5毫克/千克体重，用注射用水溶解，再用等渗糖或生理盐水稀释成0.1%浓度的溶液，静脉注射，1天2次；③ 金黄色葡萄球菌和大肠杆菌，可选用丁胺卡那霉素、头孢唑啉呐和氨苄西林。

（2）慢性或隐性乳房炎治疗　抗菌消炎的同时，结合应用盐酸左旋咪唑治疗，肌肉或皮下注射7毫克/千克体重，间隔1周再用1次。

2. 预防

挤奶后用0.05%洗必泰溶液药浴乳头。对隐性乳房炎预防，可在干奶前1周，临产前20天分别服用左旋咪唑，并配合干奶时乳池注入抗生素。要注意挤奶的操作要领以及卫生状况。

七、酒精阳性乳

酒精阳性乳是指用68%、70%的酒精与等量的牛奶混合，产生絮状凝块的牛奶，分为高酸度和低酸度两种。高酸度酒精阳性乳是指酸度在20°T时，遇到70%酒精凝固的牛奶。低酸度酒精阳性乳是指酸度在10~18°T，进行酒精试验呈阳性反应。

（一）病因

日粮供应失衡，可消化粗蛋白质（DCP）和总消化养分（TDN）不足，长期饲喂大量的啤酒糟、玉米糟等造成代谢紊乱，影响矿物质、微量元素等的吸收利用，使钠、钙、磷不平衡；降低乳蛋白的稳定性；其他应激反应，如冷刺激、热刺激、高温等均可造成阳性乳。

（二）症状

乳房和乳汁无任何肉眼可见异常，乳成分与正常奶无差异，做酒精试验时才能发现。

（三）诊断

用68%、70%的酒精3~5毫升于试管里，然后加等量的牛奶与之混合摇晃，0.5分钟后出现絮状或细小凝块则判定为酒精阳性乳。

（四）防治

1. 治疗

根据血液和乳汁中矿物质元素钠、钾、钙、磷的变动情况，分别选用下列方法对症治疗。

（1）补钠疗法 10%氯化钠注射液500毫升，5%碳酸氢钠注射液500毫升，10%葡萄糖注射液500毫升，1次静脉滴注，每日1次，根据情况可连用1~3天。可使钠离子缺乏引起的阳性乳得到治疗。

（2）调整免疫机能疗法 皮下、肌内注射或口服盐酸左旋咪唑7.5毫克/千克体重，7天1次，连用2~3次。

（3）钙疗法 对于因含钙过多引起的阳性乳，可内服柠檬酸钠75毫克，1日2次，连用5~7日，同时减少钙的喂量；对于因缺乏钙磷引起的阳性乳，加喂钙磷。

2. 预防

增加食盐喂量，防止出现低血钠；减少各种对奶牛的不利刺激；按饲养标准进行饲喂奶牛；注意卫生要求，防止感染细菌。

第六节 营养代谢性疾病

一、酮病

酮病又称酮血症，是母牛于产犊后的几天至几周内发生的一种以血液酮浓度增高为特征的营养代谢性疾病，临床特征以呼出酮（烂苹果）味、消化道功能或神经功能紊乱为特征

（一）病因

因日粮中碳水化合物和生糖物质不足，蛋白质饲料和脂肪饲料过多，致使脂肪代谢障碍，血糖含量减少，血中酮体（丙酸、乙酰乙酸、β-羟丁酸）异常增多而致病，此外，生产瘫痪、前胃弛缓、创伤性网胃炎、迷走神经性消化不良、真胃左方变位和真胃扭转、子宫炎、乳房炎等病也可继发酮病。

（二）症状

病初表现为消化紊乱，食欲减退，喜吃干草和污染的垫草，体重和产奶量下降。病牛常躺卧，起立困难，心跳加快，每分钟可达100次以上，呼吸浅，食欲和反刍停止，瘤胃蠕动音减弱或消失，粪便干燥，表面附有黏液，呼出的气体、排出的尿液有醋酮味。牛奶中有酮味，逐渐消瘦，拱背，有轻度腹痛。多数牛嗜睡，少数牛表现狂躁不安、转圈、摇摆、舔嚼和哞叫，感觉过敏。尿呈浅黄色、水样，易起泡。

（三）诊断

根据临床特征可初步诊断，确诊需进行实验室测定酮体和血糖含量。

酮体检查可用便利简易的洛得氏实验（Rothera's test），取硫酸铵100克，无水碳酸钠50克，亚硝基铁氰化钠3克，分别研末混合，

取其中 1～2 克装入干燥试管中，然后取尿徐徐加入，在试剂的顶端使其成层，将试管静置 2～3 分钟，酮体阳性呈紫色。实验室检查时，取试剂 0.25 克放在白色滤纸上，加尿几滴，立即呈淡红色或紫红色为阳性。阳性血清的酮体量在 10 毫克/100 毫升（正常牛血中酮体量 0.6～6.0 毫克/100 毫升）。

血糖值的测定：实验室化验，正常牛血糖值 40～93 毫克/100 毫升，酮病牛低于此值。

（四）防治

1. 治疗

① 应用糖类来提高血糖水平，并配合碱类药物以缓解酸中毒，每天灌服红糖或白糖 300～500 克，静脉注射 25% 的葡萄糖注射液 500～1000 毫升，反复应用，内服碳酸氢钠 50～100 克，每隔 3～4 小时 1 次。

② 肌内注射促肾上腺皮质激素 200～600 单位，配合维生素 B_1、维生素 B_{12}。

③ 水合氯醛首次剂量 30 克加水灌服，然后改为每次 7 克，每天 2 次，连用 5 日；氯酸钾 30 克溶于 250 毫升水中灌服，每天 2 次，易引起腹泻。

2. 预防

科学使用饲料，产前干奶母牛要控制精饲料的供给量，防止牛过肥；产后母牛，可在日粮中添加 3%～5% 保护性脂肪以提高血糖水平；满足优质干草供应，以增加生糖物质。管理上要进行本病的监控，每日或隔日进行尿、乳、血清酮体的监测。

二、生产瘫痪

本病又称乳热症，产后疯，是围产期母牛在产犊后（也有少数病例在产前 1～3 日内）突然发病的一种急性低血钙症。临床上以感觉丧失、四肢瘫痪、消化道麻痹、体温降低为特征。

（一） 病因

主要是由体内大量的钙流失所致，分娩后大量产奶，钙从奶里流失，血钙含量急剧下降。病牛血钙为 3.0~7.76 毫克/100 毫升，正常牛为 8.6~11.1 毫克/100 毫升。分娩前腹压增大，乳房肿胀，影响静脉回流，分娩后，腹压急剧下降，致使流入腹腔与乳房的血液增多，头部的血液减少，血压下降，引起中枢神经暂时性贫血，机能障碍，致使大脑皮层受到抑制，影响血钙调节。同时血磷也减少。

（二） 症状

一般分为重型病例和轻型病例。

重型病例呈伏卧状不能站立，四肢屈于躯干下，头向后弯至胸部一侧。用手将头拉直，但一放手后就又恢复原状。个别母牛四肢伸直抽搐。卧地时间一长，出现瘤胃臌气。没有意识和知觉，皮肤对疼痛刺激无反应，呼吸深慢，脉搏快弱（80~120 次/分钟）。肛门松弛，舌头外露。体温降低至 37℃ 以下。

轻型病例，除四肢或后肢瘫痪外，头颈呈 "S" 状弯曲，精神沉郁，但不昏睡，食欲废绝。反射减弱，但不完全消失，体温正常或稍低。

（三） 诊断

发病母牛多为 3~6 胎，产后不久（多数在 3 天以内）出现食欲下降，反刍停止，蜷卧瘫痪症状。

实验室检验：血钙含量降至每 100 毫升血 2~5 毫克（正常值 8 毫克）。

诊断时必须区别以下病状：神经型酮病除瘫痪外，呼气有丙酮味；产后败血症和由于分娩而恶化的创伤性网胃炎一般体温升高；妊娠截瘫主要是后肢神经损伤性麻痹，除后肢瘫痪外，其他情况如精神、食欲、体温、各种反射、大小便都正常。

（四）防治

1. 治疗

（1）乳房送风法　乳房送风使乳房膨满，内压增高，压迫乳房血管，减少乳房血液，抑制泌乳，使血钙含量不致急剧减少。送风用乳房送风器，送风前，使牛侧卧，挤出乳汁。先在消毒的乳导管尖端涂以些许消毒的凡士林，再将导管插入乳头内，用送风器将空气徐徐送入乳房内，使空气充满乳房，但要防止乳管和腺泡破裂。四个乳区均注入空气，为防止空气逸出，取出乳导管后，用手轻轻捻乳头。若乳头括约肌松弛，则用绷带将乳头的基部扎住。经过半小时，全身状况好转。起立后1小时可去掉绷带。若未见好转，可重复打气，或并用氯化钙、葡萄糖。

（2）钙疗法　常用20%～25%硼葡萄糖酸钙溶液或20%葡萄糖酸钙溶液500毫升（500千克体重的牛）与10%葡萄糖1升，混合后静脉注射。若经12小时未见效，可重复注射，但最多不超过3次，继续使用会出现中毒甚至死亡的副作用。体重较大者1次用量可增至700～800毫升，为减少钙剂的不良刺激，可用等量的等渗糖或10%葡萄糖作适当的稀释后静脉滴注。如出现颤栗等不良反应，可降低滴注速度。还可用25%硫酸镁溶液100毫升，用等渗糖稀释成1%浓度的镁溶液与钙剂轮换滴注。

（3）激素疗法　用地塞米松注射液，每次肌内注射10～20毫升，每日1次，连用1～2天。

（4）调整体液　增加血糖含量，可用25%葡萄糖溶液500毫升，复方盐水和生理盐水各1升，与钙剂同时静脉滴注。

（5）补充维生素D　开始补钙时，肌内注射维生素D_3每次1 000单位。

对心脏功能减弱的病牛可肌内注射10%安钠咖注射液20毫升。

2. 预防

① 分娩后不急于挤奶，乳房正常的牛，初次挤奶，一般挤1/2的奶量，以后逐渐增加，到第4天可挤净。

② 加强饲养管理，产前少喂高钙饲料，钙、磷比例以 1：3 为宜；增加阴离子饲料喂量，产前 21 天，每天可补食 50 ~ 100 克的氯化铵和硫酸铵，产前 5 ~ 7 天每天肌内注射维生素 D_3 2 000 ~ 3 000 单位；静脉注射 25% 葡萄糖和 20% 葡萄糖酸钙各 500 毫升，每天 1 次，连用 2 ~ 3 次。每日要多运动，多晒太阳。减少精饲料和多汁饲料。产后要喂给大量的盐水，促使降低的血压迅速恢复。

三、瘤胃酸中毒

本病是因采食过多的富含碳水化合物饲料（如小麦、玉米、高粱及多糖类的甜菜等）导致瘤胃内容物异常发酵而产生大量乳酸，从而引起牛中毒的一种消化不良性疾病。

（一）病因

一般有以下几种原因。① 饲喂大量的碳水化合物，饲料粉碎过细，淀粉充分暴露；② 突然加喂精料；③ 精粗比例失调，饲料浓度过高。瘤胃的乳酸过多，pH 值下降，引起酸中毒。

（二）症状

根据瘤胃内容物酸度升高的程度，其临床表现有一般病例和重症病例。

1. 一般病例

在牛吃食后 12 ~ 24 小时发病，表现食欲废绝，产奶量下降，常常侧卧，呻吟，磨牙和肌肉震颤等，有时出汗，跌倒，还可见到后肢踢腹等疝痛症状。病牛排泄黄绿色的泡沫样水便，也有血便的，有时则发生便秘。尿量减少，脉搏增加（每分钟 90 ~ 100 次，或更高），巩膜充血，结膜呈弥漫性淡红色，呼吸困难，呈现酸中毒状态。体温一般为 38.5 ~ 39.5℃，步态蹒跚，有时可能并发蹄叶炎。

2. 严重病例

迅速呈现上述状态后，很快陷入昏迷状态。病牛此时出现类似生产瘫痪的姿势。心跳次数可增加到每分钟 100 ~ 140 次，第一心音和第二心音区分不清。体温无明显变化，末期陷入虚脱状态。最急性病例常于过食后 12 小时死亡。

（三）诊断

根据饲料的饲喂及其采食特点、临床症状等初步诊断，确诊需结合病理变化及实验室检查。

1. 病理变化

剖检可见消化道有不同程度的充血、出血和水肿。胃内容物不多或空虚。瘤胃黏膜易脱落，气管、支气管内有多量泡沫状液体，肺充血、水肿。心肌松弛变性，心内外膜及心肌出血。

2. 实验室检查

（1）瘤胃液检查　颜色呈乳灰色至乳绿色为本病的特征；pH 值低于 4.0；葡萄糖发酵试验及亚硝酸试验都受到严重抑制；显微镜检查，微生物群落多已全部死亡。

（2）血液检查　以乳酸及血糖含量升高（发病后第 2～3 天最高）和碱贮减少为特征。

（3）尿液检查　pH 值呈酸性，酮体反应呈阳性。

（四）防治

1. 治疗

（1）为排除瘤胃内酸性产物，可用粗胃管洗胃　首先虹吸吸出胃内稀薄内容物，以后用 1% 碳酸氢钠溶液，或用 1% 盐水反复冲洗，直到洗出液无酸臭，且呈中性或碱性反应为止。严重病例，则切开瘤胃，排出大量内容物，再用 1% 碳酸氢钠溶液冲洗，然后用少量的柔软饲草填入瘤胃内，为原量的 1/3～1/2。灌服健康牛瘤胃液 3～5 升，连灌 3 天。轻型病例，特别是群发时，可服用抗酸药或缓冲液，如氧化镁 50～100 克，或碳酸氢钠 30～60 克，加水 4～8 升，胃管投服。

（2）补充体液，缓解酸中毒　可一次静脉注射糖盐水，林格氏液 2～4 升，5% 碳酸氢钠注射液 250～500 毫升，1 日 2 次。为增强机体对血中乳酸的耐受力，可肌内注射维生素 B_1 每次 100~500 毫克/次，24 小时后可重复注射。

2. 预防

不能突然大量饲喂富含碳水化合物的饲料，要多喂青草、干草等，合理搭配饲料，尽量多采食粗饲料。防止牛偷食精饲料，在加喂大量精料时，补喂碱类缓冲剂，如碳酸氢钠等，按精料的 1.5% 加喂。

第七节　牛的中毒病

一、有机磷农药中毒

（一）病因

有机磷农药中毒可发生于下列情况：配制或撒布药剂时，粉末或雾滴污染附近或下风方向的牛舍、运动场、草料、饮水，被牛舔吮、采食或吸入，或误将配制农药的容器当做饲槽盛水饮喂牛；用药不当，超量灌服敌百虫用于胃肠驱虫或治疗完全阻塞的肠便秘。此外，也可能人为放毒。

（二）症状及诊断

牛有机磷农药中毒主要以毒蕈碱样症状为主，表现不安、流涎、鼻液增多、反刍停止、粪便往往带血、并逐渐变稀，甚至出现水泻。肌肉痉挛，眼球震颤，结膜紫绀，瞳孔缩小，不时磨牙，呻吟。呼吸困难，听诊肺部有广泛性湿啰音。心跳加快，脉搏增数，肢端发凉，体表出冷汗。最后因呼吸肌麻痹而窒息死亡。妊娠牛出现流产。

（三）防治

立即实施特效解毒，然后尽快除去尚未吸收的毒物。

实施特效解毒。常用的有解磷毒、氯磷定、双解磷、双复磷等。

解磷毒、氯磷定剂量为 l0 · 39 毫克/千克体重，用生理盐水配成 2.5% ~5% 注射液，缓慢静脉注射，以后每隔 2 ~ 3 小时注射 1 次，剂量减半，直至症状缓解。

乙酰胆碱对抗剂，常用硫酸阿托品，用量为 0.25 毫克/千克体重，皮下或肌内注射。

防止误食被有机磷污染的青饲料，或误饮撒药地区附近的地面水。要对有机磷农药进行严格管理。

二、砷中毒

（一）病因

本病主要是牛采食被无机砷或有机砷农药处理过的种子、喷洒过的农作物、污染的饲料，误食毒鼠的含砷毒饵或饮用被砷化物污染的水引起急性中毒。

（二）症状及诊断

最急性中毒，一般看不到任何症状而突然死亡。

急性中毒表现剧烈的腹痛不安，呕吐，腹泻，粪便中混有黏液和血液。病牛呻吟，流涎，口渴喜饮，站立不稳，呼吸迫促，肌肉震颤，甚至后肢瘫痪，卧地不起，脉搏快而弱，体温正常或低于正常，可在 1 ~ 2 天因全身抽搐和心力衰竭而死亡。

亚急性中毒可存活 2 ~ 7 天，病牛仍以胃肠炎为主。表现腹痛，厌食，口渴喜饮，腹泻，粪便带血或有黏膜碎片。初期尿多，后期无尿，脱水，病牛出现血尿或血红蛋白尿。心率加快，脉搏细弱，体温偏低，四肢末梢冰凉，后肢偏瘫。后期出现肌肉震颤、抽搐等神经症状，最后因昏迷而死。

牛剑状软骨部有疼痛感，偶见有化脓性蜂窝组织炎。奶牛产奶量显著减少，妊娠牛流产或死胎。病牛腹泻和便秘交替发生，甚至排血样粪便。大多数伴有神经麻痹症状，且以感觉神经麻痹为主。

（三）防治

1. 治疗

（1）急救处理　通过洗胃和导胃，以排出毒物、减少吸收，然后内服解毒液或其他吸附剂与收敛剂。

（2）特效解毒　常用巯基络合剂和硫代硫酸钠。如10%二巯基丙醇乳油，肌内注射，首次用量按5毫克/千克体重计算，其后则每隔6小时减半重复用药。

（3）对症治疗　主要为强心补液，缓解呼吸困难，镇静，利尿，调整胃肠功能。

2. 预防

防止牛采食被无机砷或有机砷农药处理过的种子、喷洒过的农作物、污染的饲料，误食毒鼠的含砷毒饵或饮用被砷化物污染的水。

第十一章 标准化奶牛场的环境控制技术

近年来，奶牛养殖业发展迅速，成为人们生活不可或缺的产业，未来一段时间仍会保持强劲增长势头，快速发展的产业也给我国的生态环境带来威胁。目前，在我国工农业发展中，环境评价已成为一票否决制。因此，环境保护是奶牛养殖可持续稳定发展的关键。奶牛给人类提供了优质的营养产品，但同时又是一个污染源。奶牛通过不断向环境排出粪尿、污水和臭气，对土壤、水质及空气造成污染。据中国奶业协会统计，目前，我国奶牛养殖产生的粪污及垫料、饲料残渣等废弃物每年近 18 亿吨，且这种状况仍会扩大。未来发展中，奶牛养殖业必须采取有效措施，解决发展与污染的问题，采取先进技术治理污染，走生态经济发展之路。由之前的"高投入、低利用、高排放"向"低投入、高利用、低排放"转变，彻底转变经济增长方式，以生态环境的承载能力合理安排生产规模，使奶牛养殖生产成为生态型经济产业。应用于奶牛生产中的环境保护技术主要有奶牛场粪尿污水处理技术、奶牛场除臭技术和针对奶牛排泄物实施的日粮营养调控技术。通过这些技术的实施，使奶牛养殖生产工艺得到清洁化、生态化，与环境高度协调一致。

第一节　奶牛舍内环境控制技术

奶牛生产性能的发挥，由其自身性状与外界因素决定。良好的环境条件，有利于奶牛的生长发育，充分发挥其生产潜力；恶劣的外界环境，会抑制奶牛生产力的发挥，重者甚至会危及奶牛的生存状态，使奶牛生产无任何效益，给养殖场带来损失。因此，奶牛养殖场必须为奶牛创造适宜的环境条件，才能保证高产、稳产。外界环境主要指奶牛舍的人造环境，主要包括温度、湿度、气流、其他指标等因素。

一、奶牛舍温度要求及其控制

温度对奶牛机体的影响最大，其变化不同程度地影响牛体健康及其生产力的发挥。牛是恒温动物，随时通过自身机体的热调节来适应环境温度的变化。奶牛生产的最适环境温度为 9 ~ 16℃；犊牛 13 ~ 15℃。在最适环境温度下（表 11 - 1），奶牛的饲料利用率最高，抗病力最强，因而经济效益最好。

表 11 - 1　奶牛舍内的适宜温度　　　　　（℃）

牛舍类型	适宜温度	最低温度	最高温度
成母牛舍	9 ~ 16	2 ~ 5	25 ~ 27
育成牛舍	8 ~ 17	2 ~ 4	25 ~ 27
犊牛舍	13 ~ 15	3 ~ 6	25 ~ 27
产房	10 ~ 15	6 ~ 8	25 ~ 27

环境温度高于或低于牛的适宜温度都会给牛的生长发育和生产力的发挥带来不良影响。

（一）高温环境对牛的影响

高温环境会提高牛的代谢率，加快牛的体热散发，呼吸短促、加快，心率跳动增加，食欲减弱，饲料消化率下降，严重影响牛体健康。外界温度高于20℃，奶牛就会有热应激反应，高于26℃会出现严重反应。当外界温度继续升高，牛体代谢会快速增大，热平衡出现严重失调，奶牛机体散热受阻，牛的体温升高，生命活动受到抑制，引起热射病，严重者会造成牛只死亡。

（二）低温环境对牛的影响

低温环境下，奶牛为了抵御寒冷的影响，会加快新陈代谢，出现食欲旺盛，消化能力提高，从而增强了牛的抗寒能力。但过低的环境温度，会造成牛体大量散热，出现呼吸加深、脉动减缓，机体代谢紊乱，血液循环失调，尿量增多，导致牛只死亡。低温有时还会使牛体局部冻伤。

牛舍是奶牛活动（采食、饮水、走动、排粪、睡眠）的场所，也是工作人员进行各种生产活动的地方，牛舍类型及其他许多因素都可直接或间接地影响舍内环境的变化。发达国家十分重视牛舍环境，制定了牛舍的建筑气候区域、环境参数和建筑设计规范等，并将其作为国家标准颁布执行。为了给奶牛创造适宜的环境条件，对牛舍应在合理设计的基础上，采用供暖、降温、通风、光照、空气处理等措施，对奶牛舍局部环境进行相应调节控制，从而使奶牛生理机能处于最适状态，以期发挥最高的生产能力。

1. 奶牛的温度生理反应

奶牛的散热机能不发达，耐寒而不耐热。据试验，将犊牛突然从4.4℃的气温中降到 −5℃时，犊牛表现为弓背、发抖。但是，当寒冷持续36小时后，该犊牛的生理和体表却表现为正常，未见冻伤发生。又如，把印度牛放在35℃温度的环境中时，其表现为直肠温度突然升高，饲料消耗量、产奶量和体重等都有所降低。当把气温升高到40.6℃时，牛便会产生较复杂的生理变化：甲状腺机能减退，维生素C及二氧化碳在血清中的结合力增加，血液中的肌酸酶含量升高，并产生呼吸性碱中毒等现象。根据奶牛的气候生理特性，在无风雪侵袭的低温情况下，在牛舍结构简单、成本低廉的开放式牛舍中饲养奶牛，一般不会影响奶牛的健康和生产水平。开放式牛舍内，在冬季无保温情况下对奶牛并无不良的影响，而夏季的防热设施，则具有较显著的作用。

奶牛对防热的要求比较严格。试验证明，加快气流的速度，可以降低温度过高的威胁，所以通风和遮阴便成为奶牛防热的重要措施。

2. 奶牛舍的防暑与降温

为消除或缓和高温对奶牛健康和生产力所产生的有害影响，并减少由此而造成的经济损失，近年来，人们已越来越重视牛舍的防暑、降温工作，并采取了许多相应的措施。

天气炎热时，往往是通过降低空气温度、增加非蒸发散热缓和奶牛的热负荷。但要做到这一点，无论在经济上和技术上都有较大难度。所以，这一项工作仍然从保护奶牛免受太阳辐射，增加奶牛传导散热（通过与冷物体表面接触）、对流散热（充分利用自然气流和通过强制通风）和蒸发散热（通过淋浴、水浴和向牛体喷淋水等）等行之有效的办法来加以解决。

（1）奶牛的防暑

① 运动场搭凉棚。奶牛大部分时间是在运动场上活动和休息。因而，在运动场上搭凉棚遮阴尤为重要。搭凉棚一般可减少 30% ~ 50% 的太阳辐射热。据美国的资料记载，凉棚可使动物体表辐射热负荷从 769 瓦/米^2 减弱到 526 瓦/米^2，相应使平均辐射温度从 62.7℃ 降低到 36.7℃。凉棚一般要求东西走向，东西两端应比棚长各长出 3 ~ 4 米，南北两侧应比棚宽多出 1 ~ 1.5 米。凉棚的高度多为 3.5 米，多雨的地区可低些，干燥地区则要求高一些。目前市场上出售的一种不同透光度的遮阳膜，可作为运动场凉棚的棚顶材料，较经济实惠。

② 使用隔热屋顶，加强通风。为了减少外界热量通过屋顶向舍内传导，在夏季炎热、冬季不冷的地区，可采用能够通风的屋顶，其隔热效果较好。所谓通风屋顶是将屋顶做成两层，层间内的空气可以流动，进风口在夏季宜正对主风。由于通风屋顶减少了传入舍内的热量，降低了屋顶内表面温度，所以，可以获得很好的隔热防暑效果。在夏凉冬冷地区，则不宜设通风屋顶，这是因为在冬季这种屋顶会促进屋顶散热。另外，牛舍场址宜选在开阔、通风良好的地方，位于夏季主风口，各牛舍间应有足够的距离以利通风。

牛舍建筑可采用设地脚窗、屋顶天窗、通风管等设计。在舍外有风时，地脚窗可加强对流通风，形成穿堂风或扫地风，可起到有效的防暑降温。为了适应季节和气候的不同，在屋顶通风管中应设翻板调节间，可调节其开启大小，而地脚窗则应做成保温窗，在寒冷季节时可以将其关闭。此外，必要时还可以在屋顶通风管中或山墙上加设风机排风，加快空气流通，带走热量。牛舍通风不但可以改善牛舍的小气候，还有排除牛舍中水气、降低其中空气湿度、排除尘埃、降低微生物和有害气体含量等作用。

③ 遮阳。一切可以遮断太阳辐射的设施和措施，统称为遮阳（也称遮阴）。强烈的太阳辐射是造成牛舍夏季过热的主要原因。牛舍的遮阳可采用水平或垂直的遮阳板，或采用简易活动的遮阳设施，如遮阳棚、竹帘或苇帘等。同时，也可栽种植物进行绿化遮阳。

④ 增强牛舍围护结构对太阳辐射热的反射能力。牛舍围护结构外表面的颜色深浅和光滑程度对太阳辐射热吸收能力各有不同，色浅而光滑的表面对辐射热反射多而吸收少，反之则相反。例如对太阳辐射的吸收系数，深黑色、粗糙的油毡屋面为 0.86，红色屋面和浅灰色的水泥粉刷光平墙面均为 0.56，白色石膏粉光平表面为 0.26。由此可见，牛舍的围护结构采用浅色、光平的表面是经济有效的防暑方法之一。

（2）牛舍的降温　牛舍降温若采用制冷设备（空调设备）则成本较高，经济上不可行，因此，可考虑采用以下几种降温措施。

① 淋浴降温。在牛舍粪尿沟或靠近粪沟的牛床上方设喷头或钻孔水管，可定时或不定时地为牛体淋浴，淋湿动物体表，直接降温和加强蒸发散热，同时可吸收空气中的热量而降低舍温。经试验，夏季在牛舍中每隔 30 分钟淋水 1 分钟，可使舍内气温降低 1~3℃。

② 喷雾降温。淋浴降温虽然有明显的降温效果，但水滴大，蒸发慢。而喷雾降温则能起到降低舍温的良好效果，这是由于雾易蒸发，雾滴小，在未降至牛体表面之前便已蒸发掉了，所以不用湿润体表，也有促进牛体表蒸发散热的作用。喷雾降温可用于各种牛舍，在牛床上方设的水管上安装喷雾器喷头，靠自来水的压力喷雾，效果良好。

③ 蒸发垫降温。蒸发垫降温可用于机械通风的牛舍。其主要部件是用麻布、刨花或专门制的波状蒸发垫纸等吸水、透风材料制作而成的蒸发垫。设置在正压通风的风管中或负压通风的进风口上，

不断往蒸发垫上淋水，当空气通过时，水分蒸发吸热，从而降低进入牛舍的空气温度。试验证明，在空气湿度小于50%时，可使送风温度降低6.5℃；空气湿度60%时，可降低5℃；空气湿度达75%时，仍可使送风温度降低2℃以上。

3. 牛舍的防寒保暖

我国北方地区冬季气候寒冷，应通过对牛舍的外围结构合理设计，解决防寒保暖问题。牛舍失热最多的是屋顶、天棚、墙壁和地面。

（1）屋顶和天棚　屋顶和天棚面积大，热空气上升，热能易通过天棚、屋顶散失。因此，要求屋顶、天棚结构严密、不透气，天棚应铺设保温层、锯木灰等，也可采用隔热性能好的合成材料，如聚氨酯板、玻璃棉等。天气寒冷地区可降低牛舍净高，以维护舍内温度。

（2）墙壁　墙壁是牛舍的主要外围结构，要求墙体能够隔热、防潮，寒冷地区应选择导热系数较小和材料，如选用空心砖（外抹灰）、铝箔波形板等作墙体。牛舍长轴应呈东西向，北墙不设门，墙上设双层窗，冬季加塑料薄膜、草帘等。

（3）地面　地面是牛活动直接接触的场所，地面冷热情况直接影响牛体。石板、水泥地面坚固耐用，且能防水，但冷、硬，寒冷地区做牛床时应铺垫草、厩草、木板。规模化养牛场可采用三层地面，首先将地面自然土层夯实，上面铺混凝土，最上层再铺空心砖，既防潮又保温。

（4）加强管理　寒冷季节适当加大牛的饲养密度，依靠牛体散发热量相互取暖；勤换垫草，是一种简单易行的防寒措施，既保温又防潮；及时清除牛舍内的粪便。在冬季来临前修缮牛舍，防止贼风。

二、奶牛舍湿度要求及其控制

1. 空气湿度

表示空气潮湿程度的物理量称为空气湿度。空气中含有水气的多少，即为湿度的大小。气湿常以绝对湿度和相对湿度来表示。绝对湿度指单位体积空气中所含水气的质量，用克/米^{3}表示，它指的是空气中水气的绝对含量。相对湿度指在一定时间内，某处空气中实际含水气的克数和同温下饱和水气克数的百分比。简言之，就是实际水气和饱和水气的百分比。相对湿度指的是水气在空气中的饱和程度，是常用的气湿指标。

2. 湿度对牛机体的影响

气湿对牛体机能的影响，主要是通过水分蒸发影响牛体散热、干扰牛体热调节来实现。在一般温度环境中，气湿不影响牛体热调节。但在高温和低温环境中，气湿大小程度会对牛体热调节产生作用。一般是湿度越大，体温调节范围越小。高温高湿会导致奶牛体表水分蒸发受阻，体热散发受阻，体温快速上升，机体机能失调，呼吸困难，最后致死。低温高湿会增加奶牛体热散发，使体温下降，生长发育受阻，饲料报酬降低，增加生产成本。另外，高湿环境还为各类病原微生物及各种寄生虫的繁殖发育提供良好条件，使奶牛患病率上升。一般来说，气湿在 55% ~ 85% 时对奶牛无不良影响，高于 90% 时则会造成危害。因此，奶牛生产上要尽可能避免出现高湿环境。

3. 湿度控制技术

（1）牛舍场址选择要求　牛舍应建在地势高燥、地下水位低、平坦、开阔、避风向阳地区；如果地势低洼，则容易积水、潮湿、泥泞、通风不良，会造成夏季闷热、蚊虫和微生物滋生，致使奶牛抵抗力减弱、易患各种疾病。

（2）通风设施　应注意牛舍的通风换气，保持空气新鲜。通过安置通风装置，使牛舍内的湿气排出，保持牛舍适宜的环境。

（3）防潮排水设施　奶牛每天排出大量粪、尿，冲洗牛舍会产生大量的污水，如果不能及时排出这些污水，会给奶牛造成极大危害。合理的排水设施，可以使牛舍不受污水的侵蚀，保持良好的环境。地面、墙体防潮性能好，可有效防止地下水和牛舍四周水的渗透。

① 排尿沟。为了及时将尿和污水排出牛舍，应在牛床后设置排尿沟。排尿沟出口方向可呈 1°～1.5°的坡度，以保证尿和污水顺利排走。

② 牛舍漏缝地板清粪、尿系统。规模化养牛场的排污系统采用漏缝地板，地板下设粪尿沟。漏缝地板采用混凝土较好，既耐用，又方便清洗和消毒。牛排出的粪尿落入粪尿沟，残留在地板上的牛粪用水冲洗，可提高劳动效率，降低工人劳动强度。定期清除粪尿，可采用机械刮板或用水冲洗的方法。

③ 奶牛场整体排水系统。按奶牛场的整体竖向扬程合理布置排水设施，雨水和污水分开设计。运动场与牛舍周围设排水装置，保持牛舍和运动场干燥。

三、奶牛舍有害气体含量要求及其控制

（一）奶牛场的主要有害气体

大气环境，尤其是牛舍内小气候环境中的有害气体，常常影响奶牛健康，轻者引起慢性中毒，使其生长缓慢，体质减弱，抗病力降低，生产力下降；重者会致病，甚至死亡。因此，加强牛舍通风换气，改善舍内环境卫生，是奶牛场、舍建筑设计上不可忽视的重要问题。

奶牛场产生的臭气主要来自奶牛的排泄物、皮肤分泌物、黏附于皮肤的污染物、呼出气以及粪污在堆放过程中有机物腐败分解的产物，包括甲烷、硫化氢、氨、酚、吲哚类、有机酸类等 100 多种恶臭物质，构成了养殖场特有的难闻气味。日本《恶臭法》中规定的 16 种恶臭物质，有 8 种与奶牛养殖密切相关，包括氨、甲基硫醇、硫化氢、二甲硫、二硫化甲基、三甲胺等，后来又追加了丙酸、正丁酸、正戊酸、异戊酸 4 种低级脂肪酸。

据测定，1 000 头规模的奶牛场每天 NH_3 排放量 8 千克以上，日产奶 15 升、体重 600 千克的泌乳奶牛每小时产生二氧化碳 171.5 克。我国平均每头牛每年甲烷散发量为 35 千克。牛舍中部分有害气体的标准含量见表 11 - 2。

表 11 - 2 牛舍中有害气体的标准含量

舍别	二氧化碳 /%	氨/ (毫克/米³)	硫化氢/ (毫克/米³)	一氧化碳 (毫克/米³)
成年母牛舍	0.25	20	10	20
犊牛舍	0.15 ~ 0.25	10 ~ 15	5 ~ 10	5 ~ 15

减少或防止臭气的技术，可通过防止粪便臭气的产生，或在其产生后防止其散发而达到环境保护的目的。显然，防止臭气产生更加切实可行。

（二）有害气体的主要防止方法

1. 吸附或吸收法

吸附指气体被附着在某种材料外表面的过程，而吸收指气体被附着在某种材料内表面的过程。吸附和吸收的效率取决于材料的孔隙度及被处理气体的性质。在奶牛场，常用的方法是向粪便或舍内投放吸附剂来减少气味的散发。常见的吸附剂有沸石、膨润土、海泡石、凹凸棒石、硅藻土、锯末、薄荷油、蒿属植物、腐殖酸钠、硫酸亚铁、活性炭、泥炭等。其中，沸石类能很好地吸附 NH^{4+} 和水分，从而抑制 NH_3 的产生和挥发，降低畜舍臭味。

2. 化学与生物除臭法

化学除臭剂可通过化学反应（如氧化）把有味的化合物转化成无味或较少气味的化合物。除了通过化学作用直接减少气味外，一些氧化剂还可起杀菌消毒作用。常用的化学氧化剂有高锰酸钾、重铬酸钾、硝酸钾、过氧化氢、次氯酸盐和臭氧等。其中的高锰酸钾除臭效果相对较好。另外，利用绿矾有遇水溶解限制和可降低发酵和分解的特性，可将它作畜舍垫料，以减轻臭气的散发。

生物除臭剂，如生物助长剂和生物抑制剂等，可通过控制（抑制或促使）微生物的生长来减少有味气体的产生。生物助长剂包括活的细菌培养基、酶或其他微生物生长促进剂等，通过这些助长剂的添加，可加快动物粪便降解过程中有味气体的生物降解过程，从而减少有味气体的产生；生物抑制剂通过抑制某些微生物的生长来控制或阻止有机物质的降解，进而控制气味的产生。

3. 洗涤法

洗涤法是让污染气体与含有化学试剂的溶液接触，通过化学反应或吸附作用去除有味气体的方法。洗涤实际上是一种化学氧化方法，洗涤效果取决于氧化剂的浓度、种类，气体的黏度和可溶性、雾滴大小和速度等。

生物过滤和生物洗涤法的原理是在有氧条件下，利用好氧微生物的活动，把有味的气体转化成无味或较少味的气体。这种方法用于去除气味，投资少、运行成本低，一般不会产生有害物质，是一个比较有发展前途的生物处理的方法。

4. 构筑防护林

种植绿色植被是另一个有效防止气味扩散、减少气味的方法。在养殖场的周围构筑防护林，可以降低风速，防止气味传播到更远的地方，减少臭气污染的范围；防护林还可降低环境温度，减少气味的产生与挥发。树叶可直接吸收、过滤含有气味的气体和尘粒，从而减轻空气中的气味。树木通过光合作用吸收空气中的 CO_2，释放出 O_2，可明显降低空气中 CO_2 的浓度，改善空气质量。构筑防护林需要考虑树的种类，树木栽植的方法、位置、密度，林带的大小与形状等因素。一般来说，树的高度、树叶的大小与处理效果成正比，四季常青的树木有利于一年四季气味的控制；松树的除臭效果比山毛榉要高 4 倍，比橡树高 2 倍。栽植合理的防护林，可减少27%~30%灰尘和污染物的沉降。此外，构筑防护林还可收获林产资源。

5. 其他实用控制技术

奶牛饲养的任何阶段和任何时间都要进行臭气控制。为此，饲养场的选址，就是除臭方案的早期决策之一。饲养场本身的设计和管理得当，就可大大减少臭气的产生和散发。所以，选择好、并管理好粪肥施用点是控制臭气散发的重要途径。

（1）饲养场的管理

① 奶牛舍采用水泥地面，并保持2°的坡度，可便于粪便清扫。

② 细菌活动产生臭气，需要有水分的存在。所以，天然通风是好法，但在有些情况下，须采用机械通风来促使地面和粪便干燥。圈内铺垫料有助于空气进入粪便，促使粪便干燥，从而减少臭气产生。

③ 粪便管理良好，可使畜体保持清洁。若潮湿的粪便覆盖在温暖的畜体上，则会伸进粪中细菌的活动，加速臭气的产生，增加臭气散发的面积。若能使粪便和牲畜分离，如采用条板地面或进行粪便冲洗，则可使畜体保持清洁。

④ 粪便贮存区应设有围栏，以防牲畜进入、践踏。

⑤ 创造好的空气环境，如控制 pH 值、温度，保持干燥等，都是有效控制臭气的方法，但这些方法的运行费用都较高昂。

⑥ 粪便中产生臭气需要一定的湿度和时间。粪便在畜舍或贮粪池中的停留时间愈长，愈会有助于厌气发酵，产生的臭气也愈多。经常彻底清理粪尿有助于保持畜体清洁和保持粪尿中的养分。

⑦ 有序管理地表的水流，可保证畜舍排水正常，并且可管理好由奶牛舍排出的固体和液体。这样不但可控制臭气，还可防止地表水污染。

⑧ 在设计牛粪贮存的处理设施时，要将充分的除臭设施融入设计标准中。

⑨ 要安排好粪便处理的时间，因为从粪便贮存设施中清除粪便时会散发出大量臭气。

⑩ 处理死畜要有周密的计划，应及时将死畜送往炼制厂、适当深埋、焚烧或是在饲养场内制堆肥，以防产生臭气和滋生蚊蝇，从而影响人员健康。

（2）粪肥还田要科学管理

① 天气与风向。日常天气预报，可为田间粪肥施用提供有用的信息。施肥时，冷天优于热天，有风天气优于无风天气。要在风向不朝向居民区时，向田间施用粪肥。

② 施肥时间。施肥时间最好在清晨。上午随着气温升高，气流上升，臭气也随着上升。如果晚间施用粪肥，气温下降，空气下沉，臭气也随之停在地表附近，不利于臭气消散。

③ 回避臭气敏感区。应尽量避免在离公路、居民区、学校、机关或其他有人工作的区域附近的土地施肥。

④ 施肥方式。土地既可有效吸收畜粪中的臭气物质，又可保留粪中宝贵的含氮物质。所以，施肥后必须尽快用土把粪肥覆盖好，如尽快犁地或耙地。有些粪水施放机可在施肥时直接将粪水注入土中，或采用管道式施肥或施底肥的方式，效果更好。这些方法都可减少臭气的产生，同时又可保存粪中的养分。

第二节 奶牛场粪污无害化处理技术

奶牛粪尿和污水是奶牛场主要的污染源。据试验，一头体重为 500~600 千克的成年奶牛，每天排粪量为 30~50 千克，污水量为 15~20 升。奶牛的粪尿排泄量参考值见表 11-3。奶牛鲜粪尿中与环境有关的指标 CODcr（化学需氧量）、BOD_5（生物需氧量）、NH_3-N（氨氮）、TP（总磷）、TN（总氮）均较高（表 11-4）。同时，牛粪也是一种生物资源，通常牛粪中含量分别为水分 77.5%、有机质 20.3%、氮 0.34%、磷 0.16%、钾 0.4%，对于植物的生长是非常好的养分，处理得当可以变废为宝，对于环境和植物生长均有益。

表 11-3 奶牛的粪尿排泄量（鲜重）

牛群	体重/千克	粪量/（千克/天）	尿量/（千克/天）
泌乳牛	550~600	30~50	15~20
青年牛	400~500	20~25	10~17
育成牛	200~300	10~20	5~10
犊牛	100~200	3~7	2~5

表 11-4 奶牛粪尿中污染物的平均含量 （千克/吨）

污染物	COD_{cr}	BOD_5	NH_3-N	TP	TN
牛粪	31.0	24.53	1.71	1.18	4.37
牛尿	6.0	4.0	3.47	0.40	8.0

一、粪污还田，农牧结合

目前，多数国家普遍采用的是，将奶牛场的粪尿污物经过无害化处理后还田用作肥料。即使欧盟、美国等也是如此。这些国家的政府根据当地气候、土壤和农作物种植状况，提出每头奶牛应占有耕地面积的最低标准，用来消纳粪肥。美国联邦政府和各州政府规定，奶牛场每1头奶牛需配有0.07公顷地用于消纳粪污，否则政府不会颁发养殖许可证。但是，奶牛粪污还田前必须经无害化处理，杀灭粪中有害微生物，才能施入农田，用作肥料。奶牛粪尿无害化处理的方法很多，常用的方法有以下几种。

（一）需氧堆肥处理

堆肥处理分为静态堆肥和装置堆肥。静态堆肥不需特殊设备，可在室内进行，也可在室外进行，所需时间一般 60~70 天；装置堆肥需有专门的堆肥设施，以控制堆肥的温度和空气，所需时间较短，一般为 30~40 天。为提高堆肥质量和加速腐熟过程，无论采用哪种堆肥方式，都要注意以下几点。

① 必须保持堆肥的好氧环境，以利于好气腐生菌的活动。另外，还可添加高温嗜粪菌，以缩短堆肥时间，提高堆肥质量。

② 保持物料氮碳比在 1：（25~35）。氮碳比过大，分解效率低，需时间长；过低，则使过剩的氮转化为氨而逸散损失。一般牛粪的氮碳比为 1：21.5。制作时，可适量加入杂草、秸秆等，以提高氮碳比。

③ 物料的含水量以 40% 左右为宜。

④ 内部温度应保持在 50~60℃。

⑤ 要有防雨和防渗漏措施，以免造成环境污染。

在堆肥处理中，日本推出的一种新型、环保型堆肥体系——堆肥还原型处理体系（图11-1）。通过这种方法，可以把牛粪制成还原型粪土，其形态类似黑色木质锯末，质地蓬松，吸附性好，无臭无味，具有抗潮保温性能。既可以当牛床铺垫物，又可当做粪土肥料，增加地力。

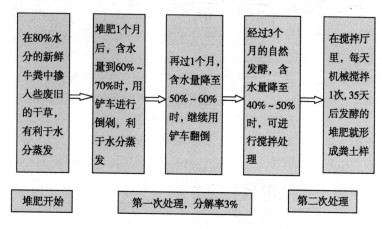

图11-1 牛粪堆肥处理程序

（二）厌氧堆肥处理

将牛粪堆集密闭，形成厌氧环境，有机物进行无氧发酵，堆温低，腐熟及无害化时间长，优点是制作方便。一般牛场均可制作，不需要什么设备，适合于小规模的牛场处理牛粪。此法适用于秋末春初气温较低的季节，一般需在1个月左右进行一次翻堆，以利于堆料腐熟。

二、厌氧发酵，生产沼气

利用厌氧菌（甲烷发酵菌）对奶牛场粪尿及其他有机废弃物进行厌氧发酵，生产以甲烷为主的可燃气体即沼气，沼气可作为能源用于本场生产与周围居民燃气、照明等。发酵后的沼渣与沼液可用作肥料。其流程如图 11 - 2 所示。

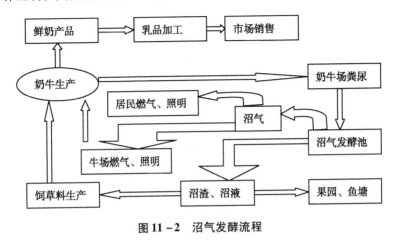

图 11 - 2 沼气发酵流程

三、人工湿地处理方法

该方法是通过微生物与湿地的水生植物共生互利作用，使污水得以净化。湿地中有许多水生植物（如水葫芦、细绿萍等），这些植物与粪尿中的微生物能够形成一个系统，经过一系列的生物反应使粪尿中的物质得以分解。据报道，经过该方法处理后的粪尿污物净化，CODcr、SS（悬浮固体物）、NH_3、TN、TP 出水较进水的去除效率分别为73%、69%、44%、64%、55%。与其他粪污处理设施比较，人工湿地处理模式投资少、维护保养简单，但需要大量土地。其流程见图 11 - 3。

第三节 病死畜无害化处理技术

病死畜尸体的无害化处理关系到生态环境、公共卫生安全、食品安全以及畜牧业可持续发展，是实施健康养殖、提供优质产品的重要举措。病死畜要严格按照《病害动物和病害动物产品生物安全

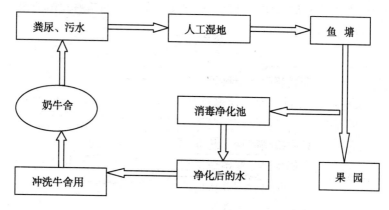

图 11 - 3　牛场粪尿人工湿地处理流程

处理规程》（GB16548—2006）规定进行运送、销毁及无害化处理，

一、焚烧

饲养规模较大的畜禽场应配备小型焚烧炉，在发生少量病、死畜禽时，自行作无害化焚烧处理。将病死畜禽尸体及其产品投入焚化炉或用其他方式烧毁碳化，彻底杀灭病原微生物。

二、深埋

采取深埋是一个简便的方法，选择远离学校、公共场所、居民住宅区、村庄、动物饲养和屠宰场所、饮用水源地、河流等地方进行深埋；掩埋前应对需掩埋的病害动物尸体和病害动物产品进行焚烧处理；掩埋坑底铺 2 厘米厚生石灰；掩埋后需将掩埋土夯实。病死动物尸体及其产品上层应距地表 1.5 米以上；焚烧后的病害尸体表面和病害动物产品表面以及掩埋后的地表环境应使用有效消毒药喷洒消毒。

参考文献

［1］王加启．现代奶牛养殖科学．北京．中国农业出版社．2006

［2］冀一伦．农副产物的营养价值及加工饲用．北京．科学出版社．1994

［3］肖定汉．奶牛疾病防治．北京．金盾出版社．2004

［4］王锋．高产奶牛绿色养殖新技术．北京．中国农业出版社．2003

［5］田振洪．工厂化奶牛饲养新技术．北京．中国农业出版社．2004

［6］徐照学．奶牛饲养技术手册．北京．中国农业出版社．2000

［7］李建国、安永福．奶牛标准化生产技术．北京．中国农业大学出版社．2003

［8］林继煌、蒋兆春．牛病防治．北京．科学技术文献出版社．2004